D1929202

Jo Owen

Effektiv führen

100/QV 584 O97+2

Jo Owen

Effektiv führen

Methoden –
Instrumente –
Fallbeispiele mit $3\frac{1}{2}$ P

Deutsch von Birgit Reit

Ausgesondert

WILEY-VCH

WILEY-VCH Verlag GmbH & Co. KGaA

1. Auflage 2006

© Jo Owen 2005

Die englische Originalausgabe erschien 2005 unter dem Titel *How to lead* bei Pearson Education Ltd., Harlow.

This translation of *How to Lead. What you actually need to Do to manage, lead and succeed* 01 Edition is published by arrangement with Pearson Education Limited.

Ten cartoon illustrations by Roger Beale, and five by Laserwoods Typeset in 9.5 pt lowan by 70.

Alle Bücher von Wiley-VCH werden sorgfältig erarbeitet. Dennoch übernehmen Autoren, Herausgeber und Verlag in keinem Fall, einschließlich des vorliegenden Werkes, für die Richtigkeit von Angaben, Hinweisen und Ratschlägen sowie für eventuelle Druckfehler irgendeine Haftung

Bibliografische Information der Deutschen Nationalbibliothek
Die Deutsche Nationalbibliothek verzeichnet diese Publikation in der Deutschen Nationalbibliografie; detaillierte bibliografische Daten sind im Internet über http://dnb.d-nb.de abrufbar.

© 2006 WILEY-VCH Verlag GmbH & Co. KGaA, Weinheim

Alle Rechte, insbesondere die der Übersetzung in andere Sprachen, vorbehalten. Kein Teil dieses Buches darf ohne schriftliche Genehmigung des Verlages in irgendeiner Form – durch Photokopie, Mikroverfilmung oder irgendein anderes Verfahren – reproduziert oder in eine von Maschinen, insbesondere von Datenverarbeitungsmaschinen, verwendbare Sprache übertragen oder übersetzt werden. Die Wiedergabe von Warenbezeichnungen, Handelsnamen oder sonstigen Kennzeichen in diesem Buch berechtigt nicht zu der Annahme, dass diese von jedermann frei benutzt werden dürfen. Vielmehr kann es sich auch dann um eingetragene Warenzeichen oder sonstige gesetzlich geschützte Kennzeichen handeln, wenn sie nicht eigens als solche markiert sind.

Printed in the Federal Republic of Germany

Gedruckt auf säurefreiem Papier.

Satz Typomedia GmbH, Ostfildern
Druck und Bindung Ebner & Spiegel GmbH, Ulm
Umschlag init GmbH, Bielefeld

ISBN-13: 978-3-527-50247-9
ISBN-10: 3-527-50247-5

Ausgesondert

FH-BIBLIOTHEK
07/3214
HOF

Den zukünftigen Leadern in »Teach First« und darüber hinaus

Inhalt

Index der Führungsqualitäten

Vorwort

Das Konzept der Führung wird viel zu häufig in den Nebel des Geheimnisvollen gehüllt. Wer Führungskraft werden will, dem wird oft eingeredet, er müsse sich in eine Kombination aus Dschingis Kahn, Nelson Mandela, Macchiavelli und Ghandi verwandeln. Manche Leute halten sich tatsächlich für so großartig, doch die Mehrheit fühlt sich im Vergleich zu diesen berühmten Persönlichkeiten eher unzulänglich.

Bei dem Versuch zu definieren, was einen guten Leader in der Praxis ausmacht, verdichtet sich der Nebel. Die meisten Menschen erkennen Führungspersönlichkeiten, wenn sie ihnen begegnen, aber keine von ihnen lässt sich in eine Schablone pressen.

Ein paar Akademiker und Berater fassten den Entschluss, das Geheimnis zu lüften. Sie hatten gerade nichts Besseres zu tun, denn sie befanden sich auf einer Safari. Zur Übung wollten sie zunächst einmal das perfekte Raubtier entwerfen. Jeder übernahm einen Teil. Das Ergebnis war ein Tier mit den Beinen eines Geparden, den Kiefern eines Krokodils, der Haut eines Nashorns, dem Hals einer Giraffe, den Ohren eines Elefanten, dem Schwanz eines Skorpions und dem Gemüt eines Flusspferds. Das Tier brach prompt unter dem Gewicht seiner Unwahrscheinlichkeit zusammen.

Davon unbeeindruckt wandte die Gruppe ihre Aufmerksamkeit nun der perfekten Führungspersönlichkeit zu. Sie sah folgendermaßen aus:

- Kreativ und diszipliniert,
- visionär und mit Blick für alle Details,
- motivierend und befehlend,
- anweisend und anleitend,
- ehrgeizig und bescheiden,
- verlässlich und risikobereit,
- intuitiv und logisch,
- intellektuell und emotional sowie
- beratend und kontrollierend.

Diese Führungspersönlichkeit brach ebenfalls unter dem Gewicht ihrer überwältigenden Unwahrscheinlichkeit zusammen.

»Die gute Nachricht lautet, dass niemand perfekt sein muss, um ein guter Leader zu sein.«

Die gute Nachricht lautet, dass niemand perfekt sein muss, um ein guter Leader zu sein. Der Eisbär ist in der Arktis das perfekte Raubtier, in Papua Neuguinea wäre er dagegen verloren. Winston Churchill musste in Friedenszeiten zunächst seine von ihm so bezeichneten »Wilderness Years« überstehen. Er war eben nur in Kriegszeiten der geborene Anführer. Ein- und dieselbe Führungspersönlichkeit erzielte in unterschiedlichen Situationen völlig verschiedene Resultate.

Dieses Buch beschäftigt sich nicht mit der Frage, wie man eine perfekte Führungskraft wird, sondern damit, wie man *effektiv* führt.

Auf der Suche nach dem Zaubertrank

Die Alchemie der Führungsstärke ist seit langem Gegenstand der Forschung: Alle suchen nach dem unfassbaren Zaubertrank, der Menschen in strahlende Führungspersönlichkeiten verwandelt.

Die Recherchen zu diesem Buch kamen mir oft vor wie die Suche nach diesem Zaubertrank. Über 700 Personen erläuterten mir ihre Ansichten über effektive Führungseigenschaften auf allen Ebenen ihrer Organisationen. Darüber hinaus gewährten mir über 30 Personen, die im öffentlichen oder privaten Sektor und im Wohlfahrtsbereich in großen und auch kleinen Organisationen auf Vorstandsebene tätig sind, ausführliche Interviews. Wenn irgendjemand das Rezept des Zaubertranks kennt, dann doch wohl sie. Außerdem ließ ich 25 Jahre Erfahrung aus meiner Tätigkeit für mehr als siebzig der besten und ein oder zwei der schlechtesten Organisationen der Welt Revue passieren, um zu sehen, welche einheitlichen Muster für Führungsqualitäten sich daraus ergaben. Ich habe in den letzten Jahren sogar mit mehreren traditionellen Stammesverbänden in Ost- und Zentralafrika sowie in Papua Neuguinea zusammengearbeitet, um die Geheimnisse ihres Führungsstils zu ergründen.

Die schlechte Nachricht lautet, dass es keinen Zaubertrank gibt, oder dass er zumindest sehr, sehr gut versteckt ist.

Es gibt aber auch viele gute Nachrichten:

- Jeder kann ein Leader sein. Unsere Interview-Partner deckten die ganze Palette der Möglichkeiten ab, und jeder hatte eine eigene Erfolgsformel.
- Sie können die Würfel zu Ihren Gunsten beeinflussen. Es gibt Dinge, die alle Führungskräfte beherrschen. Sie garantieren den Erfolg zwar nicht, aber sie erhöhen seine Wahrscheinlichkeit.
- Sie können lernen, eine Führungspersönlichkeit zu werden. Sie müssen sich dazu weder verstellen noch in einen zweiten Napoleon verwandeln. Es genügt, wenn Sie Ihre persönlichen Eigenschaften bestmöglich zur Geltung bringen.

Dieses Buch erklärt, wie Sie sich die Eigenschaften aneignen, die allgemein für eine effektive Führungsleistung erforderlich sind, und wie Sie sie an Ihren individuellen Stil anpassen.

Die Entzauberung des Konzepts

Das Konzept der Führung ist durchdrungen von knappen, aber höchst bedeutungsschweren Wörtern, wie beispielsweise *Vision*, *Werte* und *Integrität*. Das große Problem ist, dass Führung so unendlich viel Beachtung findet und mit so viel Unsinn überfrachtet wurde. Im Zuge meiner Untersuchung des Konzepts begannen die Geheimnisse dahinzuschmelzen. Die Führungskräfte gaben beruhigend praktische Antworten auf häufig gestellte Fragen wie:

- Kann man das Führen lernen?
- Was bedeutet überhaupt Vision?
- Haben Werte einen praktischen Nutzen?
- Wie können Führungskräfte mit offensichtlichen Schwächen trotzdem erfolgreich sein?
- Warum scheitern manche großen Persönlichkeiten an der Führungsaufgabe?
- Welche Eigenschaften suchen Anführer bei ihren Gefolgsleuten?
- Was macht eine gute Führungskraft aus?
- Ist die Führungskraft einfach nur die Person an der Spitze?
- Wie geht man mit Konflikten und Krisen um?

Es folgt nun keine Leadership-Theorie, sondern einfach die Sammlung der Erkenntnisse von Personen, die in unterschiedlichen Organisationen auf allen Ebenen in irgendeiner Weise führend tätig sind. Daraus ist ein Buch entstanden, das Ihnen bei Ihrer Entwicklung zu einer effektiven Führungskraft auf jeder Ebene jeder beliebigen Organisation beratend zur Seite stehen kann.

> »Ihr Coach für alle Aspekte effektiver Führung auf jeder Ebene in jeder Organisation.«

Auf der Suche nach dem richtigen Weg

Die Suche ging von einer einfachen Frage aus: Was ist Führung? Prompt verloren wir uns in einem Dschungel einander widersprechender Meinungen, die alle sehr überzeugt und überzeugend vorgebracht wurden. Jeder erkennt eine gute Führungspersönlichkeit, aber es ist anscheinend unmöglich, sich auf eine gemeinsame Definition zu einigen.

Als Sackgasse erwies sich beispielsweise die Ansicht, dass Führungsstärke mit der Hierarchie in Verbindung stehe. Führung hat nichts mit Position zu tun, sondern mit den Handlungen und dem Verhalten einer Person. Daraus folgt:

- Die Person an der Spitze des Unternehmens befindet sich zwar in der Führungsposition, aber das heißt nicht zwingend, dass sie auch führt. Manchmal agiert sie nur als vorsichtiger Verwalter eines bedeutenden Erbes.
- Führungspersönlichkeiten gibt es auf fast allen Ebenen von Organisationen.
- Leader brauchen Gefolgsleute. Selbst wenn Sie klüger sind als Einstein, sind Sie dennoch kein Leader, wenn Ihnen niemand folgt.

An diesem Punkt war es sinnvoll, nach den Fähigkeiten und Verhaltensweisen von effektiven Führungspersönlichkeiten zu fahnden. Dabei machte ich eine überraschende Entdeckung. Vielen Führungskräften fehlt es nicht nur an ganz grundlegenden Management-Fähigkeiten, diese Leute wissen sogar genau, dass sie diese Fähigkeiten nicht besitzen. Es ist nützlich, wenn man gute Memos schreiben oder gut präsentieren kann, wenn man sich mit Finanzen auskennt, strategische Kenntnisse oder umfangreiches technisches Fachwissen besitzt, aber darauf kommt es nicht wirklich an. Die meisten Führungskräfte schätzten Intelligenz nicht als besonders wichtig ein. Vielleicht sagten sie die Wahrheit, vielleicht zeigten sie aber auch nur die Bescheidenheit großer Führungspersönlichkeiten. Wenn Sie aber einmal an bekannte Politiker oder Unternehmensleiter denken, wird schnell deutlich, dass sie nicht unbedingt die klügsten, besten Menschen und auch nicht in allen Bereichen die kompetentesten und fähigsten sind.

»Die meisten Führungspersönlichkeiten schätzten Intelligenz nicht als besonders wichtig ein.«

Inzwischen hatte ich die Orientierung verloren. Fähigkeiten schienen sich als Sackgasse zu erweisen, und Führungsstile konnten uns in alle möglichen Richtungen weiterführen.

Es wurde Zeit, das Verhalten der Führungskräfte genauer unter die Lupe zu nehmen. Hier eröffnete sich plötzlich ein neuer Weg. Die Leute wissen genau, welche Verhaltensweisen sie von Unternehmens-

Tab. 1: Erwartete Verhaltensweisen bei Berufseinsteigern und im Senior Management

Berufseinsteiger	**Senior Manager**
Anpassungsfähigkeit	Fähigkeit, andere zu motivieren
Selbstvertrauen	Vision
Eigeninitiative	Ehrlichkeit und Integrität
Zuverlässigkeit	Entschlossenheit
Ehrgeiz	Fähigkeit, Krisen zu bewältigen

(Quelle: Umfrageergebnisse von Teach First, Analyse von Monitor Group)

führern erwarten. Für die höchste Führungskraft einer Organisation wurden am häufigsten folgende Erwartungen genannt:

- Fähigkeit, andere zu motivieren,
- Vision,
- Ehrlichkeit und Integrität,
- Entschlossenheit sowie die
- Fähigkeit, Krisen zu bewältigen.

Es lohnt sich, kurz darüber nachzudenken, was nicht in der Liste enthalten ist: Management-Fähigkeiten, Zuverlässigkeit, Intelligenz, Ehrgeiz, Detailgenauigkeit, Planung und Organisation wurden nicht aufgenommen. Im weiteren Verlauf werden wir untersuchen, was die oben genannten Verhaltensweisen eigentlich bedeuten und wie wir an uns arbeiten können, um sie effektiv nach außen zu demonstrieren.

Die Versuchung war groß, hier schon den Sieg zu erklären, doch die Liste war noch nicht zufriedenstellend. Von etablierten Führungskräften erwarten wir andere Eigenschaften als von solchen, die am Anfang ihrer Entwicklung stehen. Die 700 freiwilligen Helfer bestätigten diesen Eindruck. Von Führungspersönlichkeiten, die erst am Beginn ihrer beruflichen Laufbahn stehen, werden völlig andere Eigenschaften erwartet als von leitenden Managern, wie Sie in der Tabelle »Erwartete Verhaltensweisen bei Berufseinsteigern und im Senior Management« sehen können.

Eine fehlende Eigenschaft sticht geradezu heraus: Performance. Die Leistung wird nicht einmal erwähnt. Wenn man mit Führungskräften zusammenarbeitet, wird sofort klar, dass sie normalerweise von Leistung geradezu besessen sind. Sie betrachten sie jedoch nicht als

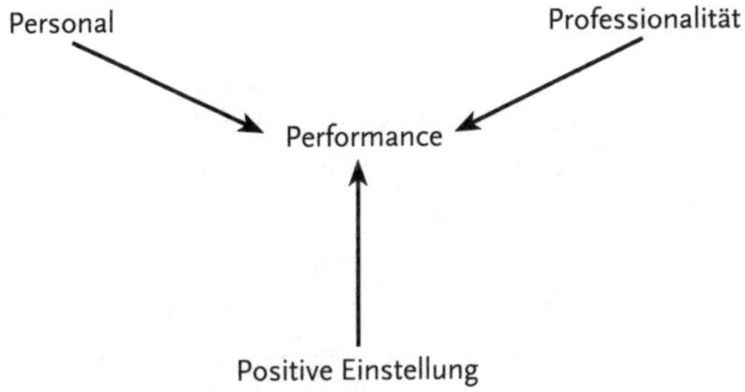

Eigenschaft, sondern gehen davon aus, dass sie sich bei Personen mit den richtigen Eigenschaften zwangsläufig einstellt.

Zu diesem Zeitpunkt drohte unsere Suche in einem Morast aus Wörtern und Gedanken zu versinken. Das Leben ist kompliziert genug, auch ohne die Gefahr, in einem Sumpf aus Führungskonzepten unterzugehen. Glücklicherweise schälte sich langsam eine einfache Landkarte heraus. All die hochfliegenden Begriffe und Vorstellungen ließen sich auf einige wenige Prinzipien reduzieren, die für alle Führungskräfte auf allen Ebenen gelten. Aus Gründen der Alliteration und Einfachheit nenne ich sie die *3½ P* der Leadership.

Drei dieser *P* kristallisierten sich bei unseren Recherchen schnell heraus. Performance ist der Außenseiter, der nicht so recht dazugehört. Würde ich nach streng intellektuellen Kriterien vorgehen, dürfte sie in unserem Leadership-Rahmen gar keinen eigenen Platz erhalten, da sie nur bei einem der befragten Leader zentralen Stellenwert besaß. Die meisten Führungskräfte betrachteten Leistung nicht als Ursache guter Leadership, sondern als deren Symptom. Aus diesem Grund verdient die Leistung nur ein halbes *P* in unserem Diagramm der Rahmenbedingungen von Leadership.

Da sich diese Begriffe auf vielerlei Weise interpretieren lassen, bestand unsere nächste Aufgabe darin, genauer festzulegen, was sich dahinter verbirgt. Wir mussten sie in etwas Praktisches verwandeln, das sich von allen Führungskräften bei ihrer täglichen Arbeit anwenden lässt.

Die Landkarte

Langsam begann sich die Landkarte unserer Reise zu entfalten. In allen Arten von Organisationen wurden eindeutige Erwartungen an die Führungskräfte gerichtet. Die Erwartungen an Führungskräfte auf den verschiedenen Ebenen der Organisationen erwiesen sich jedoch als recht unterschiedlich. Es gab keine einheitlichen Regeln für Überleben und Erfolg. So ließe sich beispielsweise auch das Phänomen erklären, dass sich Mitarbeiter häufig nach einer Beförderung nicht mehr wohlfühlen. Es besteht die Gefahr von Höhenkrankheit: Auf der einen Ebene beherrschten sie die Regeln und hatten Erfolg, aber auf der nächsten Ebene wächst ihnen die Herausforderung einfach über den Kopf, weil sich die Regeln des Erfolgs bis zur Unkenntlichkeit verändert haben.

Zu viele Arbeiten zum Thema Führung konzentrieren sich nur auf die oberste Ebene der Organisationen. Dies ist deshalb ein Problem, weil die Regeln, die an der Spitze von Organisationen gelten, nicht von Personen angewandt werden können, die gerade am Anfang ihrer Karriere stehen. Eine Organisation voller Möchtegern-Dschingis-Khans ist sicher kein angenehmer Ort. Es nützt nichts, nur das Ziel zu kartografieren – wir benötigen auch eine Landkarte für die gesamte Reiseroute.

> »Eine Organisation voller Möchtegern-Dschinghis-Khans ist sicher kein angenehmer Ort.«

Es ist immer schwierig, den Übergang von einer Führungsebene zur nächsten zu bewältigen. Sogar an der Spitze sind die Personen der Aufgabe oft nicht gewachsen. Die CEO der FTSE-100-Unternehmen, das heißt der Unternehmen, die im wichtigsten Börsenindex der London Stock Exchange notiert sind, bleiben heutzutage durchschnittlich weniger als fünf Jahre im Amt. Es macht sich bezahlt, wenn man weiß, dass und wie sich die Regeln von Ebene zu Ebene verändern.

Am Ende kristallisierte sich eine Landkarte heraus, die zeigte, wie gute Führungskräfte auf den verschiedenen Ebenen beschaffen sein müssen.

Viele der Verhaltensweisen in der folgenden Landkarte erscheinen Ihnen vielleicht offensichtlich. Bevor Sie weiterlesen, sollten Sie zwei Übungen machen. In der ersten überlegen Sie sich einige Personen

Tab. 2: Verhaltensweisen effektiver Führungspersönlichkeiten

Effektive Führung	Grundlagen: Führungskräfte im Anfangsstadium	Praxis: Führung auf mittlerer Ebene	Meisterschaft: Führung an der Spitze
Personal	Kann sich in andere hineinversetzen; managt seine Vorgesetzten; unterstützt andere.	Erzeugt Einsatzfreude, kann Menschen gut beeinflussen. Knüpft Netzwerke.	Bildet ein Führungsteam, das an einem Strang zieht und das er motiviert.
Positive Einstellung	Hat Antrieb, Ehrgeiz; kennt sich selbst, ist anpassungsfähig. Findet Lösungen statt Probleme. Übernimmt freiwillig Aufgaben.	Betrachtet Mehrdeutigkeit nicht als Risiko, sondern als Chance. Geht souverän mit Konflikten um.	Kommuniziert eine klare Vision; bewältigt Krisen; konzentriert sich auf die wichtigsten Kämpfe. Entscheidungsfreudig.
Professionalität	Lernt seinen Arbeitsbereich und das Unternehmen kennen, lernt zu führen. Loyal und zuverlässig.	Beherrscht die wichtigsten Fähigkeiten, schaut über den eigenen Tellerrand.	Demonstriert Ehrlichkeit und Integrität; ist Vorbild bei den wichtigsten Werten.

auf unterschiedlichen Ebenen Ihrer Organisation, die Sie für gute Führungskräfte halten. Prüfen Sie, wie ausgeprägt die in der Liste genannten Eigenschaften bei ihnen jeweils sind. Sicher ergeben sich dabei einige Unterschiede, denn solange Führungskräfte Menschen sind, sind sie auch nicht völlig einheitlich. Wenn sie aber tatsächlich gut sind, sind viele der genannten Eigenschaften bei ihnen wahrscheinlich deutlicher ausgeprägt als bei ihren gleichrangigen Mitarbeitern.

Diese Landkarte hat einen Haken. Beim Übergang auf die jeweils nächsthöhere Führungsebene ändern sich die Regeln nicht vollständig, sondern sie bauen aufeinander auf. Daher können Sie nicht einfach die früheren Regeln durch neue ersetzen. Sie müssen weiterhin all das tun, was Sie bisher getan haben, und noch zusätzlich die Regeln für die neue Ebene befolgen. Die Messlatte liegt mit jeder Organisationsebene höher.

In der Praxis bedeutet das, dass es in einer Führungskarriere auf die ersten Jahre ankommt. Gewohnheiten, die Sie sich gleich zu Beginn aneignen, legen Sie nie mehr ab. Sollten es die falschen Gewohnheiten sein, sind sie nur sehr schwer wieder loszuwerden.

Tab. 3: Verhaltensweisen ineffektiver Führungspersönlichkeiten

Ineffektive Führung	**Grundlagen: Führungskräfte im Anfangsstadium**	**Praxis: Führung auf mittlerer Ebene**	**Meisterschaft: Führung an der Spitze**
Personal	Egozentrisch; zu sehr im Rationalen verwurzelt, kein EQ (Emotionaler Quotient), kein politisches Bewusstsein.	Konzentriert sich auf Fachwissen, nicht auf Menschen; ist naiv, was Netzwerke und Politik angeht.	Stellt schwache Klone ein; fühlt sich von fähigen Leuten bedroht. Kann schlecht delegieren.
Positive Einstellung	Kann-ich-nicht-Einstellung; auf Probleme konzentriert; delegiert nach oben.	Zieht sich aus Bequemlichkeit hinter den Vorhang der Autorität zurück, trägt nicht gern Verantwortung.	Nicht genug Einsatz für sich selbst und für die Organisation; reiner Testamentsvollstrecker, der das Erbe verwaltet.
Professionalität	Kumpelhaft, will beliebt sein.	Zu politisch, verliert Vertrauen. »Manager in der Umkleidekabine«.	Verschafft sich Vorteile durch seinen Status und seine Macht.

Betrachten Sie nun umgekehrt einige weniger effektive Führungskräfte in Ihrer Organisation und überlegen Sie, worin ihr Defizit liegt. Blanke Unfähigkeit kommt zwar vor, ist aber relativ selten anzutreffen. Es gibt auf jeder Organisationsebene bestimmte Fallen, in die Führungskräfte – und oft gerade die anständigen Manager – häufig tappen. Die Folge davon ist, dass sie sich niemals als Führungspersönlichkeiten hervortun, sondern ihr Leben lang Manager bleiben.

Diese Beschreibungen effektiver beziehungsweise ineffektiver Führungskräfte kommen sicher nicht überraschend. Damit man unsere Landkarte nutzen kann, müssen wir noch einen Schritt weiter gehen. Es nützt wenig, den Leuten zu sagen, dass sie inspirierend oder heroisch oder charismatisch sein müssen. Die meisten von uns passen nicht in diese Schablone, und es ist beinahe unmöglich, Charisma zu lehren oder zu lernen. Da ist es beruhigend, dass die meisten Führungskräfte ohnehin der Ansicht waren, dass Charisma und Heldentum einen völlig falschen Führungsstil kennzeichnen. Gute Leader geben nicht vor, alles zu wissen, und sie wollen auch nicht alles selbst erledigen. Sie betrachten Führung als Mannschaftssport. Sie sind sich ihrer Schwächen bewusst und bilden ein Team, das ihre Stärken und Schwächen möglichst perfekt ergänzt.

Die befragten Führungskräfte legten kein Gewicht auf Heldentum und Charisma, sondern viel mehr auf die erforderlichen praktischen Fähigkeiten. Ganz abgesehen von den technischen Fähigkeiten, wie Buchführung, juristische Kenntnisse oder effiziente Erledigung des Tagesgeschäfts, identifizierten sie für uns über dreißig solcher praktischen Fähigkeiten, die gute Führungskräfte beherrschen sollten. Auch der Lernprozess unterscheidet sich von den anderen Fähigkeiten, die Manager im Lauf der Zeit erwerben. Eine Führungspersönlichkeit muss sich diese Fähigkeiten gleich vom Berufseinstieg weg aneignen.

Dieser auf Fähigkeiten basierende Führungsansatz bietet viele Vorteile. Er macht Schluss mit all dem geheimnisvollen Unsinn über heldenhafte Leader und reduziert Leadership auf Dinge, die jeder anstreben kann. Effektive Führungskräfte brauchen sie auch gar nicht alle zu beherrschen. Alle Befragten waren sich bewusst, dass sie Schwächen haben, dass ihr Lernprozess noch nicht abgeschlossen ist. Wenn man genug Selbstvertrauen und Selbsterkenntnis besitzt, um die eigenen Schwächen zu kennen, kann man das richtige ergänzende Führungsteam zusammenstellen und den eigenen Lernprozess fortsetzen.

Alle Führungskräfte stimmten schließlich darin überein, dass sie ihren Erfolg der Tatsache verdanken, dass sie auf ihren Stärken aufbauten. Jeder Mensch hat zwar Schwächen, aber es ist kein Erfolgsrezept, sich hauptsächlich auf diese zu konzentrieren. Wir haben es gar nicht nötig, uns zu verändern, es genügt, das Beste aus sich herauszuholen. Wir müssen uns auf unsere Stärken konzentrieren und die Schwächen umgehen.

Dieses Buch ist Ihr Reiseführer für Ihre Entwicklung zur Führungspersönlichkeit. Sein Hauptaugenmerk liegt auf den praktischen Fähigkeiten, durch die sich effektive von ineffektiven Führungskräften unterscheiden. Eine Erfolgsgarantie gibt es nicht, aber dieses Buch erhöht auf jeden Fall die Erfolgswahrscheinlichkeit.

»Eine Erfolgsgarantie gibt es nicht, aber dieses Buch erhöht auf jeden Fall die Erfolgswahrscheinlichkeit.«

Teil 1
Die Grundlagen

1
Personal

Bei den Recherchen zu diesem Buch stellte sich heraus, dass die Menschen bei Führungskräften vor allem eine Eigenschaft schätzen: die Fähigkeit, andere zu motivieren. Bei angehenden Führungspersönlichkeiten wird diese Fähigkeit jedoch nicht einmal am Rande erwähnt, und zwar aus einem ganz einfachen Grund: Die meisten Menschen, die am Beginn ihrer Karriere stehen, haben niemanden, den sie managen oder motivieren könnten.

Dennoch ist die Fähigkeit, sich auf andere Menschen einzustellen, ein äußerst wichtiger Fortschrittsindikator auf dem Weg zur Führungspersönlichkeit. Zu Beginn der Karriere sind in dieser Hinsicht drei Faktoren besonders wichtig:

- *Dezentrierung:* Erkennen Sie, wie Sie sind und wie Sie auf andere wirken.
- *Einflussnahme:* Verkaufen Sie Ihre Ideen gut.
- *Management der Vorgesetzten:* Beeinflussen Sie Ihren Chef.

Dies sind drei Kernfähigkeiten, die Führungspersönlichkeiten auf allen Ebenen einer Organisation beherrschen müssen. Selbst ein Vorstandsvorsitzender muss wissen, wie er am besten mit dem Aufsichtsrat und dessen Vorsitzendem zurechtkommt. Ein effektiver Vorstandschef kommandiert seine Mitarbeiter nicht nur herum, sondern setzt vorzugsweise auf Überzeugung und Einflussnahme. Starke Vorstandschefs kennen sich selbst, sie kennen ihre Schwächen und stellen ein Team zusammen, das diese Schwächen kompensiert. Stuart Rose gab einmal folgenden treffenden Kommentar über die Stärken des Einzelhandel-Unternehmers und Milliardärs Philip Green ab: Er selbst weiß, was er nicht weiß, aber nur wenige andere merken es. Eine gute Führungspersönlichkeit braucht unbedingt genügend Selbstvertrauen, um sich selbst richtig einzuschätzen.

Dezentrierung: Erkennen Sie, wie Sie sind und wie Sie auf andere wirken

Sollte Ihr Chef Sie einmal auffordern, sich selbst kennen zu lernen, lächeln Sie höflich und ergreifen Sie die Flucht, denn oft folgt darauf ein ganzer Wust an psychometrischen Tests, kompliziertem psychologischem Geschwätz und Gruppensitzungen, in denen Sie mit Ihrem inneren Selbst Kontakt aufnehmen sollen. Für Sie persönlich mag es vorteilhaft sein, sich hin und wieder mit Ihrem inneren Selbst zu beschäftigen, für Leader ist eine solche Nabelschau jedoch nicht unbedingt der direkte Weg zum Erfolg.

Sich selbst zu kennen bedeutet nicht einfach, in sich hineinzuschauen. Für Führungspersönlichkeiten bedeutet es, die eigene Wirkung auf andere einschätzen zu können.

Als Führungsperson müssen Sie Ihren persönlichen Stil kennen und ebenso den Stil der Person, mit der Sie zusammenarbeiten. Diese Kenntnisse sind der Schlüssel zu einer wirkungsvollen Einflussnahme. Manche Führungskräfte können dies scheinbar intuitiv: Sie spielen auf anderen Menschen wie auf einem Klavier und wissen instinktiv, welche Töne sie anschlagen müssen, um die beste Resonanz zu erzielen. Wir anderen, die wir nicht über diese angeborene Fähigkeit verfügen, können mit einfachen Mitteln die Wahrscheinlichkeit positiver Reaktionen erhöhen.

> »Sich selbst zu kennen bedeutet, die eigene Wirkung auf andere einschätzen zu können.«

Es gibt mehrere Systeme, mit deren Hilfe Sie Ihren Stil und Ihre Wirkung auf andere Menschen herausfinden können. Eines der bekanntesten ist der Myers-Briggs-Typenindikator (MBTI). Es dauert allerdings Jahre, bis man ein Experte in diesem System geworden ist. Da dies den Rahmen dieser Übung sprengen würde und da wir ja keine Psychologie-Experten, sondern Führungspersönlichkeiten werden wollen, fassen wir uns hier kürzer.

Der MBTI liefert eine Reihe von Typenkennzeichnungen. Mit ausgefeilten Tests lässt sich ermitteln, welcher Typ Sie sind. Als Resultat erhalten Sie meist eine Abkürzung aus vier Buchstaben, wie ESTJ oder INFP. Eine Führungskraft hat nicht die Zeit, jeden, den sie trifft, einem langwierigen Test zu unterziehen. Lesen Sie sich also die Abbildung

Typ	Beschreibung	Positive Wirkung	Negative Wirkung
E (Extrovertiert)	Bezieht seine Energie aus dem Umgang mit Menschen; spricht, bevor er denkt	Verbreitet Energie und Begeisterung	Drängt sich in den Vordergrund, schließt andere nicht ein
I (Introvertiert)	Bezieht seine Energie aus sich selbst; denkt nach, bevor er spricht	Aufmerksam und überlegt, lässt anderen Raum	Hat er nichts zu sagen? Unsicher beim Aufbau von Netzwerken
S (Sinnlich wahrnehmend)	Beobachtet die Umgebung; eher tatsachenorientiert, wenig eigene Ideen	Praktisch zupackend, konkret und detalliert	Langweilig, wenig fantasievoll
N (Intuitiv)	Achtet auf sein Inneres, sich selbst, eigene Ideen	Kreativ und fantasievoll	Sprunghaft, wenig praktisch zupackend, unrealistisch
T (Analytiker)	Entscheidet mit dem Kopf auf der Basis logischen Denkens	Logisch, rational, intellektuell	Kalt und herzlos
F (Gefühlsmensch)	Hört auf die Stimme des Herzens	Empathie hoch entwickelt, verständnisvoll	Denkt nicht klar, ihm blutet schnell das Herz
J (Beurteilend)	Gut organisiert, planvoll, ordentlich	Hohe Arbeitsmoral, konzentriert und verlässlich	Zwanghaft ordentlich, verschlossen, starr, hält an Regeln fest
P (Wahrnehmend)	Hält sich alle Optionen offen, opportunistisch	Work-Life-Balance, liebt die Arbeit	Faul, unordentlich, ziellos und unzuverlässig

Abb. 1.1: Kurze Darstellung des Myers-Briggs-Typenindikators (MBTI)

1.1 durch und überlegen Sie, welchem Typ Sie Ihrer Meinung (oder Ihrem Gefühl) nach entsprechen. Sie wären kein Mensch, wenn Sie sich bei der Betrachtung der positiven Aspekte der verschiedenen Typen nicht wünschen würden, alle diese Eigenschaften zu besitzen. Doch wenn Sie die negativen Aspekte berücksichtigen, werden Sie sehr schnell erkennen, wie Sie selbst sind, und wie die Person, mit der Sie zu tun haben, einzuordnen ist. Das ist keineswegs besonders ausgefeilt, aber dennoch brauchbar.

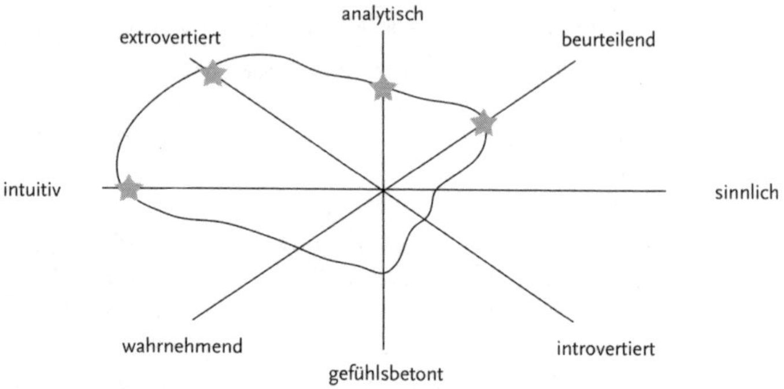

Abb. 1.2: Der Stil-Kompass: Mein Chef

Wenn Sie ab jetzt die Menschen, denen Sie begegnen, anhand der Tabelle einschätzen, werden Sie keine Schwierigkeiten mehr haben, sie in die entsprechenden Felder einzuordnen. Das reine Einordnen von Menschen in Schubladen nützt allerdings noch nicht viel. Daher müssen wir mit diesen Informationen etwas anfangen – und an dieser Stelle kommt der Stil-Kompass ins Spiel.

Mit dem Stil-Kompass lässt sich einfach und schnell einschätzen, auf welche Weise man am besten auf eine andere Person Einfluss nehmen kann. Denken Sie an eine Person, die Sie gerne beeinflussen würden, und versuchen Sie, deren Eigenschaften in den Kompass einzuzeichnen, wie in Abbildung 1.2 gezeigt.

Wenn Sie den Stil-Kompass mit dem MBTI-Raster vergleichen, stellen Sie fest, dass Ihr Chef sehr wahrscheinlich kreativ und extrovertiert ist. Er denkt logisch, mag gerne neue Ideen und spricht sehr viel. Dagegen ist er an Diskussionen über Details und an Menschen weniger interessiert. Nun zeichnen Sie einen Stil-Kompass für sich selbst.

Dieses Bild würde bedeuten, dass Sie mehr oder weniger der entgegengesetzte Typ zu Ihrem Chef sind. Sie überlegen, bevor Sie etwas sagen, Sie achten mehr auf die Menschen und Sie beschäftigen sich gerne mit den praktischen Details einer Sache. Das heißt, dass Sie Ihren Chef sehr gut ergänzen. Wenn zwei gleichartige Menschen zusammenarbeiten, hört sich das zwar gut an, ist aber oft unproduktiv. Bei zwei Extrovertierten treffen zu viel Ego und zu viel Getöse in einem Zimmer zusammen, während zwei intuitive Persönlichkeiten zahllose Ideen entwickeln, es aber nicht schaffen, sie umzusetzen. Wenn Sie

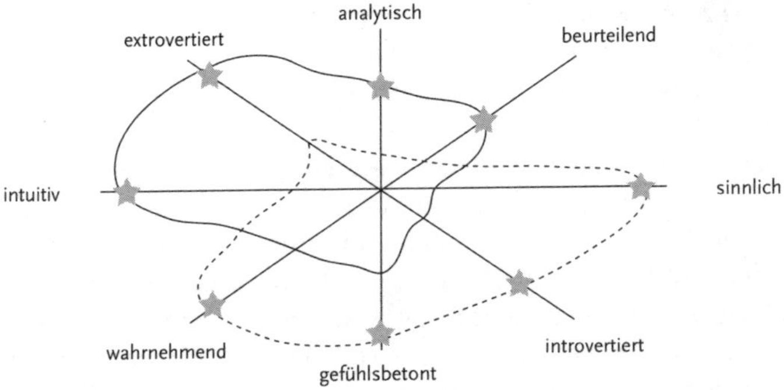

Abb. 1.3: Der Stil-Kompass: Mein Chef und ich

jedoch mit Ihrem Chef auf seiner Wellenlänge kommunizieren wollen, müssen Sie sich anpassen. Sie dürfen ihn nicht mit Details und Personalproblemen langweilen, aber er wird sich insgeheim darüber freuen, wenn Sie ihm diese Dinge abnehmen und sie selbst erledigen.

> »Wenn zwei gleichartige Menschen zusammenarbeiten, hört sich das zwar gut an, ist aber oft unproduktiv.«

Der Stil-Kompass lässt sich auf alle möglichen Stile und Typen anwenden, nicht nur auf die Kategorien des MBTI. Im Folgenden sehen Sie weitere Typen, die sich mit anderen psychometrischen Tests ermitteln lassen:

- intellektuell oder instinktiv,
- einzelgängerisch oder gruppenorientiert,
- idealistisch oder praktisch,
- schnell erregbar oder gelassen,
- fortschrittlich oder konservativ,
- nicht-traditionell oder traditionell,
- zukunfts- oder vergangenheitsorientiert,
- kooperativ oder kommandierend,
- fürsorglich oder antagonistisch,
- empfänglich oder bestimmt,
- unterwürfig oder dominant,

- Akzeptanz oder Vergnügen suchend,
- sensibel oder unsensibel sowie
- sozialistisch oder materialistisch.

Naturgemäß sind die Verfechter eines jeden psychometrischen Tests davon überzeugt, sie allein hätten den Schlüssel zur menschlichen Natur gefunden. Gibt man einem von ihnen den Vorzug, wird man von den anderen, noch während sie sich über diese Dummheit lustig machen, als Ketzer auf dem Scheiterhaufen verbrannt. Um die Hüter des Glaubens an die Psychometrie vollends zu verärgern, können Sie als Leader Folgendes tun: Sie können einen eigenen Stil-Kompass erfinden. Er sollte die wichtigsten Eigenschaften der Person enthalten, auf die Sie Einfluss nehmen wollen. Mit den folgenden Gegensatzpaaren erhalte ich meistens recht brauchbare Ergebnisse:

- Gesamteindruck oder Details,
- Sprache oder Zahlen,
- induktiv oder deduktiv,
- risikotolerant oder risikoscheu,
- kontrollierend oder Eigenverantwortung fördernd,
- schnell oder langsam,
- offen oder defensiv,
- morgens aktiv oder nachmittags aktiv,
- positive oder zynische Einstellung sowie
- analysierend oder zupackend.

Sie entscheiden, welches die hervorstechendsten Eigenschaften der Person sind, die Sie beeinflussen wollen. Tragen Sie diese in den Stil-Kompass ein und zeichnen Sie dann zuerst das Diagramm der anderen Person und dann Ihr eigenes Diagramm ein. So erhalten Sie zwar keine magischen Antworten auf die Frage, wie sich die andere Person am leichtesten beeinflussen lässt, aber Sie werden dazu gezwungen, die richtigen Fragen darüber zu stellen, wie Sie sich am besten auf die Wellenlänge der betreffenden Person einstellen.

Wenn Sie die Angelegenheit für sich interessanter gestalten wollen, tragen Sie auf dem Stil-Kompass statt der Typen entweder Berufe (Schauspieler, Richter, Installateur, Künstler, Ingenieur) oder die Namen bekannter Persönlichkeiten ein. Die meisten dieser Kompasse dürften wir aber wegen der geltenden Gesetze zu Verleumdung und übler Nachrede wohl nicht veröffentlichen.

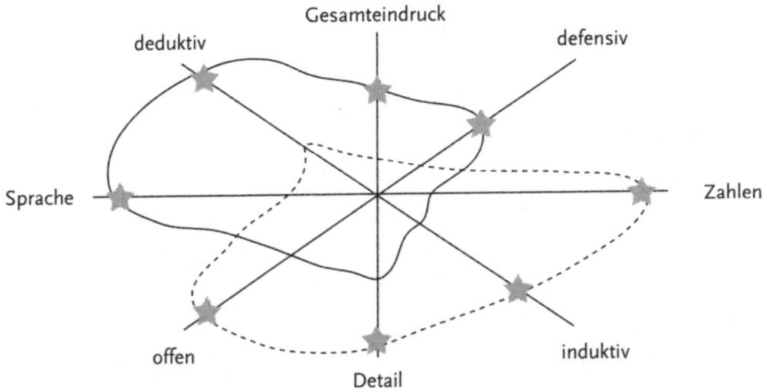

Abb. 1.4: Der Stil-Kompass: Mein Chef und ich (überarbeitete Version)

In Abbildung 1.4 denkt mein Chef deduktiv. Er arbeitet sich von der Theorie beziehungsweise vom Gesamtbild nach unten zu den Einzelheiten vor. Ich halte mich dagegen eher für praktisch veranlagt; ich gehe von den praktischen Details aus und entwickle daraus eine Theorie. Er mag Sprache und Ideen, ich orientiere mich lieber an Zahlen und Fakten. Außerdem kann er manchmal recht defensiv werden. Wenn ich auf seiner Wellenlänge mit ihm kommunizieren will, muss ich meinen Stil grundlegend anpassen. Ich muss zuerst das Gesamtbild meines Vorschlags präsentieren und nur dann näher auf Einzelheiten und Zahlen eingehen, wenn er daran Interesse zeigt.

So können Sie eine endlose Zahl verschiedener Stil-Kompasse erstellen. Dahinter steckt der Wunsch, die Knöpfe und Hebel zu finden, die eine andere Person in der gewünschten Weise reagieren lassen. Dies ist nicht nur eine Wissenschaft für sich, sondern ebenso eine Kunst. Vor allem kommt es auf die richtigen Überlegungen an:

- Wie denkt und verhält sich die Person, auf die ich Einfluss nehmen will?
- Wie denke und verhalte ich mich hinsichtlich derselben Kriterien?
- Was muss ich tun, damit unsere Interaktion produktiv verläuft?

Der Stil-Kompass eignet sich am besten, wenn es darum geht, nur eine Person zu beeinflussen. In der Praxis lässt sich in Gesprächen unter vier Augen am meisten bewirken. Bei öffentlichen Meetings haben Sie weit weniger Möglichkeiten zur Beeinflussung. In größerer Runde erhalten neue Ideen nicht so leicht Zustimmung. In der Regel will man vor Kollegen klug und besonnen wirken, und die einfachste Methode dazu ist, zunächst alle Risiken, Probleme und Widersprüche einer neuen Idee oder Präsentation aufzuzeigen. Kluge Fragen sind weit weniger riskant als kluge Lösungen. Sobald die Person, die Sie beeinflussen wollen, ihre Bedenken einmal öffentlich geäußert hat, wird es doppelt so schwer, sie zu einem Meinungsumschwung zu bewegen, denn dadurch würde sie vor den Kollegen das Gesicht verlieren. Unter diesem Aspekt betrachtet ist jedes Gespräch mit mehr als zwei Anwesenden ein öffentliches Gespräch. Die dritte Person birgt die Gefahr, dass im Anschluss an das Meeting die geäußerten Ideen und Positionen – manchmal bis zur Unkenntlichkeit verzerrt – gerüchteweise in der Organisation die Runde machen.

Leider ist es nicht immer möglich, einen Termin für ein Einzelgespräch mit der betreffenden Person zu bekommen. Manchmal kann man die Person nur im Rahmen eines öffentlichen Meetings erreichen. In einem solchen Meeting mit, sagen wir, acht Teilnehmern gibt es für Sie zwei Möglichkeiten.

Erstens können Sie ganz einfach sich selbst treu bleiben. Auf diese Weise wirken Sie selbstsicher und enthusiastisch. Das ist sehr wichtig, denn bekanntlich reagieren Menschen eher auf visuelle Reize und Äußerlichkeiten als auf inhaltliche Details und Substanz. Wenn Sie es allen Recht machen wollten, wären Sie zum Scheitern verdammt, denn dann wirken Sie nicht natürlich. Sie fühlen sich unbehaglich, strahlen kein Selbstvertrauen aus – und Sie können sich ohnehin nicht an die Stile aller Anwesenden anpassen.

Es gibt aber noch eine zweite, subtilere und effektivere Möglichkeit. Es wird selten vorkommen, dass Sie alle acht Personen gleichzeitig beeinflussen wollen. Ist der Vorstandschef anwesend, müssen Sie ihn wahrscheinlich am dringendsten für sich gewinnen. In diesem Fall schneiden Sie den Inhalt und den Stil Ihrer Präsentation auf ihn zu. Wenn Sie weise sind, haben Sie sich mit einigen der anderen im Raum anwesenden Personen vorab verständigt und sich in Einzelgesprächen ihre Unterstützung gesichert. So bleibt also nur noch der eine, der wichtigste Entscheidungsträger, mit dem Sie nicht vorher sprechen konnten. Mit dem stillschweigenden Einverständnis der anderen und den Ratschlägen, die sie Ihnen eventuell gegeben haben, befinden Sie sich nun in einer guten Ausgangsposition, um die gewünschte Wirkung auf den Vorstandschef zu erzielen. Sie sollten wissen, was ihn mitreißt und begeistert, Sie sollten seine Abneigungen kennen und Sie sollten wissen, welchen Stil er bevorzugt. Wenn Sie also die richtige

Vorarbeit geleistet haben, können Sie sich sogar in einem Meeting mit acht Teilnehmern voll auf die eine Person konzentrieren, auf die es ankommt.

Einflussnahme

Ideen verkaufen

Führung bedeutet unter anderem, dass man andere dazu bringt, etwas zu tun. Geschäftsführer und Vorstandsvorsitzende wenden viel Zeit auf, um ihre Vision, Plan, Werte und Veränderungen an die Menschen innerhalb und außerhalb ihrer Organisation zu verkaufen. Im Endeffekt sind sie Verkäufer. Ebenso wichtig sind gute Verkaufstaktiken in den unteren Ebenen der Organisation, in denen der Einzelne nie über genügend Macht und Autorität verfügt, um seiner Verantwortung vollständig gerecht zu werden. Angehende Leader lassen sich jedoch nicht von mangelnder formeller Autorität abschrecken. Sie überreden andere Leute, ihnen zu helfen und sie zu unterstützen.

> »Führung bedeutet unter anderem, dass man andere dazu bringt, etwas zu tun.«

Für das Verkaufen ist es zwar nützlich, sich auf den Stil und die Wellenlänge der Zielperson einzustellen, dies allein genügt jedoch nicht. Sie benötigen darüber hinaus eine Methode, mit der Sie andere Menschen erfolgreich und dauerhaft beeinflussen können. Führungskräfte müssen lernen, wie erfolgreiche Verkäufer arbeiten.

Bevor wir jedoch dazu übergehen, alles mögliche – von Autos bis hin zu neuen Aufgaben – zu verkaufen, muss ich Sie auf etwas aufmerksam machen. Einflussnahme und Motivation sind zwei ganz verschiedene Paar Stiefel. Wenn es Ihnen gelingt, jemanden zu beeinflussen, ist das ein einmaliges Ereignis. Sie bringen ihn dazu, seine Meinung zu ändern, und er stimmt einer Sache zu. Wenn es Ihnen dagegen gelingt, jemanden zu motivieren, ist das mehr als eine Transaktion. Sie bauen damit eine nachhaltige Beziehung auf. Motivierte Personen tun oft Dinge, die Sie gar nicht von ihnen verlangt haben, und sie erledigen auch solche Dinge mit Einsatzfreude, die Sie niemals befehlen könnten.

In Kapitel 5 werden wir näher auf das Thema der Motivation eingehen.

Beim Verkauf einer Idee oder eines Gegenstands arbeiten wir normalerweise auf einer von drei Ebenen:

- Merkmale,
- Vorteile sowie
- Hoffnungen und Träume.

Mit Merkmalen arbeitet es sich am leichtesten. Merkmale sind die inhärenten Eigenschaften einer Idee oder eines Gegenstandes. Der Computer hat einen Prozessor mit 3,0 GHz, eine Festplattenkapazität von 100 GB und einen Hauptspeicher von 1 GB; das IT-Projekt kostet 5 Millionen Euro, dauert 18 Monate und soll das derzeitige Buchhaltungssystem ersetzen. Jemand, der von einer Idee oder einem Auto begeistert ist, fällt anderen oft stundenlang mit den kleinsten Details auf die Nerven. Dies wirkt selten positiv auf die Betroffenen.

Vorteile dagegen verwandeln die Merkmale in etwas, das die Menschen besitzen wollen. Der Computer hat also vielleicht zahllose hervorragende Merkmale, aber wirklich interessant ist, dass man damit Heimvideos bearbeiten kann, denn dazu benötigt man viel Arbeitsspeicher und eine hohe Prozessorleistung. Sie denken jetzt womöglich: Bevor ich ein Heimvideo bearbeite, gebe ich mir die Kugel. In diesem Fall liegen für Sie die Vorteile des Computers eben darin, dass Sie damit komplexe CAD-Programme benützen oder coole Videospiele laden können. Wichtig ist, dass ein Produkt jedem Gesprächspartner andere Vorteile bietet, während die Merkmale immer dieselben bleiben.

All das liegt auf der Hand. Es ist so offensichtlich, dass es ganz häufig übersehen wird. Die Leute reden über Merkmale und Vorteile, die ihren Gesprächspartner überhaupt nicht interessieren. Wenn Sie jemanden beeinflussen wollen, dürfen Sie nicht von Ihren Ideen beziehungsweise Ihrem Gegenstand ausgehen, sondern Sie müssen die Bedürfnisse und Wünsche Ihres Gegenübers berücksichtigen. Sobald Sie diese kennen, können Sie Ihre Idee auf eine Art und Weise präsentieren, die sein Interesse weckt und ihn überzeugt. Vorstandsvorsitzende machen das ständig. Wenn ein Vorstandschef beispielsweise eine große Expansionsoffensive in einen neuen Markt plant, erwähnt er möglicherweise die Größe des neuen Marktes und seine weiteren Merkmale, um seine Idee zu verkaufen. Das Hauptaugenmerk richtet er aber sicherlich auf die Vorteile seines Plans. Für die Aktionäre betont er die Auswirkungen auf den Aktienkurs, während er gegenüber seinen Werksarbeitern mit Arbeitsplatzsicherheit und größerer Abwechslung aufgrund der erweiterten Produktpalette argumentiert. Er präsentiert jeder interessierten Partei genau die Vorteile, die sie betreffen.

»Wenn Sie jemanden beeinflussen wollen, dürfen Sie nicht von Ihren Ideen beziehungsweise Ihrem Gegenstand ausgehen, sondern Sie müssen die Bedürfnisse und Wünsche Ihres Gegenübers berücksichtigen.«

Jenseits der Vorteile gibt es noch die Hoffnungen und Träume. Alle Menschen haben Hoffnungen, Träume und Ängste, und wir alle lassen uns beeinflussen, wenn es gelingt, diese anzuzapfen. Ein Manager wollte beispielsweise eine Mitarbeiterin dazu bringen, einen Präsentationskurs zu besuchen, doch sie zögerte, weil sie ihre Hemmungen nicht überwinden konnte. Später fand der Manager heraus, dass sie sich für Amateurtheater interessierte. Also forderte er sie auf, den Kurs als Schauspieltraining zu betrachten. Dabei kam ihm zugute, dass der Kursleiter tatsächlich ein Schauspieler war. Auf diese Weise verknüpfte der Manager eine notwendige Fortbildungsmaßnahme mit einem Traum, und die Mitarbeiterin entwickelte sich schnell zu einer begeisterten und hervorragenden Präsentatorin.

Zur Übung benoten Sie bei der nächsten Präsentation die Person, die versucht, Ihnen eine Idee schmackhaft zu machen. Prüfen Sie, wie lange die Person bei den Merkmalen verweilt und wie viel Zeit sie demgegenüber auf Vorteile, Hoffnungen und Träume verwendet. Achten Sie auch darauf, wie genau diese Vorteile, Hoffnungen und Träume auf Sie zugeschnitten sind. Bei schlechten Noten hat die Person es wahrscheinlich nicht geschafft, Sie zu überzeugen, während gute Noten darauf hindeuten, dass die Person tatsächlich überzeugend auf Sie wirkte.

Der Verkaufsprozess

Inzwischen sollte das Hauptprinzip der Einflussnahme deutlich geworden sein: Gehen Sie immer von den Bedürfnissen und dem Stil des anderen aus, nicht von den eigenen. Lesen Sie *Wie man Freunde gewinnt. Die Kunst, beliebt und einflussreich zu werden* von Dale Carnegie. Es ist zwar abgedroschen, aber sehr nützlich, obwohl es bereits fünfzig Jahre alt ist. Die Kernbotschaft lautet, dass Sie sich auf die Wellenlänge der anderen Person einstellen müssen. Schon ein wenig Vertrauen hilft sehr viel weiter. Wenn man zu schnell anfängt, Verkaufsslogans abzuspulen oder zu verhandeln, wirkt man oft abschreckend.

Was wir im Folgenden beschreiben, setzt voraus, dass Sie zu Ihrem Gegenüber bereits eine Beziehung aufgebaut haben. Sie haben den Stil-Kompass eingesetzt und können sich auf die andere Person einstellen. Der folgende Prozess kann einfach ein zweiminütiges Gespräch sein, es kann sich aber auch um eine formelle Präsentation bei einem Meeting oder um eine über mehrere Wochen immer wieder fortgesetzte Unterhaltung neben der Kaffeemaschine, auf dem Parkplatz oder auf dem Flur handeln. Bei der Einflussnahme kommt es vor allem darauf an, dass Sie einen strukturierten, logischen Ablauf ausgearbeitet haben, nach dem Sie vorgehen können. Wenn Sie sich selbst vorauseilen, werden Sie vermutlich in Schwierigkeiten geraten. Dann beginnen Sie am besten wieder ganz von vorne.

Ein herkömmliches Verkaufsmodell in sieben Schritten sieht folgendermaßen aus:

1. Stellen Sie gemeinsam fest, worin das Problem / die Gelegenheit besteht – und zwar aus der Perspektive des anderen.
2. Stellen Sie die Vorteile dar, die sich ergeben, wenn das Problem angepackt / die Gelegenheit genutzt wird.
3. Schlagen Sie eine Lösung vor.
4. Stellen Sie dar, wie sie funktioniert.
5. Entkräften Sie Einwände.
6. Betonen Sie erneut die Vorteile.
7. Kommen Sie zum Abschluss.

Dieser Ablauf lässt sich auch auf drei Schritte verkürzen:

1. Stellen Sie gemeinsam fest, worin das Problem / die Gelegenheit besteht.
2. Schlagen Sie eine Lösung vor (und erklären Sie, wie sie funktioniert).
3. Kommen Sie zum Abschluss.

Die meisten Überzeugungsversuche scheitern an der ersten Hürde: Man kann sich nicht auf ein gemeinsames Problem oder eine Gelegenheit einigen. Das ist auch nicht überraschend, denn jede Abteilung einer Organisation hat eigene Prioritäten. Marketing, Geschäftsabwicklung, HR und IT betrachten die Welt jeweils durch eine andere Brille. Für eine Führungskraft besteht die Herausforderung darin, trotzdem einen gemeinsamen Ausgangspunkt zu finden, an dem sich die verschiedenen Interessengruppen treffen können.

Bei dem Prozess der Problemfindung und Lösungsfeststellung geht es nicht darum, klug daherzureden. Gute Führungskräfte haben zwei Ohren und einen Mund und setzen diese im entsprechenden Verhältnis ein. Das bedeutet mit anderen Worten, dass Zuhören mindestens ebenso wichtig ist wie Sprechen. Hören Sie gut zu, damit Sie die Probleme, Bedürfnisse und Wünsche des anderen verstehen, denn dann gelingt es Ihnen, Ihre Botschaft exakt auf ihn zuzuschneiden.

»Gute Führungskräfte haben zwei Ohren und einen Mund und setzen diese im entsprechenden Verhältnis ein.«

Ein geschickter Einflussnehmer versucht herauszufinden, nach welchem Muster die andere Person gestrickt ist. Hier geraten wir gefährlich nahe an die unsicheren Gewässer des Psychologenlateins heran. Es gibt noch keine Einigkeit darüber, was Menschen tatsächlich antreibt, aber im Folgenden sehen Sie einige Alternativen:

- Angst, Gier und Sex,
- Angst, Gier und Ego oder
- Angst, Gier und Trägheit.

Inzwischen haben Sie wahrscheinlich die Gemeinsamkeit dieser Alternativen entdeckt: Angst und Gier. Wir gehen hier vorläufig von der – zugegeben implausiblen – Annahme aus, dass Sex nicht die Grundlage für den Erfolg als Manager bildet. Irgendjemand wird sicher auch noch den ultimativen Ratgeber für Management-Erfolg durch Sex schreiben. Außerdem betrachten wir die Befriedigung des Egos als eine Form von Gier. Übrig bleiben daher Angst, Gier und Trägheit.

Angst ist eine mächtige Antriebskraft. Wenn es Ihnen gelingt zu zeigen, dass Ihre Idee eine Angst beseitigt (»mit unserem Sicherheitssystem passiert Ihnen nichts / sparen Sie Millionen Euro an Entschädigungen«), üben Sie einen starken Einfluss aus. Das Ergebnis ist jedoch meist eher ein Nachgeben als echte Überzeugung beziehungsweise echter Einsatz. »Tun Sie das, oder Sie sind gefeuert«, erntet ebenfalls nur Gehorsam, nicht überzeugten Einsatz.

Angst wirkt nämlich oft ebenso stark demotivierend. Menschen scheuen das Risiko. Unsere Überlebensinstinkte sprechen schnell auf potenzielle Bedrohungen und Gefahren an. Auf den Bereich des Managements übertragen heißt das, dass die meisten Menschen den Status quo erhalten und nichts verändern wollen. Neue Dinge auszuprobieren ist ihnen zu unsicher. Ein guter Einflussnehmer muss daher zwei Dinge tun: Er muss mögliche Einwände vorhersehen und entkräften und er muss der Idee das Risiko nehmen.

Das Risiko lässt sich auf vielerlei Weise reduzieren. Sie können vor der tatsächlichen Einführung ein Pilotprojekt starten, Sie können etwas schrittweise einführen oder Sie können es so organisieren, dass früh die ersten Gewinne anfallen. So werden alle davon überzeugt, dass Ihre Idee sinnvoll ist.

Das zweite Mittel zur Einflussnahme ist die Gier. Es beantwortet die Frage: »Was springt dabei für mich heraus?« – natürlich wieder aus der Perspektive des Gegenübers. Man spricht in diesem Fall vom WIFM-Faktor (What's in it for me? – WIFM). Sobald Sie den WIFM-Faktor gefunden haben, sind Sie auf dem Weg zum Erfolg. Gier betrifft nicht nur den Wunsch nach mehr Geld. In einer Organisation geht es häufig vor allem auch um Anerkennung durch die Kollegen und den Vorgesetzten für eine gute Leistung oder einen wichtigen Beitrag.

Der dritte Einflussfaktor ist Trägheit. Aus mehr oder weniger nachvollziehbaren Gründen scheinen sich heutzutage alle Leute gestresster, mehr unter Druck gesetzt und stärker beansprucht zu fühlen als je zuvor. Dann kommen Sie mit einer schlauen Idee an, die noch mehr Arbeit macht. Bald werden Sie tausend logische Gründe zu hören bekommen, weshalb Ihre Idee doch nicht so gut ist. Also müssen Sie überlegen, wie sich Ihre Idee möglichst leicht umsetzen lässt und ob es sogar etwas gibt, was durch sie vereinfacht wird. Vielleicht passt sie genau zu einem bereits bestehenden Problem Ihres Gegenübers oder sie unterstützt einen seiner Pläne. Vielleicht brauchen Sie auch nur seine Zustimmung und erledigen die gesamte Arbeit selbst. Möglicherweise treiben Sie auch zusätzliche Ressourcen auf, die die Arbeit übernehmen können. Um die natürliche Trägheit des Individuums und der Institution zu überwinden, müssen Sie es den Leuten leicht machen, »ja« zu sagen.

Bisher sind wir immer noch beim ersten Schritt des dreistufigen Prozesses der Einflussnahme; wir sind noch dabei, uns auf ein gemeinsames Problem beziehungsweise eine gemeinsame Gelegenheit zu einigen.

Haben Sie diesen Schritt einmal geschafft, ist der Erfolg in greifbare Nähe gerückt. Die beiden folgenden Schritte sind relativ unkompliziert.

Wenn Sie richtig zugehört haben, kennen Sie die Perspektive Ihres Gegenübers und können die Idee auf eine Weise vorbringen, die ihn überzeugt. Außerdem sind Sie in der Lage, seine Einwände vorherzusehen und entsprechend außer Kraft zu setzen. Beseitigen Sie den Angstfaktor ebenso wie den Trägheitsfaktor. Sie müssen nicht unbedingt ein echtes Verkaufsgespräch führen, oft eignet sich auch ein scheinbar ganz informelles Gespräch. Möglicherweise müssen Sie sich mehrmals mit der Person treffen, die Sie beeinflussen wollen, bis Sie sie gründlich kennen gelernt haben, beispielsweise am Getränkeautomaten oder in ihrem Büro.

Letztendlich müssen Sie die Diskussion dann richtig abschließen. Schwache Einflussnehmer fühlen sich oft unsicher, wenn der Zeitpunkt gekommen ist, an dem sie ihr Gegenüber um Zustimmung bitten müssen. Da jedoch kaum jemand telepathisch veranlagt ist, kommen Sie nicht darum herum, am Ende explizit zu fragen, ob Ihr Gegenüber mit der Idee einverstanden ist. Darüber hinaus müssen Sie die folgenden Schritte darlegen. Versäumen Sie es, die Frage nach dem Einverständnis und den nächsten Schritten zu stellen, hatten Sie ein zwar nettes, aber völlig unverbindliches und meist folgenloses Gespräch. Sie müssen die Diskussion so abschließen, dass ganz klar ist, was als Nächstes getan wird.

Es gibt verschiedene Arten des Abschlusses, die weitere Aktionen einleiten.

- *Das vorausgesetzte Einverständnis:* Sie sagen einfach, was Sie nun unternehmen werden. Dabei wirken Sie sehr bestimmt. Sie gehen davon aus, dass die Person mit Ihnen übereinstimmt. Um sicherzugehen, sollten Sie die Person in die Aktionen einbeziehen, denn wenn sie nicht klar erkennt, dass sie aktiv daran beteiligt ist, akzeptiert sie Ihr Vorgehen womöglich nur passiv und ignoriert Ihren vorausgesetzten Abschluss.
- *Erläuterung der folgenden Aktionen:* Dieser Abschluss ist mit dem vorhergehenden eng verwandt. Sie konzentrieren sich auf die nun folgenden Schritte, fragen aber anschließend trotzdem noch explizit nach, ob Ihr Gegenüber mit dem vorgeschlagenen Kurs einverstanden ist.

- *Anbieten von Wahlmöglichkeiten:* Dieser kleine Trick ist oft sehr erfolgreich. Sie überlassen der Person eine Auswahl nach dem Motto: »Möchten Sie lieber die Luxusversion oder das Standardmodell?« Das klingt sehr sachlich, und Sie lassen Ihrem Gegenüber die Wahl – allerdings nur eingeschränkt, denn die Möglichkeit, dass er auch gar keins der Modelle wählen könnte, bleibt unerwähnt. Es kostet Ihr Gegenüber Anstrengung, Ihren Abschluss abzulehnen. Viele Leute lassen sich auf eine solche eingeschränkte Wahl ein.
- *Der direkte Abschluss:* Dies ist der einfachste, aber auch der gefährlichste Abschluss. Fragen Sie: »Sind Sie mit der vorgeschlagenen Vorgehensweise einverstanden?« Wie alle guten Anwälte sollten Sie diese Frage nur stellen, wenn Sie die Antwort bereits kennen. Der direkte Abschluss lässt sowohl eine negative Antwort als auch weitere Diskussionen zu, es sei denn, Sie haben exzellente Vorarbeit geleistet.

Wichtig ist, dass Sie dem Ablauf des beeinflussenden Verkaufs folgen:

- Sind wir uns einig, worin das Problem / die Gelegenheit besteht? (Angst und Gier, der WIFM-Faktor)
- Haben wir die Lösung gründlich ausgearbeitet? (Einwände entkräftet, den Angstfaktor reduziert, das Risiko verringert, Trägheit überwunden)
- Habe ich ordentlich abgeschlossen und eine explizite Zustimmung eingeholt?

Immer, wenn man ein neues Modell zum ersten Mal ausprobiert, fühlt man sich dabei unbehaglich. Hat man es dann oft angewandt, wird es bald zur zweiten Natur.

Management der Vorgesetzten: Beeinflussen Sie Ihren Chef

Alle Führungskräfte, die an den Recherchen für dieses Buch beteiligt waren, waren sich ausnahmslos der Bedeutung des aufwärts gerichteten Managements bewusst. Es ist unabdingbar für die Karriere, und es ist eine gute Möglichkeit, notwendige Fähigkeiten zu erwerben.

Da wir definitionsgemäß keine Autorität über unseren Chef haben, müssen wir uns für ihn besonders wirkungsvolle Strategien der Einflussnahme aneignen. Wenn wir es schaffen, den Vorgesetzten zu beeinflussen, dann gelingt uns das auch bei allen anderen. Außerdem haben wir mit unserem direkten Vorgesetzten häufig zu tun, was uns genügend Gelegenheit zur Übung verschafft. Das kann allerdings manchmal eine recht frustrierende Erfahrung werden.

Vorgesetzten-Management ist eine wichtige Übung zur Entwicklung von Führungsqualitäten. Es ist eine harte Tatsache, dass der Chef wichtiger für uns ist als wir für ihn. Da das Verhältnis also sehr ungleich ist, denkt jeder Arbeitnehmer viel darüber nach, wie er bei seinem Chef gut ankommt. Im Endeffekt trainieren wir so laufend all die nötigen Beeinflussungs- und Management-Fähigkeiten. Der Vorgesetzte ist dafür ein hervorragend geeignetes Versuchskaninchen, denn wir können täglich die Wirkung unserer Anstrengungen beobachten und immer wieder neue Taktiken und Vorgehensweisen ausprobieren.

Auf der anderen Seite erwartet der Vorgesetzte, von uns gemanagt zu werden. Selbst Vorstände erwarten von ihren direkten Untergebenen, dass diese die Beziehung effektiv gestalten.

In diesem Abschnitt betrachten wir zwei Aspekte des nach oben gerichteten Managements:

- Welche Eigenschaften erwarten Vorgesetzte bei angehenden Führungspersönlichkeiten?
- Wie können Sie Ihren Vorgesetzten erfolgreich beeinflussen?

Welche Eigenschaften zeichnen angehende Führungspersönlichkeiten aus?

Die 700 an den Recherchen für dieses Buch beteiligten Führungskräfte erklärten, was sie im Allgemeinen von angehenden Leadern erwarten:

- Anpassungsfähigkeit,
- Selbstsicherheit,
- Eigeninitiative,
- Zuverlässigkeit und
- Ehrgeiz.

Für sich allein betrachtet können diese Begriffe alles Mögliche bedeuten. In späteren Kapiteln werden wir genauer darauf eingehen, welche Bedeutung in unserem Zusammenhang dahinter steckt.

Um die Interviews interessanter zu gestalten, fragten wir die Führungskräfte zusätzlich, ob es bestimmte unverzeihliche Fehler gibt, die für angehende Leader das sofortige Karriere-Ende bedeuteten. Beruhigenderweise erschienen die meisten Führungskräfte in dieser Hinsicht sehr vernünftig und tolerant. Sie waren sich darüber im Klaren, dass angehende Talente Fehler begehen, dass sie die Welt nicht auf einen Schlag verändern können und dass es für sie zunächst schwer ist, sich an die Arbeitswelt zu gewöhnen.

Sie alle identifizierten jedoch eine unverzeihliche Sünde: Illoyalität.

»Viele Sünden sind verzeihlich, Illoyaltiät jedoch gehört nicht dazu.«

Viele Sünden sind verzeihlich, Illoyaltiät jedoch gehört nicht dazu. Illoyalität bedeutet, dass man die grundlegende Vertrauensbasis innerhalb eines Teams zerstört. Der Vorgesetzte muss seinem Team vertrauen können und muss gleichzeitig selbst das Vertrauen des Teams verdienen. Loyalität und Vertrauen basieren immer auf Gegenseitigkeit. Illoyalität zeigt man beispielsweise dadurch, dass man negativ über den Vorgesetzten spricht, unpopuläre oder notwendige Maßnahmen nicht uneingeschränkt unterstützt oder eigene Ziele verfolgt. Ein eher defensiver Vorgesetzter drückte es so aus: »Stellen Sie mich nicht in den Schatten, versuchen Sie nicht, klüger zu wirken als ich, und fallen Sie mir nicht in den Rücken.« Man muss also mit anderen Worten nicht gleich den Sturz des Vorgesetzten planen, um illoyal zu sein – illoyal ist jedes Verhalten, bei dem man als Teammitglied nicht die volle Einsatzkraft zur Verfügung stellt.

In Ihrer Organisation gibt es sicherlich zahlreiche formelle Kriterien, nach denen Teamwork, Initiative, Problemlösungsverhalten und Ähnliches beurteilt werden. Unabhängig von allen Kriterien gilt jedoch meist: Wenn Sie Ihrem Vorgesetzten gegenüber stets unbedingt loyal sind und sich für ihn einsetzen, fällt Ihre Beurteilung anhand der formellen Kriterien meist gut aus. Vorgesetzten fällt es schwer, mit Mitarbeitern, die ihr Bestes geben und sich loyal verhalten, hart umzugehen. Wenn Sie allerdings die Goldmedaille in Unfähigkeit besitzen, sind Sie durch nichts zu retten.

Wie beeinflussen Sie Ihren Vorgesetzten?

Zu diesem Thema gehören drei Schwerpunkte:

- Suchen Sie sich den richtigen Vorgesetzten.
- Bringen Sie die richtigen Ergebnisse.
- Verhalten Sie sich richtig.

Normalerweise heißt es, dass Vorgesetzte managen und Mitarbeiter gemanagt werden. Damit gelangt man jedoch oft genug in Teufels Küche. Glück hat in diesem Fall, wer einen guten Vorgesetzten bekommt, aber wehe, Sie geraten an einen schlechten – dann haben Sie ein Problem. Die meisten Führungskräfte, mit denen ich gesprochen habe, gaben an, einen aufstrebenden Leader schon früh erkennen zu können. Sie sehen, welche Mitarbeiter das Potenzial zur Führungskraft mitbringen, und der entscheidende Indikator für die Wahrscheinlichkeit zukünftigen Erfolgs ist der Vorgesetzte, für den sie arbeiten. Wer für einen guten Vorgesetzten arbeitet, eignet sich dabei mit großer Wahrscheinlichkeit effektive und nützliche Fähigkeiten und Verhaltensweisen an. Wer für einen schlechten Vorgesetzten arbeitet, erwirbt dagegen oft die falschen Fähigkeiten und Verhaltensweisen. Daher ist es wichtig, sich möglichst früh den richtigen Vorgesetzten auszusuchen.

Dabei darf man sich nicht nur auf das Glück verlassen, denn ohne Eigeninitiative verläuft der Aufstieg zur Führungsebene oft keineswegs steil und gerade nach oben, sondern eher planlos kreuz und quer durch die Sümpfe und Niederungen des Managements.

Suchen Sie sich den richtigen Vorgesetzten

Aufstrebende Führungspersönlichkeiten müssen sowohl die eigene Karriere als auch ihre Vorgesetzten managen.

Vielleicht haben Sie ja Glück und geraten genau an den richtigen Vorgesetzten, aber vielleicht auch nicht. In diesem Fall erleben Sie nicht nur ein paar unangenehme Monate oder Jahre, sondern erwerben auch viele ungünstige Verhaltensweisen. Viele Menschen betrachten es einfach als Lotteriespiel, welchen Vorgesetzten sie erwischen, und geben sich damit zufrieden. Wenn Sie neu in eine Organisation eintreten, haben Sie tatsächlich kaum die Möglichkeit zur Auswahl. Anschließend können Sie das Schicksal jedoch zumindest ein wenig beeinflussen:

- Suchen Sie sich einen oder mehrere Sponsoren in der Organisation, die in der Hierarchie über Ihrem direkten Vorgesetzten stehen, und machen Sie sich nützlich. Wenn dann Mitarbeiter für neue Projekte oder andere Vorgesetzte gesucht werden, zeigen sich diese Leute dadurch erkenntlich, dass sie Ihnen gute Möglichkeiten eröffnen.
- Beeinflussen Sie den Zuweisungsprozess. Meist wissen die Leute in einer Organisation genau, welche Aufgaben und Vorgesetzte in eine Sackgasse führen. Von diesen sollten Sie also tunlichst die Finger lassen. Machen Sie sich unsichtbar oder schützen Sie Überlastung vor – stehen Sie auf keinen Fall zur Verfügung. Eine gute Vermeidungsstrategie ist, freiwillig Tätigkeiten für Ihren Sponsor zu übernehmen. Wenn dagegen ein guter Vorgesetzter nach Mitarbeitern für ein Projekt sucht, geben Sie ihm ruhig deutlich zu verstehen, wie gerne Sie mit ihm zusammen an der Aufgabe arbeiten würden.

Sollte das in Ihren Augen zu sehr nach Politik aussehen, dann heiße ich Sie hiermit in der Arbeitswelt willkommen. Politische Fähigkeiten sind durchaus wichtig.

Alles Bisherige setzt voraus, dass Sie Ihre Karriere innerhalb einer Organisation vorantreiben. Meist kommt jedoch der Zeitpunkt, an dem man auch über die Grenzen der eigenen Organisation hinausblickt. Sie sollten allerdings vorsichtig sein: Die Kirschen in Nachbars Garten sehen immer leckerer aus. Tatsache ist jedoch, dass Vorgesetzte und Aufgabenverteilungen kommen und gehen. Selbst wenn Sie also mit einem miserablen Chef geschlagen sind, sollten Sie zuerst überlegen, wie lange diese Situation noch bestehen wird. Ein Stellenwechsel ist, ebenso wie Selbstmord, häufig als dauerhafte Lösung für ein vorübergehendes Problem anzusehen. Und wie beim Selbstmord können Sie auch hier nicht wissen, was Sie nach vollzogener Tat erwartet.

Innerhalb der eigenen Organisation können Sie sowohl Möglichkeiten als auch Vorgesetzte fast immer besser beurteilen als in anderen Organisationen. Nach einem Wechsel werden Sie meist feststellen, dass Sie wieder ganz von vorn anfangen müssen – Sie müssen sich zurechtfinden, neue Netzwerke mit vertrauenswürdigen Kollegen und Unterstützern aufbauen und den richtigen Vorgesetzten sowie die richtigen Projekte finden. Und selbst wenn Sie meinen, den richtigen Vorgesetzten in einer anderen Organisation gefunden zu haben, sollten

Sie zuerst überlegen, wie lange er als Ihr Vorgesetzter erhalten bleiben wird.

Trotz all dieser Warnungen vor Veränderungen weise ich an dieser Stelle noch auf eine ganz andere Alternative hin. Die meisten Menschen stellen sich ihre Karriere als steten Aufstieg in einer Organisation vor. Manche unter uns entscheiden sich jedoch für einen Lebensweg, der ganz anders aussieht – ein ständiges Auf und Ab zwischen Triumphen und Katastrophen in unerwarteten Erscheinungsformen in vielen verschiedenen Unternehmen und Ländern. Diese Alternative beschert so manchem Menschen weit mehr Spannung und Abwechslung als eine Karriere in ihrer ursprünglichen Form.

Bringen Sie die richtigen Ergebnisse

Um Ihren Vorgesetzten in Ihrem Sinn zu beeinflussen, benötigen Sie neben dem richtigen Stil auch noch greifbare Vorteile. Mit Stil haben wir uns weiter oben bereits ausführlich beschäftigt. Sie sollten in der Lage sein, einen einigermaßen zutreffenden Stil-Kompass für Ihren Chef zu zeichnen, die daraus folgenden Implikationen zu verstehen und entsprechend zu handeln.

Stil ohne Substanz mag für drittklassige Sternchen und vielleicht sogar für ein paar wenige zweit- und erstklassige Stars ausreichen. Um als Führungskraft erfolgreich zu sein, brauchen Sie jedoch mehr. Sie müssen die richtigen Ergebnisse liefern. Die Frage dabei lautet: »Was sind die *richtigen* Ergebnisse?«

Manchmal liegen die richtigen Ergebnisse auf der Hand. Börsenmakler oder Vertriebsmitarbeiter haben sicherlich eindeutige Zielvorgaben. In den meisten Fällen sind Ziele jedoch nicht ganz so unmissverständlich deutlich. Auch eher vage formelle Beurteilungskriterien (Teamfähigkeit? Urteilsfähigkeit?) helfen hier nicht weiter.

Die formell richtige Antwort lautet, dass Sie mit Ihrem Chef in einem Gespräch unter vier Augen die gegenseitigen Erwartungen besprechen sollten. Reden Sie offen und ehrlich darüber, was Sie beide voneinander erwarten. So bekommen Sie jedoch bestenfalls halbe Antworten. Wenn Sie einander noch nicht gut kennen, ist es schwer zu sagen, was beide Seiten realistischerweise erwarten können und sollen. Außerdem fällt es so manchem Vorgesetzten schwer, seine Erwartungen so deutlich und offen auszusprechen.

In der Praxis liegt es daher an Ihnen zu ergründen, was genau Sie tun sollen. Sie müssen ein Experte für die Deutung der Rauchsignale aus dem Büro des Chefs werden. Finden Sie heraus, welche Ziele Ihr

Chef verfolgt. Es gibt sicher einige wenige wichtige Ziele, die Ihr Vorgesetzter in jedem Jahr erreichen muss, und zusätzlich ist da noch eine Unmenge von »Kleinkram«, der ebenfalls auf Erledigung wartet. Sie können nun einerseits einen Teil des Kleinkrams übernehmen, damit sich der Chef stärker auf die Dinge konzentrieren kann, die wirklich von Bedeutung sind. Andererseits können Sie auch direkt bei der Erreichung der großen Ziele helfen, indem Sie beispielsweise Hindernisse beseitigen und dafür sorgen, dass Ihr Vorgesetzter schneller vorankommt. Misserfolg ist Ihnen dagegen sicher, wenn Sie den Chef dazu zwingen, zu viel Zeit mit dem »Kleinkram« zu verbringen, oder wenn Sie die Bedeutung der entscheidenden Ziele nicht erkennen.

Verhalten Sie sich richtig

Jeder Vorgesetzte hat seinen eigenen Stil. Da er sich sicher keine Gedanken über Ihren Stil macht, müssen Sie sich an seinen anpassen.

> »Ideal ist ein partnerschaftliches Verhältnis zu Ihrem Vorgesetzten.«

Ideal ist ein partnerschaftliches Verhältnis zu Ihrem Vorgesetzten. Es handelt sich zwar um eine ungleiche Partnerschaft, aber Sie müssen trotzdem Ihre Rolle spielen. Eine erfolgreiche Beziehung basiert letztendlich auf klaren Erwartungen. Sie sollten von Ihrem Vorgesetzten nicht nur unwichtige und uninteressante Aufgaben erhalten, nach dem Motto, dass Unangenehmes immer nach unten weitergegeben wird. Effektives Delegieren bedeutet, dass Sie auch Aufgaben erhalten, die Ihren Stärken gerecht werden. Sie müssen Ihrem Chef helfen zu erkennen, was und wie viel er an Sie delegieren kann. Dazu muss Ihr Chef drei Dinge immer ganz genau wissen:

- *Was Sie gut können:* Ihr Vorgesetzter kann Ihre Stärken nicht ausnützen, wenn Sie sie selbst nicht kennen. Manche Menschen sind analytisch begabt, andere können gut mit Menschen umgehen, verkaufen oder organisieren, und zu jeder dieser Stärken passen unterschiedliche Projekte.
- *Wie viel Sie schaffen:* Es ist sehr schwer, die Arbeitsbelastung von Mitarbeitern richtig einzuschätzen. Der Umfang einer

Aufgabe ist selten eindeutig feststellbar. Vorgesetzte haben für dieses Problem eine einfache Lösung: Sie halsen Ihnen einfach immer mehr auf, bis Sie protestieren. Wenn Sie nächtelang zu Hause arbeiten, ist das Ihr Problem. Es liegt an Ihnen, die Erwartungen zu steuern. Sagen Sie Ihrem Vorgesetzten, wenn Sie Kapazitäten frei haben (melden Sie sich freiwillig für neue Aufgaben), aber geben Sie ihm auch zu verstehen, wann Sie ausgelastet sind. Letzteres geht am einfachsten dadurch, dass Sie ihn nach der Priorität der verschiedenen Aufgaben fragen. So teilen Sie ihm indirekt mit, dass Sie nicht alles auf einmal erledigen können.

- *Wie Sie vorankommen:* Überraschungen sind Gift für Vorgesetzte. Sind Sie einmal krank, muss Ihr Chef ungefähr wissen, wie lange es dauert, damit er bei Bedarf Ihre Aufgaben an andere Mitarbeiter verteilen kann.

Dies alles sind ganz einfache Maßnahmen, die aber immer wieder außer Acht gelassen werden. Deswegen erhalten Mitarbeiter die falschen Aufgaben, deswegen haben sie zu viel Arbeit, geraten in die Krise oder leisten zu wenig. Anschließend beschweren sie sich über ihren Vorgesetzten, erweisen sich somit als illoyal und werden auf dem kürzesten Weg über die Abschussrampe von der Aufstiegsleiter katapultiert.

Aufstrebende Führungspersönlichkeiten schieben die Schuld nicht auf ihre Vorgesetzten. Sie nehmen ihr Schicksal selbst in die Hand und beeinflussen ihren Chef so weit es ihnen möglich ist.

FH-BIBLIOTHEK
HOF

2
Positive Einstellung

Betrachten Sie, welche Eigenschaften die befragten 700 Leader bei angehenden Führungspersönlichkeiten erwarten:

- Anpassungsfähigkeit,
- Selbstvertrauen,
- Eigeninitiative,
- Zuverlässigkeit sowie
- Ehrgeiz.

Viele dieser Erwartungen lassen sich unter dem Oberbegriff einer positiven Einstellung zusammenfassen. Unser Zeitalter ist vom Zynismus geprägt. In den Medien erfahren wir täglich von Kriegen, Katastrophen, Korruption und Krisen. In jeder Organisation findet man schnell Nachteile: Unvernünftige, fordernde Chefs und Kunden, schlampigen Service, verwirrende Abläufe und endlose mehr oder weniger wichtige, aber zeitraubende Anforderungen. Diese Probleme werden dann ausführlich unter den Mitarbeitern diskutiert, und es ist manchmal schwer, dem Zynismus zu entkommen.

Die befragten CEO waren dagegen allesamt grundsätzlich positiv eingestellt. Sie waren überzeugt davon, alles zum Besseren verändern zu können. Wo andere Leute Probleme sahen, witterten sie Chancen. Selbst Konflikte akzeptierten sie als Gelegenheiten zum Lernen und Wachsen. Keine der befragten hochrangigen Führungskräfte hatte eine zynische Einstellung zu ihrer Arbeit oder zu ihrer Organisation. Möglicherweise gibt es irgendwo zynische Führungskräfte, aber ob die Leute gerne für sie arbeiten, ist eine andere Frage.

»Eine positive Einstellung ist unabdingbar für eine Führungskraft.«

Zynismus ist etwas für untergeordnete Mitarbeiter, die so bleiben wollen, wie sie sind: zynisch und untergeordnet. Für eine Führungskraft ist eine positive Einstellung unabdingbar. Hier halten wir aber nun kurz inne und überlegen, was der Begriff »positive Einstellung« umreißt und was nicht.

Einen Menschen mit positiver Einstellung erkennt man daran, dass er:

- Chancen erkennt, wo andere Probleme sehen,
- lernt, immer wieder Glück zu haben,
- nach der Analyse entschlossen handelt und
- ein besseres Leben führt.

Positive Einstellung bedeutet nicht:

- Aufgesetzte Fröhlichkeit und ein eisernes »Alles wird gut« bei zusammengebissenen Zähnen,
- falscher Optimismus,
- unehrliches Lob und schnelle Abfertigung der Mitarbeiter,
- Probleme, Risiken und Tatsachen einfach zu ignorieren und
- immer das Beste zu hoffen und auf das Glück zu vertrauen.

Eine positive Einstellung ist erlernbar. Damit Sie die guten Seiten des Lebens etwas schneller entdecken, betrachten wir im Folgenden fünf Aspekte einer positiven Einstellung:

- Psychologen und die Kunst der positiven Einstellung im Alltag.
- Führungskräfte und die Kunst der positiven Einstellung im Geschäftsleben.
- Führungskräfte und die Kunst, immer wieder Glück zu haben.
- Der Unterschied zwischen Klugheit und positiver Einstellung.
- Positive Problemlösung.

Psychologen und die Kunst der positiven Einstellung im Alltag

Psychologie beschäftigt sich – entgegen der herkömmlichen Meinung – nicht nur mit der Frage, warum die Menschen so verkorkst sind. Manche Psychologen haben ihr Arbeitsleben der Erforschung des Glücks gewidmet.

Martin Seligman, Professor an der Universität von Pennsylvania, wurde 1996 zum Präsidenten der American Psychological Association gewählt. Gleich darauf verblüffte er die Mitglieder mit der Feststellung, dass sie durch ihre Konzentration auf Krankheiten einen wichtigen Punkt völlig übersähen. Wenn sie sich statt dessen auf die Gesundheit besinnen und den Menschen helfen würden, gesund zu bleiben, würden manche psychologischen Probleme gar nicht erst auftreten beziehungsweise schnell wieder verschwinden: Vorsorge ist besser als Heilung. Ihm war klar geworden, dass es sehr wichtig war herauszufinden, weshalb gesunde Menschen gesund bleiben.

Seligmans Botschaft ist für Führungskräfte von großer Bedeutung. Der Weg zur Führungsspitze ist kein Sprint, sondern ein Marathon, und viele Leute geben auf – nicht, weil ihnen die nötigen Führungsqualitäten oder Neigungen fehlen, sondern weil sie erschöpft sind. Die anfängliche Begeisterung – die Nächte, die man Pizza essend durcharbeitete, um eine Deadline einzuhalten – lässt mit der Zeit nach. Der lange Karriereweg geht an die Substanz. Bis heute liegen noch keine endgültigen Ergebnisse darüber vor, wie man am besten zum Ziel gelangt, und vielleicht wird es sie nie geben. Dennoch gibt es einige grundlegende Erkenntnisse darüber, wie sich eine positive Einstellung erhalten lässt:

- *Konzentrieren Sie sich auf Stärken, nicht auf Schwächen:* Das ist ein lebenswichtiger Punkt für alle Führungskräfte. Niemand wird erfolgreich, wenn er sich nur mit seinen Schwächen beschäftigt. Erfolgreiche Führungskräfte nutzen ihre Stärken und konzentrieren sich auf die Aufgaben, bei denen sie etwas Positives bewirken können. Gleichzeitig suchen sie ihren Mitarbeitern Aufgaben aus, die auf deren Stärken zugeschnitten sind. Diese bringen den Mitarbeitern Erfolg und gleichen gleichzeitig die Schwächen der Führungskraft aus.
- *Managen Sie Ihre Gefühle:* Wenn Sie sich aufregen oder ärgern, ist das Ihr Problem und nicht das der Person, die diese Gefühle hervorgerufen hat. Sie haben immer die Wahl: Sie können ärgerlich, aufgeregt oder gelangweilt sein, oder Sie können sich aufgeschlossen und interessiert zeigen. Ob Sie gerne mit wolkenverhangener Seele herumlaufen oder lieber den Sonnenschein genießen – es ist allein Ihre Entscheidung. Führungskräfte lernen, sich die entsprechende Maske zuzulegen: Gleichgültig, wie ihnen innerlich zumute ist – nach außen zeigen sie das Gesicht, das sie zeigen wollen.
- *Visualisieren Sie:* Sportler versuchen immer, den Erfolg zu visualisieren. Wenn sie sich genügend darauf konzentrieren,

können sie die Umgebung vollständig ausblenden. Konzentrieren Sie sich auf Ihr Ziel und dann auf den Weg dorthin. Die von uns befragten Führungskräfte konnten alle in kurzen, einfachen Worten darlegen, welche Ziele sie für ihre Organisation verfolgten.

- *Tun Sie etwas Sinnvolles, entweder bei der Arbeit oder auch für Ihre Familie, für Freunde oder für bedürftige Menschen:* Wenn Ihnen Ihre Arbeit nicht sinnvoll erscheint, ist es vielleicht Zeit, sich nach etwas anderem umzusehen. Nicht jeder kann und will Führungskraft werden. Wenn Sie lieber angeln, dann bringt eine führende Position Sie nicht weiter.
- *Handeln Sie:* Denken Sie nicht ständig über Vergangenes nach, sondern blicken Sie in die Zukunft und gestalten Sie sie aktiv. Die meisten der befragten Führungskräfte haben Krisen und Fehlschläge erlebt, viele von ihnen betrachteten sie aber nicht nur als solche – sie betrachteten jede Erfahrung als eine Chance dazuzulernen, zu wachsen und stärker zu werden. Wir fanden keinerlei Zeichen von Opfermentalität, niemand schob die Schuld des Unglücks auf andere. Sie blickten in die Zukunft und übernahmen für sich selbst Verantwortung.

All dieses »Gedöns« versteht sich natürlich ganz von selbst, aber wenn man mitten in einem Kampf oder tief in einer Depression steckt, verliert man es oft aus den Augen. Es gibt auch noch umfangreichere Werke über positive Psychologie von Seligman selbst, Csikszentmihalyi und anderen Wissenschaftlern. Akademische Abhandlungen über positive Einstellung können aber ganz schön anstrengend und niederdrückend wirken. Ich erspare Ihnen Seligmans Liste der »24 Positive Values in Action (VIA)«, denn sie verstellt in meinen Augen den Weg zu einer positiven Weltsicht wie ein riesiger Berg. Führungskräfte haben keine Zeit, voll ausgebildete Psychologen zu werden. Wir brauchen etwas Einfaches, Persönliches und Nützliches – und aus diesem Grund stelle ich Ihnen hier die »Seelenfrieden-Tabelle« vor.

Erstellen Sie eine eigene Seelenfrieden-Tabelle, die genau auf Ihre Lebens- und Arbeitssituation zugeschnitten ist. Führen Sie Buch über den Zustand Ihrer persönlichen Beziehungen und Aktivitäten, und Sie werden schnell erkennen, welche Ihnen besonders am Herzen liegen. Außerdem wird deutlich, wie Sie über die verschiedenen Punkte denken und wo Sie etwas unternehmen, verändern oder weiterentwickeln müssen. Jeder Mensch führt intuitiv Buch über seinen See-

Datum	30.6.	14.7.	21.7.	4.8.	18.8.	1.9.	15.9.
Meine Organisation ist meinen Einsatz wert.	3	3	3	3	3	3	3
Ich habe lohnenswerte Ziele.	1	1	3	3	5	5	5
Mein Chef unterstützt mich und meine Karriere.	2	3	4	4	5	5	5
Ich kontrolliere meine Arbeit und mein Schicksal.	2	2	3	4	4	4	4
Ich besitze die nötigen Fähigkeiten und Ressourcen, um Erfolg zu haben.	4	4	3	3	3	2	2
Meine Arbeit wird anerkannt.	2	2	3	3	3	4	4
Ich kann Arbeits- und Privatleben gut vereinbaren.	2	2	4	5	2	3	2
Gesamt	16	17	23	25	25	26	25

Abb. 2.1: Mein Seelenfrieden

lenfrieden. Die Tabelle zeigt nur schwarz auf weiß, was Sie implizit bereits wissen.

Führungskräfte und die Kunst der positiven Einstellung im Geschäftsleben

Führungspersönlichkeiten gelingt es anscheinend immer, eine positive Einstellung zu bewahren. In Zusammenhang mit echtem Heldentum bleiben uns Churchills Worte im Gedächtnis: »Wir werden an den Stränden kämpfen ...« oder »Englands größte Stunde ...«. Niemand hat ihn je sagen gehört: »Wir sitzen in der Tinte.« Er hatte die Gabe, das Positive zu sehen und sich auf Taten zu konzentrieren. Und er konnte dies hervorragend ausdrücken.

Führungskräfte – auch wenn sie weniger Heldenmut beweisen müssen – haben ebenfalls die Eigenschaft, genau da Chancen zu wittern, wo andere nur Probleme sehen. Akio Morita, der Gründer von Sony, war auf einer Sightseeing-Tour durch New York. Dabei fielen ihm unter anderem die Mitglieder der Jugend-Gangs mit ihren Ghettoblastern auf den Schultern auf, aus denen laute Musik dröhnte. Die meisten Menschen betrachteten dies schlichtweg als nervtötend, aber

Morita erkannte, dass junge Leute das Bedürfnis haben, ihre Musik überallhin mitzunehmen. So keimte in seinem Kopf die Idee des Sony-Walkman, und nachdem er ein paar Milliarden Dollar investiert hatte, hatte er das einstige Problem in einen wegweisenden Erfolg verwandelt.

Auch die von uns befragten Führungskräfte betrachten mehr oder weniger die ganze Welt mit positiven Augen. Sie gewinnen sogar Konflikten eine positive Seite ab, da sie die Möglichkeit bieten, die Prioritäten in der Organisation neu zu ordnen. Außerdem erfährt man dabei viel über sich selbst und sein Gegenüber.

Eine angehende Führungspersönlichkeit kann ihre positive Einstellung bei vielen Gelegenheiten demonstrieren:

- Bringen Sie nicht Probleme auf den Tisch, sondern Lösungen.
- Suchen Sie bei neuen Ideen immer nach den positiven Aspekten. Die meisten jüngeren Manager wollen ihre Klugheit unter Beweis stellen, indem sie alle Probleme und Risiken aufzeigen, doch es geht darum, Chancen und Möglichkeiten auszuloten.
- Übernehmen Sie freiwillig Sonderprojekte. Kluge angehende Führungskräfte melden sich rechtzeitig, sobald sie ein Projekt gefunden haben, bei dem sie ihre Stärken einsetzen können. Wer zu lange wartet, erhält am Ende das unangenehmste Projekt.
- Nehmen Sie maßvolle Risiken in Kauf. Wenn Sie Ihr Bestes geben und sich dabei übernehmen, ist das nicht schlimm, selbst wenn Sie auf die Nase fallen. Es ist besser, sich hin und wieder zu übernehmen, als immer auf der sicheren Seite zu bleiben. Sie lernen mehr und Sie verdienen sich größeren Respekt.

Es gibt allerdings auch ein paar Dinge, die man nicht tun darf:

- Jammern Sie nicht über die untergeordneten Aufgaben, die Sie erledigen müssen. Das gehört am Anfang dazu und Sie müssen es durchhalten. Außerdem lernen Sie gerade dabei oft am meisten darüber, wie die Organisation funktioniert.
- Erzählen Sie keinen Klatsch über Ihren Chef und Ihre Kollegen. So etwas spricht sich herum und schadet Ihrem Ruf.
- Drücken Sie sich nicht vor Verantwortung. Vorgesetzte sehen genau, wer sich anstrengt und wer nicht.

»Eine positive Einstellung zahlt sich für Führungskräfte aus.«

Eine positive Einstellung zahlt sich für Führungskräfte aus. In der harten und aggressiven Welt des Investment-Banking gibt es einen CEO, der einen besonderen Ruf genießt. Niemand hat je gehört, dass er ein negatives Wort über einen Kollegen oder Wettbewerber verloren hätte. Aus diesem Grund genießt er überall höchstes Vertrauen und Ansehen. Niemand, der mit ihm spricht, braucht zu fürchten, dass hinterher Informationen an die Öffentlichkeit gelangen, oder dass hinter seinem Rücken getratscht wird. Durch seine positive Ausstrahlung gewinnt er leicht Anhänger. Aber er scheut auch keine notwendigen Entscheidungen, die besonders im Bereich des Investment-Banking unvermeidlich sind. Bringt eine Einheit nicht den nötigen Erfolg, wird sie verkleinert, nicht weil die Mitarbeiter versagt haben, sondern weil der Markt nicht groß genug ist. Wenn ein leitender Angestellter zu wenig Leistung bringt, hält er ihn nicht automatisch für schlecht, sondern versetzt ihn an eine besser geeignete Position.

Eine positive Einstellung kann man sich aneignen. Lernen Sie, weder zu klagen noch zu klatschen noch negative Dinge zu betonen. Melden Sie sich freiwillig, bringen Sie Lösungen auf den Tisch. Versuchen Sie auch, manchmal zu lächeln. All diese Dinge kann man lernen, und mit der Zeit gehen sie in Fleisch und Blut über.

Mit einer zynischen und negativen Einstellung – durch Aufzeigen von Problemen und Risiken – kann man schnell beweisen, wie klug man ist. Eine positive Einstellung beinhaltet ein größeres Risiko, aber langfristig verschaffen sich Menschen mit positiver Grundhaltung größeren Respekt.

Der vielleicht großartigste Name, der je für ein Unternehmen geprägt wurde, lautet »I Will Not Complain« (»Ich werde mich nie beklagen«). Das Unternehmen wurde von dem professionellen Abenteurer Anthony Willoughby gegründet. Er hatte erlebt, dass ein einziges Expeditionsmitglied, das sich beklagte, die Moral der ganzen Gruppe untergraben konnte. Bei allen folgenden Expeditionen ließ er die Teilnehmer eine Erklärung unterschreiben, in der sie versprachen: »Ich werde mich nicht beklagen, selbst wenn ich von Tigern gefressen werde oder wenn die Träger statt Verpflegung nur Bier transportieren.« Hin und wieder kam es vor, dass ein Mitglied (bei –25 Grad Celsius) eine Bemerkung machte, wie: »Es ist sehr kalt.« Das löste dann eine Debatte aus, ob dies bereits eine Klage oder nur eine Feststellung sei.

Führungskräfte und die Kunst, immer wieder Glück zu haben

Als wir die Führungskräfte danach fragten, ob für sie auch Glück eine Rolle spiele, gaben alle an, durchaus immer wieder Glück gehabt zu haben. Doch darauf folgte sofort die Aussage: »Aber man muss dem Glück auch etwas nachhelfen.« Sie waren ein wenig wie Napoleon, der vom Glück begünstigte Generäle mochte, bis er auf Wellington und Blücher traf. Mit anderen Worten: Das Glück ist mehr als nur ein sich drehendes Roulette-Rad. Man hat es selbst in der Hand, ob man immer wieder Glück hat oder nicht.

Glück ruht in der Regel auf drei Grundsteinen:

- Übung,
- Durchhaltevermögen und
- Weitsicht.

Übung

Die beiden Golfspieler Gary Player und Arnold Palmer werden mit dem Ausspruch zitiert: »Je mehr ich übe, desto mehr Glück habe ich«, und beide lebten danach. Mit genügend Übung vergrößert sich die Chance, den Ball ins Loch zu putten, von 20 auf 30 Prozent, von 30 auf 40 Prozent. Der glückliche Schlag ist im Endeffekt nichts anderes als der geübte Schlag.

Alle CEO, auf die wir bei unseren Recherchen trafen, verfügten über beträchtliche Erfahrung in ihrem Bereich, sei es Recht, Beratung, Investment-Banking, Wohlfahrtsdienste, Bildung, Einzelhandel, Konsumgüter oder Politik. Keiner von ihnen hatte Unternehmen in verschiedenen Sektoren erfolgreich geleitet. Möglicherweise habe ich nicht gründlich genug gesucht, denn es gibt ja Menschen, die in einem Sektor aufsteigen und plötzlich in mehreren Unternehmen, Wohlfahrtsorganisationen und öffentlichen Ämtern den Vorsitz übernehmen. Sie führen plötzlich alles mögliche, angefangen bei ihrem Hund bis hin zur Zukunft der Nation.

Zwischen den Führungskräften, die sich in ihrem Sektor gründlich auskennen und dort echte Veränderungen herbeiführen, und den Führungskräften, die einen Status als Vorsitzende verschiedener Komitees und Kommissionen innehaben, besteht jedoch ein Unterschied. Letztere befinden sich zwar in Führungspositionen, aber sie führen in der

Regel nicht selbst: Sie sind hohle Gefäße, die für Aufmerksamkeit sorgen sollen, aber selbst kaum etwas bewirken. Diese Tatsache bestätigt Jim Collins in seinem Buch *Der Weg zu den Besten*. Er kommt zu dem Ergebnis, dass die CEO, die den Shareholder Value und die Leistung eines Unternehmens am stärksten in die Höhe treiben, nicht die Medienlieblinge sind, deren Namen ständig in den Schlagzeilen auftauchen. Es sind vielmehr die Unternehmensführer, die ihr Unternehmen ruhig und stetig auf der Basis ihrer detaillierten Kenntnisse und Erfahrungen im jeweiligen Sektor aufbauen.

Für den Leader ist Erfahrung das, was für den Sportler die Übung ist. Die Erfahrung ermöglicht es ihm, Muster zu erkennen, Chancen zu wittern, Verbindungen zwischen neuen Technologien und bestehenden Kunden herzustellen und Trends frühzeitig aufzuspüren. Führungskräfte, die von Sektor zu Sektor wechseln, können diese Vorteile nicht nutzen.

Die CEO betonten, wie wichtig Erfahrung ist. Sie erwarten keineswegs, dass angehende Führungskräfte schon zu Beginn ihrer Karriere die Welt verändern, aber eines erwarten sie unbedingt: Angehende Führungskräfte müssen ihre Organisation und ihren Wirtschaftssektor von Grund auf kennen und verstehen lernen und vielleicht zusätzlich eine frische Perspektive einbringen, mit der sie etablierte Normen infrage stellen.

Durchhaltevermögen

Oft genug entscheidet sich der Erfolg oder Misserfolg einer Sache nur dadurch, ob man lange genug durchhält oder zu früh aufgibt. In der Filmindustrie erleben manche Stars ihren Durchbruch erst nach zehn oder zwanzig Jahren.

Richard Wiseman, ein Professor an der Hertfordshire University, führte eine Studie über das Glück durch. In seinem Buch *So machen Sie Ihr Glück* beschreibt er eine Hausfrau, die ständig Preisrätsel gewinnt, durchschnittlich drei oder vier pro Woche. Das ist erstaunlich viel Glück, und es hat ihr Autos, Urlaubsreisen und Geld eingebracht. Verständlicher wird das Ganze, wenn man weiß, dass sie an etwa 60 Preisrätseln pro Woche teilnimmt. Sie strengt sich also ernsthaft an. Je mehr Preisrätsel sie löst, desto besser wird sie natürlich darin. Übung und Durchhaltevermögen gehen oft Hand in Hand.

In den USA gehört es für einen Unternehmer praktisch zum guten

Ton, mindestens einmal im Leben einen Bankrott erlebt zu haben. Die befragten Führungspersönlichkeiten konnten alle von Krisen in der Karriere berichten, von Zeiten, in denen alles schief ging. Fehlschläge gehören dazu: Wer nie versagt hat, hat sich wahrscheinlich nie genug angestrengt. Eine aufstrebende Führungspersönlichkeit muss manchmal kalkulierte Risiken eingehen und bis an die Grenzen vorstoßen. Wer das nie erlebt hat, wird nie erfahren, was er kann und was er nicht kann.

Die wahre Prüfung für einen Leader ist seine Reaktion auf Fehlschläge. Aufgeben, sich deprimieren lassen, sich betrogen und von anderen im Stich gelassen fühlen sind nicht die richtigen Reaktionen. Besser ist es, aus den Fehlern zu lernen und gleich die nächste Herausforderung anzunehmen. In Kapitel 6 befassen wir uns näher damit, wie Führungskräfte mit Konflikten und Krisen umgehen.

Weitsicht

»Je länger ich suche, desto mehr finde ich« – so lässt sich der Begriff Weitsicht wohl am besten beschreiben. Menschen mit Glück befinden sich oft zur rechten Zeit am rechten Ort. Menschen mit Glück wissen auch, dass sie zur rechten Zeit am rechten Ort sind, weil sie danach gesucht haben. Menschen ohne Glück merken es dagegen oft nicht einmal, wenn sie zur rechten Zeit am rechten Ort sind. Eine Führungskraft erzählte uns, dass ihr der Chairman der HSBC einmal eine sehr gute Position angeboten hatte, was sie beim ersten Mal allerdings nicht einmal bemerkt hatte. Sie war auf eine ganz andere Art von Gespräch vorbereitet gewesen, denn ihr Ziel war es, ihrer Organisation die HSBC als Sponsor zu erhalten. Sie war die richtige Person zur richtigen Zeit am richtigen Ort, aber sie war blind dafür. Erst als ihr jemand die Augen öffnete, erkannte sie ihren Fehler. Sie konnte sich eine zweite Chance verschaffen, bei der sie keinen Fehler beging.

Führungspersönlichkeiten müssen in der Lage sein, Gelegenheiten zu erkennen. Virgin Atlantic wurde zunächst als Nachfolgerin der dem Untergang geweihten Billigfluggesellschaft Laker Airlines gegründet. Zunächst gab es in den Flugzeugen nur einen winzigen Erste-Klasse-Bereich für etwa zwölf Personen im Oberdeck der alten Boeing 747. Ihr Service war aber weitaus besser als bei allen Konkurrenten, weil der Bereich so klein war und nur existierte, um die Wünsche und Launen des Eigentümers Richard Branson und seiner Freunde aus der

Musikindustrie zu befriedigen. Schon bald wurde die Erste Klasse immer beliebter. Branson war so klug zu erkennen, dass langfristiger Erfolg nicht über billige Economy-Class-Tickets sondern nur durch ausgezeichneten Service zu erzielen war, der die zahlungskräftigen Fluggäste anlockte. Also veränderte er das bis dahin gültige Billigflug-Geschäftsmodell hin zu hochpreisigen Angeboten mit erstklassigem Service. Er hatte Erfolg, während Laker unterging.

Am anderen Ende der Skala wurde Michael O'Leary CEO einer irischen Luftfahrtgesellschaft mit nur einem Flugzeug, die auf dem besten Weg in den Bankrott war. Heute, zwölf Jahre später, hat Ryanair einen höheren Börsenwert als British Airways. O'Leary importierte einfach das Modell der Billigfluggesellschaften aus den USA, das sich durch wenig Service, niedrige Kosten und hohe Rabatte auszeichnet. Dieses Modell entwickelte sich vor den Augen aller zu einem großen Erfolg. O'Leary hatte es als Erster erkannt und eingeführt.

Diese Art von Weitsicht ist nicht das Resultat zufälliger Beobachtungen. Alle befragten Führungskräfte kennen ihre eigene Organisation und den Industriezweig, in dem sie operiert, sehr genau. Sie beobachten unablässig und eignen sich immer mehr Wissen über sich selbst und Ihresgleichen an. Je mehr sie beobachten und suchen, desto mehr finden und lernen sie.

Überall gibt es unzählige Beispiele für Leute, die neue Geschäftszweige eröffneten, die im Nachhinein so offensichtlich erscheinen, dass man sich fragt, warum man nicht selbst darauf gekommen ist. Das Internet hat beispielsweise den Online-Buchverkauf (Amazon), Online-Wetten (betfair.com), Online-Reisebüros (lastminute.com) und den Online-Computerversand vom Werk direkt an den Kunden (Dell) hervorgebracht. Heute erscheint uns das alles ganz logisch, aber damals lagen diese Möglichkeiten nicht für jeden auf der Hand. Am wenigsten damit gerechnet haben wohl die traditionellen Buchhändler, Wettbüros, Reisebüros und Computer-Hersteller. Sie blickten alle in die falsche Richtung – auf ihre herkömmliche Art, Geschäfte abzuwickeln, und auf ihre herkömmlichen Rivalen. Eine Gelegenheit zu erkennen ist eine Sache, darauf zu reagieren eine ganz andere. Es gibt keine gute Idee, die nicht umgesetzt wird. Zusätzlich zur Weitsicht benötigen Sie Mut, um den Start zu wagen, und Durchhaltevermögen, um nicht gleich aufzugeben, wenn der Erfolg zunächst ausbleibt.

Der Unterschied zwischen Klugheit und positiver Einstellung

Kluge Menschen geraten oft in die Falle der Cleverness. Führungskräfte sollten dies unbedingt vermeiden. Kluge Menschen erkennen leider nur zu gut die Fehler, Probleme und Risiken von Unternehmungen. Sie sehen, dass der Chef zu dumm ist und alles falsch macht – sie triefen nur so vor Überlegenheit und Zynismus.

Für angehende Führungskräfte gilt, dass sie auf Herausforderungen mit einem der vier A reagieren:

- Apathie,
- Analyse,
- Antworten und
- Aktion.

Apathische Personen bringen es sicher nie zur Führungskraft und bleiben oft auch nicht lange angestellt. Das Problem für kluge Leute beginnt mit der Analyse-Reaktion. Mitarbeiter reagieren auf einen Vorschlag häufig so, dass sie die damit verbundenen Risiken aufzeigen, Informationen anzweifeln, Annahmen infrage stellen und Probleme hervorheben. So zeigen sie, dass sie fleißig, gründlich und clever sind. Leider führt das jedoch dazu, dass alle mit noch mehr Problemen zu kämpfen haben.

Die potenzielle Führungskraft bringt nicht nur ein Problem auf den Tisch, sondern schlägt auch gleich eine Lösung vor. Dabei geht sie allerdings das Risiko ein, Fehler zu begehen. Mit diesem Risiko müssen alle Führungskräfte leben, und die meisten von ihnen gehen sehr nachsichtig mit Mitarbeitern um, die ihnen nicht nur Probleme, sondern auch Lösungen präsentieren. Schließlich zeigen diese, dass sie zumindest versuchen, ihrem Chef das Leben zu erleichtern.

Am mutigsten ist es, gleich in Aktion zu treten. In den meisten Organisationen lautet ein ungeschriebenes Gesetz, dass es leichter ist, sich hinterher zu entschuldigen, als vorher um Erlaubnis zu fragen. Leader nehmen manchmal kalkulierte Risiken auf sich und schreiten zur Tat, wenn der formelle Weg durch die Instanzen der Organisation zu lange dauern würde. Unabhängig vom Ausgang einer solchen Aktion wird sie ihnen wahrscheinlich zum Vorteil gereichen.

Haben Sie Erfolg damit, wird Ihnen Anerkennung zuteil. Sollten Sie beim ersten Anlauf scheitern, haben Sie wahrscheinlich genug

Initiative und Antrieb, um Hilfe zu organisieren, einen erneuten Versuch zu starten und diesmal erfolgreich zu sein. Die meisten Vorgesetzten unterstützen jeden Mitarbeiter mit Freuden, der versucht, eines ihrer Probleme vom Tisch zu räumen. Fehlschläge bieten an sich sehr nützliche Lernerfahrungen, selbst wenn sie anfangs schmerzlich sind. Leute, die immer nur unbeteiligt und aus sicherer Entfernung zusehen, lernen nichts.

Kluge Menschen versuchen oft, durch Analyse die perfekte Lösung zu finden. Führungskräfte dagegen kombinieren Erfahrung und Experiment und basteln sich daraus eine funktionierende Lösung. Sie handeln schnell und sind sich der Tatsache bewusst, dass die perfekte Lösung oft der Feind der praktischen Lösung ist.

Positive Problemlösung

Das Lösen von Problemen ist das Kernstück sowohl des Managements als auch der Leadership. Es handelt sich dabei nicht um eine rein intellektuelle Übung. Da effektive Problemlösung zu Aktionen führt, ist sie ebenso eine politische als auch praktische Übung. In der Liste der Eigenschaften, die von effektiven Führungkräften erwartet wird, belegt die Entscheidungsfreudigkeit einen hohen Rang. Entschlossenheit ist in vielerlei Hinsicht ein besserer Begriff als Problemlösung. Im akademischen Bereich kann man wunderbar Problemlösung betreiben, ohne dass dies irgendwelche Handlungen zur Folge hätte. In der Unternehmenswelt muss Problemlösung zu Entscheidungen und Taten führen. Im Gegensatz zur akademischen Welt wartet die Wirtschaft nie auf die perfekte Lösung, denn das dauert zu lange. Perfektionismus ist der Feind der Praxis.

In der Unternehmenswelt sieht die Ausgangssituation normalerweise so aus, dass man viel zu wenig Zeit und viel zu viele mehrdeutige Informationen hat. Das macht die Sache so interessant.

Die meisten Ansätze zur Problemlösung haben Hand und Fuß. Sie sind strukturiert und gründlich und stellen sicher, dass keine Fehler passieren. Allerdings erhalten Sie damit bestenfalls die Note B+. Wenn Sie nach A* streben, brauchen Sie mehr als eine gründliche, strukturierte Analyse – Sie brauchen Scharfblick. Es nützt allerdings nicht viel, Menschen zu erzählen, sie sollten scharfsichtig sein. Das ist ein wenig so, wie wenn man ihnen sagte, sie sollten intelligent sein. Wir werden hier also nicht nur erklären, wie Sie strukturiert und gründlich vorgehen können, sondern auch darlegen, wie Sie darauf hinarbeiten können, wenigstens scharfsichtig zu wirken.

Der strukturierte und mechanische Ansatz der Problemlösung sieht folgendermaßen aus:

1. Erkennen Sie das Problem.
2. Erstellen Sie eine Hypothese.
3. Erstellen Sie eine Datenstruktur.
4. Suchen Sie die entsprechenden Daten.
5. Sichten und analysieren Sie die Daten.
6. Arbeiten Sie eine Empfehlung aus.

Der scharfsichtige Ansatz sieht so aus:

1. Erkennen Sie das Problem und seinen Inhaber. Stellen Sie das Problem infrage: Ist es eine Ursache oder ein Symptom? Warum stellt es ein Problem dar?
2. Erstellen Sie eine Hypothese. Suchen Sie nach einer alternativen Perspektive und einem alternativen Ansatz, sprechen Sie mit verschiedenen Leuten.
3. Erstellen Sie eine Datenstruktur. Stellen Sie die Daten und die Definitionen infrage. Suchen Sie nach Alternativen.
4. Suchen Sie die entsprechenden Daten. Forschen Sie überall nach Einsichten und Tatsachen, die bestimmte Dinge eindeutig ausschließen, und grenzen Sie die Suche schnell ein. Durchkämmen Sie nicht den ganzen Heuhaufen.
5. Sichten und analysieren Sie die Daten. Konstruieren Sie auf der Grundlage der Hypothese eine Geschichte. Bleiben Sie nicht neutral. Wenn die Geschichte Ungereimtheiten aufweist, denken Sie sich eine neue Hypothese aus, die besser passt.
6. Arbeiten Sie eine Empfehlung aus. Bieten Sie sowohl die Lösung als auch die Empfehlung vorab allen interessierten Parteien einzeln an. Finden Sie heraus, welche Einwände und Bedenken bestehen, und beseitigen Sie diese, bevor Sie die Empfehlung bekanntgeben.

Die meisten Ratgeber zu diesem Thema konzentrieren sich hauptsächlich auf die reine Problemlösung, was zwar sehr vernünftig klingt, aber wenig hilfreich ist. In der Praxis verteilt sich die Zeit, die man für ein Problem aufwendet, eher folgendermaßen:

- Definition des Problems und des Lösungsansatzes: 20 Prozent der Zeit.

- Suche nach Daten, Recherche und Analyse: 50 Prozent der Zeit.
- Vorab-Anbieten und Verbessern der Lösung: 30 Prozent der Zeit.

Die tatsächliche Lösung des Problems nimmt maximal die Hälfte der Zeit in Anspruch. Die Zeit, die man auf die Definition des Problems und auf das Vorab-Testen der Lösung verwendet, ist meist gut investiert. Beides ist ebenso wichtig wie das Ermitteln der Lösung selbst.

Im Folgenden betrachten wir nun die verschiedenen Ansätze.

Das Problem erkennen

Sobald Sie das wahre Problem erkannt haben, ist die Lösung oft ganz einfach. Sogar CEO passiert es häufig, dass sie sich zu schnell auf ein falsches Problem festlegen und daher auch die falsche Lösung finden. Wenn das Problem falsch definiert ist, ist sogar eine richtige Lösung im Endeffekt falsch. Nehmen Sie sich daher zu Beginn genügend Zeit, um sicherzugehen, dass Sie die richtige Richtung eingeschlagen haben.

Drei Fallen lauern auf die Unvorsichtigen:

- Lösungen ohne Problem,
- Analysen ohne Problem und
- Konzentration auf Symptome statt auf Ursachen.

Lösungen ohne Problem

Dies ist die häufigste Falle für Führungskräfte. In der einfachsten Form verschafft sich der Schlangenöl-Verkäufer einen Termin bei der Führungskraft. Er bietet die neuste Rezeptur des Schlangenöls für Unternehmen an: Zulieferungs-Management, Kernkompetenzen, Akquisition, Reorganisation, alles Mögliche. Und er hat viele Zeugnisse dafür, dass das Schlangenöl in Unternehmen wahrhaft Wunder wirken kann. Keine Führungskraft möchte da zurückstehen. Wenn alle anderen ihr Unternehmen verwandeln, kann man unmöglich gar nichts tun. Der Schlangenöl-Verkäufer schließt wieder einmal ein Geschäft ab.

»Regenschirme soll man verkaufen, wenn es regnet, aber nicht, wenn der Kunde zum Tauchen geht.«

Der Schlangenöl-Verkäufer ist eine Lösung auf der Suche nach einem Problem. Regenschirme soll man verkaufen, wenn es regnet, aber nicht, wenn der Kunde zum Tauchen geht. Ihre erste Reaktion auf eine Lösung sollte sein: Welches Problem soll damit gelöst werden? Ist das unser wichtigstes Problem?

So finden Sie schnell heraus, ob die Lösung für Sie relevant ist oder nicht. Ebenso wie bei Prüfungen zahlt es sich aus, wenn man die Problemstellung genau studiert hat.

Analysen ohne Problem

Ich habe einmal eine (wie ich dachte) brillante Analyse eines Unternehmens durchgeführt und sie dem Board of Directors (wie ich dachte) brillant präsentiert. Am Ende hüstelte der CEO leise und dankte mir. Er machte eine kurze Pause und sagte dann: »Ich habe nur eine Frage. Was genau war das Problem, das Sie analysiert haben?«

Ich verpuffte augenblicklich in einer Wolke aus Verwirrung und verletzter Eitelkeit. Seien Sie sich immer darüber im Klaren, welches Problem Sie analysieren. Noch wichtiger ist es, immer zu wissen, wessen Problem es ist. Ist es Ihr eigenes Problem, behalten Sie es für sich. Gehört es einem anderen, müssen Sie sicherstellen, dass Sie das Problem analysieren, das tatsächlich gelöst werden soll.

Konzentration auf Symptome statt auf Ursachen

Stellen Sie das Problem infrage. Es hilft nicht, die Pusteln im Gesicht zu behandeln, wenn ein Kind Masern hat. Ergründen Sie die wahre Ursache für das Problem. Ein in Unternehmenskreisen weit verbreitetes Problem ist die Klage über zu hohe Kosten, und als Lösung wird meist eine Kostenreduzierung durchgeführt. Ich wurde einmal beauftragt, das Back Office einer Investment Bank in Japan bei der Kostenreduzierung zu beraten. Die Aufgabe erschien mir seltsam, denn die Bank erlebte ein rasches Wachstum. Die Kürzung von Personal, Eigentum und Infrastruktur ist eine interessante Wachstumsmethode. Nach zahlreichen Gesprächen schälte sich schließlich das echte Problem heraus: Die Stückkosten (Produktivität) stimmten nicht, was bedeutete, dass das Wachstum unprofitabel war. Die Bank wollte insgesamt weiter wachsen, aber die Kosten und der Headcount sollten niedrig gehalten werden. Also war es notwendig, die Kapazität der vorhandenen Infrastruktur zu erhöhen, nicht sie zu beschneiden. Die Problemstellung war also ganz anders als ursprünglich gedacht. Bei einer reinen Kostenreduzierung hätten Mitarbeiter entlassen werden müssen (sehr teuer für ein Unternehmen in Tokyo), durch den Ansatz der Ausweitung der Kapazität blieben die Arbeitsplätze erhalten und die Systeme und Prozesse wurden optimiert.

Eine Hypothese erarbeiten

Wenn sie das Problem kennen, können Sie wahrscheinlich mehrere Hypothesen über mögliche Lösungen aufstellen. Sie brauchen eine Hypothese, damit Sie sich auf die Ergebnisse konzentrieren und dadurch bei der Analyse nicht verzetteln. Sie haben nicht genug Zeit, um den ganzen Heuhaufen nach jeder einzelnen Information zu durchkämmen. Eine gute Hypothese liefert Ihnen ein klares Ziel.

Hypothesen lassen sich auf zwei Arten erstellen. Am einfachsten ist es, mit Leuten zu sprechen. Fragen Sie möglichst viele Menschen aus verschiedenen Bereichen nach ihrer Meinung. Die meisten Menschen haben recht dezidierte Meinungen und fühlen sich geschmeichelt, wenn sie danach gefragt werden. Allerdings sind Meinungen nie objektiv. Beim Zuhören werden Sie wahrscheinlich oft heraushören, wie im Hintergrund die Messer gewetzt werden.

Die zweite Möglichkeit ist, das Problem zu strukturieren. Zerstückeln Sie es in mundgerechte Happen, die sich analysieren lassen oder direkt zu Einsichten führen. Dieser Prozess wird im Folgenden dargestellt.

Eine Datenstruktur erstellen

Das ist das grundlegende Handwerkszeug der Problemlösung. Zwei Prinzipien kommen hier zum Einsatz:

- Die 80/20-Regel und
- der Entscheidungsbaum.

Die 80/20-Regel

Bei der 80/20-Regel handelt es sich um die nicht-wissenschaftliche Annahme, dass 80 Prozent der Ergebnisse aus nur 20 Prozent der Arbeitsleistung resultieren. Vielleicht sind 20 Prozent auch zu gering geschätzt. Unabhängig von dem tatsächlichen Verhältnis bedeutet die Regel, dass man bei der Arbeit Prioritäten setzen muss. Konzentrieren Sie die Datensuche auf die Gebiete, in denen Sie am ehesten Resultate erwarten können. Sobald Sie die Ergebnisse geprüft haben, können Sie entscheiden, ob und in welchen Bereichen noch weiter gesucht werden soll. Versuchen Sie nicht, alles zu tun, denn dafür ist nie genug Zeit.

Die 80/20-Regel lässt sich auch umkehren. Auf das Zeitmanagement bezogen bedeutet sie, dass 80 Prozent aller Anstrengungen darauf verwendet werden, nur 20 Prozent der Ergebnisse zu erzielen. Führungskräfte müssen rigoroses Zeitmanagement betreiben: Delegieren Sie die zeitraubenden Aufgaben und konzentrieren Sie sich auf die wenigen Dinge, die die größte Wirkung entfalten. Ebenso werden Sie feststellen, dass 20 Prozent Ihrer Mitarbeiter 80 Prozent Ihrer Zeit in Anspruch nehmen, dass Sie mit 20 Prozent Ihrer Kunden 80 Prozent Ihres Gewinns erwirtschaften und 20 Prozent dieses Buches 80 Prozent seines Werts für Sie ausmachen. Es kommt darauf an zu wissen, welche 20 Prozent entscheidend sind.

Hier folgen einige Größen, anhand derer Sie feststellen können, welcher Anteil der Problemlösung die 80 Prozent und welcher die 20 Prozent ausmacht:

- die Wirkung auf die Organisation,
- die Bedeutung für den Inhaber des Problems,
- die Umsetzbarkeit der möglichen Lösung,
- die Schnelligkeit der Analyse und
- die Kosten der Analyse und der möglichen Lösung.

Der Entscheidungsbaum

Es heißt, einen Elefanten verspeist man am besten, indem man einen Bissen nach dem anderen zu sich nimmt. Wahrscheinlich ist es am allerbesten, gar keine Elefanten zu essen. Wenn Sie jedoch einem komplexen Problem gegenüberstehen, gilt dasselbe Prinzip. Wenn es gelöst werden muss, zerlegen Sie es in beherrschbare, mundgerechte Stücke. Daraufhin stellen Sie anhand der 80/20-Regel fest, welche Teile der Analyse wohl die meisten und brauchbarsten Ergebnisse liefern.

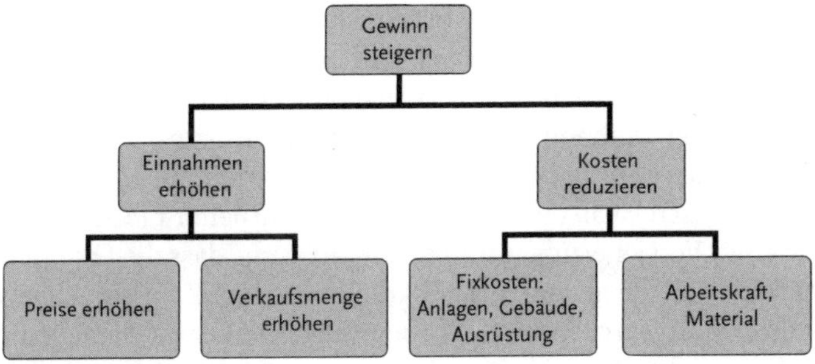

Abb. 2.2: Vereinfachter Entscheidungsbaum

In der Abbildung 2.2 sehen Sie einen vereinfachten Entscheidungsbaum. Er soll zeigen, wie sich die Rentabilität eines Unternehmens steigern ließe. Ach, wenn doch das Leben so einfach wäre, wie dieser Entscheidungsbaum! Immerhin verleiht er dem Prozess der Problemlösung eine Struktur und ein Ziel.

Daten suchen

Informationen werden immer mehr zur Massenware, Scharfblick hingegen bleibt weiterhin unbezahlbar. Für jemanden, der seine Quellen und seinen Industriezweig gut kennt, ist die Datensuche relativ einfach. Wenn die Analyse gelingen soll, müssen Sie die Informationen aus erster Hand sammeln. Führen Sie eine Marktstudie über ein Produkt oder eine Dienstleistung durch, oder – noch besser – filmen Sie den Gebrauch oder den Ablauf, um die damit verbundene Erfahrung hautnah vermitteln zu können. Forschen Sie nach entscheidenden Informationen. Oft wiegt das Drama und die gefühlsmäßige Wirkung eines Films oder einer entscheidenden Information weitaus schwerer als meterlange Marktforschungstabellen. Sobald Sie die richtige Antwort gefunden haben, sollten Sie die Fakten nicht wie ein Detektiv, sondern wie ein Anwalt einsetzen: Suchen Sie nicht nach der Wahrheit, sondern untermauern Sie Ihre Argumentation. In meiner Laufbahn habe ich unter anderem folgende Beispiele für die eine, alles entscheidende Information herausgefunden und verwendet.

In einem Energieversorgungsunternehmen war man davon überzeugt, eine äußerst anspruchsvolle Leistungskultur eingeführt zu haben. Es stellte sich jedoch heraus, dass die Wahrscheinlichkeit, dass ein Mitarbeiter im Dienst starb, 72-mal höher war als die Wahrscheinlichkeit, dass er Sanktionen wegen mangelnder Leistung zu befürchten hatte. Topunternehmen wie GE und IBM dagegen merzen jedes Jahr die leistungsschwächsten 10 Prozent der Mitarbeiter radikal aus.

Bei einer Versicherung war man der Meinung, dass die Hierarchien schrittweise abgebaut und die Mitarbeiter zu immer mehr Eigenverantwortung angeregt wurden. Wir identifizierten zwölf Management-Ebenen in einer Organisation mit 1500 Mitarbeitern. Es gab für die leitenden Angestellten allein drei verschiedene Kantinen. Wir argumentierten etwas provokativ, dass eine Milliarde Katholiken mit nur fünf Management-Ebenen auskommen (hier auf Erden zumindest): Papst, Kardinäle, Bischöfe, Priester und Mitglieder.

Fallstudie

Praxisbeispiel für die Noten B+ und A* einer Problemlösung – das Konglomerat

Den folgenden Auftrag übernahm ich als frisch gebackener MBA. Meine schablonenartige Analyse lieferte eine Antwort wie aus dem Lehrbuch, die ganz genau falsch war. Glücklicherweise hatte ich einen Partner, der statt seines MBA und seines Lehrbuchs lieber sein Gehirn und seinen Scharfblick einsetzte. Er ermittelte die richtige Lösung.

Problem: Welche der Geschäftszweige aus seinem Portfolio sollte der Klient ausbauen, welche verkaufen oder abwickeln?

Ansatz B+: Ich führte eine gründliche Portfolio-Analyse durch, wobei ich die standardmäßigen Instrumente aus dem Wirtschaftsstudium einsetzte – die BCG-Matrix und zwei Vergleichsraster für Liquiditätsverbrauch und -schöpfung sowie für Wettbewerbsposition und Marktattraktivität. Daraus leitete ich die standardmäßige Antwort ab: Abschöpfen der Gewinne aus den ertragreichen, aber nur langsam wachsenden Geschäftsbereichen und Investitionen in einige der starken Geschäftszweige mit schnellem Wachstum. Gute Theorie, aber schlechte Praxis.

Ansatz A:* Mein Senior-Partner sah sich die Analyse an und ignorierte die Ergebnisse einfach. Ich dachte schon, er sei verrückt. Er konzentrierte sich auf die Bereiche, in denen das Unternehmen Wert schöpfte und im Vergleich zu anderen Unternehmen einen technischen Vorsprung besaß. Es war stark in den langweiligen, aber liquiditätsschöpfenden Geschäftszweigen mit niedrigem Wachstum: Es konnte also konkurrierende Unternehmen in diesen Bereichen billig aufkaufen und anschließend auf Kurs bringen. Die Finanzierung dieser Akquisitionen könnte durch den profitablen Verkauf einiger schnell wachsender Geschäftszweige gedeckt werden. Da alle Konkurrenten die gleichen B+-Analysen durchführten, verschleuderten sie die langsam wachsenden Geschäftszweige zu Spottpreisen und waren bereit, für die schnell wachsenden Bereiche ein Vermögen auszugeben.

Fazit: Die Empfehlung des A*-Ansatzes ist das genaue Gegenteil der B+-Antwort.

A*: Kaufen Sie langsam wachsende Unternehmen billig auf und verkaufen Sie schnell wachsende Geschäftszweige zu hohen Preisen.

B+: Verkaufen Sie langsam wachsende Geschäftszweige zu niedrigen Preisen, bauen Sie schnell wachsende Zweige teuer aus.

Der A*-Ansatz war erfolgreich, weil er die Stärken des Unternehmens weiter ausbaute und nicht nur auf abstrakten Theorien gründete. Das Unternehmen kaufte mehrere vernachlässigte Marken von großen Unternehmen günstig ein und setzte die eigene Expertise ein, um den Wert dieser Marken zu erhalten und wieder zu vermehren.

Die einzelnen, alles entscheidenden Informationen sind kein Ersatz für die arbeitsintensiven Analysen, aber sie füllen diese Analysen mit Leben und Überzeugungskraft, was Sie oft auch mit hundert Seiten Forschungsarbeit nicht erreichen würden.

Fallstudie

Praxisbeispiel für die Noten B+ und A* einer Problemlösung – Der Elektronik-Einzelhändler

Als ich diesen Fall übernahm, hatte ich bereits gelernt, dass mechanische Reaktionen auch nur mechanische Ergebnisse liefern. Um echte Einsichten zu gewinnen, muss man tiefer blicken.

Problem: Der Klient wollte die Erwartungen seiner Kunden besser kennen lernen. Wünschten sie sich niedrige Preise, mehr Bequemlichkeit, besseren Service, fachkundige Beratung oder eine größere Produktvielfalt?

Ansatz B+: Der Kunde hatte bereits Unmengen von Marktforschungsunterlagen angesammelt – Kundenmeinungen, Tracking-Studien und Benchmarking. Die Kunden hatten den Marktforschern erzählt, dass ihnen niedrige Preise lieber sind als hohe Preise. Große Überraschung. Also stellte der Klient auf eine Niedrigpreis-Strategie um.

Ansatz A:* Wir zweifelten die Daten an. Meinungen sind subjektiv. Nach dem Kauf suchen die Kunden nach einem guten Grund für ihre Wahl und antworten so, wie es ihrer Meinung nach von ihnen verlangt wird. Niemand hat gerne das Gefühl, zu viel bezahlt zu haben. Also erforschten wir, was die Menschen taten, nicht was sie dachten. Wir fingen die Kunden beim Verlassen des Ladens ab und fragten sie, wie viel sie ausgegeben hatten, wie viele Läden sie vorher aufgesucht hatten und was für sie wichtig war. Es stellte sich heraus, dass die meisten Käufer von der großen Auswahl total verwirrt waren: Sie waren nicht in der Lage, die vielen verschiedenen Leistungsmerkmale, Marken, Garantieleistungen und Finanzierungsmöglichkeiten vernünftig zu vergleichen. In ihrer Verwirrung waren sie bereit, demjenigen etwas abzukaufen, der sie gut beriet und ihnen einen Grund für ihre Entscheidung lieferte: Sie wollten eine Geschichte, die zeigte, wie clever sie waren, und die sie den Nachbarn erzählen konnten. (»Das Gerät wird kostenlos geliefert / hat doppelt so viel Speicherplatz / hatte 10 Prozent Rabatt« – jede Geschichte war willkommen.)

Fazit: Der B+-Ansatz führte zur Kostenreduzierung, zu Preiskriegen und wenig Gewinn. Der A*-Ansatz dagegen sah vor, dass die Kunden zwar garantiert keine zu hohen Preise bezahlen mussten (Werbeangebote, besondere Rabatte), dass aber das Angebot aus Preis, Service und Gewinn für alle Beteiligten auf höherem Niveau lag. Wir suchten nach einer anderen Sichtweise auf die Daten, indem wir das Verhalten, nicht die Meinung der Kunden studierten.

Daten sichten und analysieren

Die rein intellektuelle Methode zur Sichtung von Daten besteht darin, nach Informationen zu suchen, die die Hypothese auf irgendeine Weise zunichte machen könnten. Anschließend wird die Hypothese im Licht der neuen Informationen so lange überarbeitet, bis sie jeder Prüfung standhält. An der Universität ist diese Methode sehr erfolgreich, in einem Unternehmen jedoch sicher nicht.

Es gibt eine einfachere Methode: Erzählen Sie eine Geschichte.

»Wenn Ihre Hypothese gut ist, sollten Sie sie mit einer einfachen Geschichte darlegen können.«

Wir sind alle geborene Geschichtenerzähler und wir neigen dazu, uns gute Geschichten zu merken. Versuchen Sie, sich ein paar Geschichten ins Gedächtnis zu rufen, und versuchen Sie dann, sich an ein paar Geschäftsdokumente zu erinnern. Den meisten Menschen fällt die erste Übung leichter. Wenn Ihre Hypothese gut ist, sollten Sie sie mit einer einfachen Geschichte darlegen können. Im Folgenden sehen Sie zwei Geschichten, die ich erzählt habe.

Erstens ein zu stark zentralisierten Einzelhandelsunternehmen: Sie erledigten alles im eigenen Haus – Design, Druck, Werbung, Etikettenherstellung und Forschung. Sie waren so autark, dass sie nicht einmal gemerkt hätten, wenn ein Krieg ausgebrochen wäre. Wir hatten Berge von Wertanalysen, die zeigten, wie ineffizient das war, aber sie ließen sich nicht beeindrucken. Daher baten wir die Mitglieder des Board of Directors zu einem Spaziergang durch das mittelalterliche

Zentrum der Stadt. Dabei ließen wir einen Professor der örtlichen Universität einen Vortrag darüber halten, dass die Stadt erst dadurch reich wurde, dass sie sich auf zwei Aktivitäten konzentrierte, für die sie dann im ganzen Land berühmt wurde. Sie versuchte nicht mehr, alles innerhalb der Stadtmauern selbst zu erzeugen, sondern begann, Handel zu treiben. Bis sie wieder im Tagungsraum anlangten, war den Board-Mitgliedern klar geworden, dass ihr Unternehmen sich wie die mittelalterliche Stadt verhielt. Sie mussten anfangen, sich auf bestimmte Aktivitäten zu konzentrieren, und sie beschlossen zum ersten Mal, alle Funktionen, die nicht zum Kerngeschäft gehörten, an Outsourcing-Partner zu vergeben.

Zweitens ein zu stark auf sich selbst konzentriertes Versorgungsunternehmen: Wir drehten einen Film bei einer älteren Dame, deren Haus mit Abwasser überschwemmt worden war. Das Wasserversorgungsunternehmen hatte sehr langsam und unwirksam reagiert. Der Film über die Dame in Not erweckte Unmengen trockener Marktforschungsergebnisse zum Leben. Darüber hinaus filmten wir den Vorgang des Eincheckens am Flughafen und die Erfahrung eines Kunden, der versucht, einen neuen Computer einzurichten. Diese visuellen Geschichten ersetzen die Marktforschung zwar nicht, aber sie lieferten lebensechte Eindrücke und erzeugten gefühlsmäßiges Engagement, was einer PowerPoint-Präsentation nicht gelingt.

Sie müssen natürlich ein wenig kreativ werden, um eine Geschichte zu erfinden, aber Sie erreichen dadurch, dass die ganze trockene Analyse in eine einprägsame Botschaft verpackt wird. Sobald das der Fall ist, lassen sich alle überflüssigen Worte und Ergebnisse sparen. Oft erliegen die Leute der Versuchung, die Analyseergebnisse in ihrer Gesamtheit zu präsentieren, weil sie so viel Arbeit darauf verwendet haben: Sie wollen zeigen, was sie geleistet haben. Führungskräfte werden letztendlich aber nicht dafür belohnt, dass sie lange und hart arbeiten, sondern dafür, dass sie gut arbeiten. Führen Sie daher die ausführlichen Analyseergebnisse in einem beeindruckenden Anhang auf und beschränken Sie sich bei Ihrer Empfehlung auf die Geschichte.

Eine Empfehlung abgeben

Wenn Sie soweit sind, eine Empfehlung abzugeben, darf es keine Überraschungen mehr geben. Für niemanden. Wenn Sie an diesem Punkt noch jemand mit Einwänden überrascht, haben Sie verloren.

Sie müssen die Idee zuvor an alle beteiligten Parteien verkauft haben, denn dadurch verbessern Sie erstens die Qualität der Analyse und zweitens die Qualität des Ergebnisses.

Für die Qualität der Analyse ist es von Vorteil, wenn Sie schon früh beginnen, mit allen beteiligten Parteien zu sprechen. Sollten sie nämlich Einwände gegen Ihre Hypothesen oder Analysen haben, erhalten Sie frühes Feedback und können die Hypothese ändern, die Analyse ausweiten und nach einer Möglichkeit suchen, die verschiedenen Ideen in Ihre Empfehlung einzuarbeiten. Politisch betrachtet ist es sehr sinnvoll, die Empfehlung vorab zu verkaufen, denn es ist wesentlich besser, Meinungsverschiedenheiten nicht öffentlich auszutragen. Im Zwiegespräch sind die Menschen meist ehrlicher. Sobald sie öffentlich Position bezogen haben, können sie nur schwer nachgeben, ohne schwach zu wirken. Daher beharren sie dann meist auf ihrer anfänglichen Position, und eine Meinungsverschiedenheit kann schnell in einen offenen Krieg ausarten.

Der Prozess der Konsensbildung ist zeitraubend und frustrierend, aber schließlich sollen Sie ja nicht nur ein Problem lösen, sondern anschließend auch eine Veränderung bewirken. Sie brauchen einen Konsens, der umfassend genug ist, dass daraufhin Aktionen erfolgen. Sollte sich eine Partei durch Ihre Empfehlungen stark bedroht fühlen und sich trotz aller Überzeugungsbemühungen sperren, dann kennen Sie wenigstens Ihre Gegner und können dafür sorgen, dass Sie genügend Unterstützung haben, damit die Organisation trotzdem vorangebracht wird.

Denken Sie daran, dass Führungskräfte die Qualität von Informationen und Empfehlungen auf zwei verschiedene Weisen beurteilen. Sie sehen sich genau an, ob das, was ihnen vorliegt, logisch ist. Wenn sie gut sind, kennen sie die wichtigsten Kennzahlen und Statistiken der Organisation genau und erkennen sofort, wenn eine Zahl zweifelhaft ist. Eine falsche Zahl ruiniert die Glaubwürdigkeit der gesamten Präsentation. Prüfen Sie daher alle Daten immer wieder ganz genau und lassen Sie sich von den betreffenden Parteien versichern, dass sie stimmen. Enthält Ihre Präsentation Finanzdaten, stellen Sie sicher, dass die Mitarbeiter der Finanzabteilung Ihre Zahlen im Zweifelsfall bestätigen werden. Ebenso müssen bei Marketing-Daten die Marketing-Leute Sie im Ernstfall unterstützen.

»Eine falsche Zahl ruiniert die Glaubwürdigkeit der gesamten Präsentation.«

Außerdem beurteilen Führungskräfte Empfehlungen auch nach dem Ruf der Person, die sie vorträgt. Jeder Mensch ist wie eine Marke, mit jedem werden unterschiedliche Qualitäts- und Vertrauenswerte verbunden. Wenn Sie noch unbekannt sind oder wenig Vertrauen genießen, müssen Sie damit rechnen, dass man Ihnen mit Skepsis begegnet. In diesem Fall sollten Sie sich Unterstützung bei Personen suchen, die großes Vertrauen genießen. Diese können die Empfehlung entweder für Sie präsentieren oder ihr zumindest mehr Gewicht verleihen.

3
Professionalität

Der Begriff Professionalität umfasst die hauptsächlichen Fähigkeiten und Werte, die den Charakter und das Potenzial sowohl der Organisation als auch der Einzelperson definieren. Professionalität ist der zentrale Punkt für den Erfolg als Führungspersönlichkeit. Sie zeigt sich auf jeder Führungsebene auf jeweils andere Art und Weise.

Bei Führungskräften auf der höchsten Ebene einer Organisation offenbart sich Professionalität hauptsächlich in den Werten, die sie verkörpern. Manche Führungskräfte bestehen diesen grundlegenden Test nicht. Sobald sie die Spitze der Organisation erreichen, stecken sie ihren Rüssel in den Trog der Sondervergünstigungen, Privilegien und Gelder. Die Schlimmsten landen im Gefängnis, die übrigen tragen dazu bei, die Moral innerhalb der eigenen Organisation sowie das Ansehen der Unternehmen in der Gesellschaft zu untergraben und zu schädigen. Andere Führungskräfte dagegen setzen ein Beispiel und leben die Werte ihrer Organisation vor. Professionalität ist nie selbstverständlich.

Auf den mittleren Ebenen geht es darum, sich die wichtigsten Fähigkeiten anzueignen, bis man sie in vollem Umfang beherrscht. Theoretisch können wir alle lesen, schreiben, sprechen und zuhören. Praktisch jedoch werden Sie in den meisten Organisationen nach ein paar Monaten ernsthaft daran zu zweifeln beginnen, dass die anderen es auch können. Wir verfassen ausgefeilte Texte, doch die anderen scheinen sie nie richtig zu lesen. Wir ertrinken in unzähligen endlosen, schlecht formulierten Berichten und E-Mails, die zeigen, dass die anderen nicht schreiben können. Wir müssen langweilige Präsentationen von überheblichen Vortragenden über uns ergehen lassen, die außer ihrem aufgeblasenen Ego wenig zu bieten haben, aber bei unseren eigenen brillanten Präsentationen hört niemand richtig zu. Das Geheimnis, warum wir zwar in unserem sozialen Umfeld lesen, schreiben, sprechen und zuhören können, im Management-Umfeld jedoch nicht, wird in Kapitel 7 gelüftet.

Für angehende Führungskräfte liegt die Professionalität in den folgenden vier Elementen:

- Lernen Sie, wie man das Führen lernt.
- Lernen Sie die örtlichen Regeln kennen: Was bedeutet Professionalität im Umfeld Ihrer Organisation?
- Lernen Sie einige allgemeingültige Regeln der Professionalität.
- Lernen Sie die Etikette kennen, ohne die Sie in der Unternehmenswelt nicht überleben können.

Diese Fähigkeiten sind kumulativ, das heißt, dass Sie alles, was Sie als angehende Führungskraft in puncto Professionalität lernen, immer beibehalten müssen. Später, auf den folgenden Ebenen, erwerben Sie zusätzlich neue Fähigkeiten, die zu den bisher erworbenen hinzukommen. Die Führungskraft an der Spitze des Unternehmens muss diesen dann noch die krönenden Werte und Fähigkeiten hinzufügen.

Lernen Sie, das Führen zu lernen

Zuerst die gute Nachricht: Leadership kann man lernen. Wenn Sie wissen, wie man sie lernt, befinden Sie sich bereits auf dem Weg zum Erfolg.

> »Leadership kann man lernen. Wenn Sie wissen, wie man sie lernt, befinden Sie sich bereits auf dem Weg zum Erfolg.«

Die schlechte Nachricht lautet, dass weder das Bildungssystem noch die Ausbildungssysteme in den Unternehmen selbst Führungspersönlichkeiten fördern. In unserem Bildungssystem lernen wir genau das Gegenteil von dem, was man als Führungspersönlichkeit braucht. Das ist vielleicht unter anderem eine Erklärung dafür, warum so viele erfolgreiche Leader, wie Richard Branson und Bill Gates, ihre Ausbildung verfrüht abgebrochen haben.

Das Bildungssystem erzieht die Menschen dazu, in einer stark strukturierten Umgebung zu arbeiten, in der der Einzelne weitgehend alleine nach logischen Antworten fahndet. Jede potenzielle Führungspersönlichkeit, die auf eine strukturierte, vorhersehbare Umgebung hofft, in der es logische Antworten gibt und in der sie für sich alleine arbeiten kann, wird enttäuscht werden.

Auch Schulungen im Unternehmen helfen da nicht viel weiter. Ebenso wie die Wirtschaftsfakultäten sind sie gut geeignet, um Wissen zu vermitteln, etwa über Buchführung, Geschäftsabwicklung oder Finanzen. Einem Leader ist mit Fachwissen alleine jedoch nicht gedient. Er muss wissen, wie man Menschen in die Lage versetzt, etwas zu leisten.

Schulungen im Unternehmen konzentrieren sich meist auf explizites Wissen: Technische Fähigkeiten, die sich in Büchern oder elektronischen Medien und Kursen aufbereiten lassen. Auf diese Art von Wissen konzentriert sich der Westen seit Langem mit großem Erfolg. Implizites oder stillschweigendes Wissen ist jedoch eher das »Gewusst-Wie« als das »Gewusst-Was« – es ist das nicht-greifbare Wissen darum, wie etwas richtig gemacht wird. In der Tradition Japans dreht sich Vieles um dieses stillschweigende Wissen, und es hat der japanischen Wirtschaft in puncto Herstellungsprozesse und Qualität viele Vorteile gebracht. Trainings zu diesem Thema enden meist damit, dass man Bäume umarmt, ein Floß baut oder das gemeinsame Abseilen übt. Manchen Leuten gefällt das, aber nur wenig Führungskräfte gehen daraus hervor. Keiner der von uns befragten Unternehmensleiter nannte irgendein Training als Grundlage für seinen Erfolg.

Leadership hat in der Praxis nichts mit explizitem Wissen zu tun, das in Büchern oder Kursen vermittelt wird, sondern mit implizitem Wissen. Bücher unterstützen lediglich den Prozess der strukturierten Beobachtung und Entdeckung, bei dem Führungspersönlichkeiten erkennen, welcher Führungsstil am besten zu ihnen passt.

Führungskräfte entwickeln ihre Fähigkeiten in der Regel auf zweieinhalb Arten:

1. Lernen von Vorbildern: Sie lernen von Führungskräften.
2. Lernen aus Erfahrung: Sie lernen aus Versuch und Irrtum.

2½. Lernen aus strukturierter Beobachtung und Entdeckung (manchmal).

Lernen von Vorbildern

Jeder Mensch lernt von Vorbildern. Ihre Vorbilder in der Organisation sind erfolgreiche Kollegen ebenso wie Ihr Vorgesetzter (wobei Ihr Chef entweder nachahmenswert ist oder nicht). Der Lernprozess läuft oft ganz unbewusst ab. David Begg, der Direktor der Tanaka Business

School, erzählte mir einmal, dass er erlebte, wie ein anderer seine eigene Vorlesung hielt – mit seinen Gesten und seiner Art, sich auszudrücken. Es war ein Gefühl, als ob er in den Spiegel schaute. Derjenige, der die Vorlesung hielt, war David Beggs erster Mentor, von dem er unbewusst anscheinend einen Großteil seines eigenen erfolgreichen Vorlesungsstils kopiert hatte. Es ist sehr wichtig, die richtigen Vorbilder zu finden und das Richtige von ihnen zu lernen. Sollte es Ihnen passieren, dass Sie sich gleich zu Beginn Ihrer Karriere die falschen Gewohnheiten von einem falschen Vorbild aneignen, werden Sie diese nur sehr schwer wieder los.

Jeder Einzelne bastelt sich seine eigene Führungs-DNS: Wir klauen ein wenig von einer Führungskraft hier und noch etwas mehr von einer anderen dort, und so geht es weiter. Zusätzlich setzen wir Leadership-Gentherapie ein, um uns von unerwünschter DNS zu befreien: Wenn Sie einmal einen Kollegen beobachtet haben, der einen Fehlschlag hinnehmen musste, wissen Sie genau, was Sie nicht tun dürfen. Indem wir auf diese Weise zahlreiche DNS-Stücke von verschiedenen Personen sammeln, entwickeln wir uns zu einem einmaligen Wesen. Andersherum stehlen andere Leute Teile unserer DNS. Glücklicherweise klonen wir uns aber nicht vollständig. In einer Beraterfirma spielten wir am Wasserspender immer das Spiel »Erkenne die Eigenart«: Wir versuchten, jeweils eine charakteristische Eigenart eines Partners auf ein oder zwei Personen zurückzuführen, die dieser Partner bewunderte und respektierte. Führungseigenschaften sind ansteckend. Und wie bei allen Infektionen merken wir nicht einmal, dass wir jemanden anstecken oder von jemandem angesteckt werden.

Meist beginnt der Lernprozess ganz unbewusst. Angehende Leader beobachten einen Fehlschlag und tun daraufhin ihr Bestes, um ein solches Schicksal zu vermeiden. Sie sehen, dass manche Vorgesetzte besonders klug handeln, und versuchen, dieselben Verhaltensweisen in ihre Arbeitsweise zu integrieren. Zu Beginn der Karriere nehmen angehende Führungskräfte die Regeln von Erfolg und Misserfolg in der von ihnen gewählten Organisation schnell in sich auf. Viele stellen fest, dass ihnen die Spielregeln nicht gefallen, und wechseln in eine andere Organisation in der Hoffnung, dass dort nach besseren Regeln gespielt wird.

Besonders bei Konflikten, Krisen und Problemsituationen ist es gut, ein Vorbild zu haben, das man kopieren kann. Bei Unsicherheit und Angst hilft es oft, sich zu fragen: »Was würde X (den ich sehr bewundere) in dieser Situation tun?« Probieren Sie es bei der nächsten Herausforderung einfach selbst aus.

Diese Art, Führungsqualitäten zu erwerben, läuft bei vielen Menschen nach dem Zufallsprinzip ab: Sie lassen sich treiben und geraten dabei an gute Vorbilder ebenso wie an schlechte. Auf diese Weise sind sie ganz vom Glück abhängig. Bei einem guten Vorgesetzten und Vorbild lernen sie alles, was gut ist. Ist der Vorgesetzte dagegen ein schlechtes Vorbild, eignen sie sich viele schlechte Gewohnheiten an, die sie später nur schwer wieder ablegen können. Daraus folgt ein expliziter Aufruf, die eigene Karriere zu steuern: Suchen Sie sich den richtigen Chef! Zudem sollten Sie den Lernprozess, durch den Sie sich Führungsqualitäten aneignen, stärker strukturieren und produktiver gestalten. Um dieses Thema geht es im folgenden Abschnitt.

Lernen aus Erfahrung

Leader lernen auch aus persönlichen Erfahrungen, aus Erfolg und Misserfolg. Es gibt zwei Arten, diese Erfahrungen zu machen. Wie bereits erwähnt, erwerben manche Führungskräfte ihre Erfahrung im Lauf einer strukturierten Karriere. Andere dagegen wechseln zunächst häufig Arbeitsstellen, Organisationen und Länder und sammeln ihre Erfahrungen auf eher unstrukturierte Weise.

Führungskräfte mit einer strukturierten Karriere erwerben gründliche Kenntnisse über ihren Industriezweig und ihre Organisation. Manche Unternehmen, wie Unilever oder GE, versetzen ihre jungen Talente aktiv sowohl in andere Länder als auch in andere Geschäftsbereiche und Funktionen, damit sie eine breite Palette an Erfahrungen gewinnen und effektive Führungskräfte werden.

Bei anderen Führungskräften verläuft die Karriere so, dass sie selbst von Organisation zu Organisation und von Position zu Position wechseln und verschiedene Erfahrungen erwerben. Sie sammeln mit der Zeit ebenso viele unterschiedliche Erfahrungen wie ihre Kollegen mit geordneter Karriere und haben ebenfalls das Zeug, eine Führungskraft zu werden.

Ob strukturierte Karriere oder nicht, die heutigen Führungskräfte betonen, wie wichtig es ist, schon in frühen Stadien die richtigen Erfahrungen zu machen und die richtigen Vorbilder zu haben. Zu Beginn fällt es noch leichter, Risiken auf sich zu nehmen, denn mit 26 Jahren

kann man eher wieder von vorn anfangen als mit 46 Jahren. Viele 26-Jährige erholen sich von einem falschen Karrierestart einfach dadurch, dass sie ein MBA-Studium nachholen.

Kluge Leute scheitern oft als Führungskräfte, weil sie sich zu Beginn ihrer Karriere für die falschen Erfahrungen entschieden haben. Die hohen Gehälter bei Banken und Beraterfirmen sind für Absolventen, die einen ganzen Berg Darlehensschulden abzahlen müssen, sehr verlockend. Doch drei Jahre am Computer, wo sie mit Wertpapieren handeln oder Präsentationen vorbereiten, vermitteln ihnen nicht das Wissen und die Erfahrung, die sie als Führungspersönlichkeit brauchen. Weniger glanzvolle Berufe, bei denen man nicht mit Computern, sondern mit Menschen umgeht, bieten oft eine bessere Grundlage für eine zukünftige Entwicklung zur Führungskraft.

Lernen aus strukturierter Beobachtung und Entdeckung

Eine Generation, die daran gewöhnt ist, immer alles sofort zu bekommen, hält nicht viel vom Lernen von Vorbildern und aus Erfahrung. Junge Menschen sind nicht begeistert, wenn sie hören, dass sie die Ratschläge der älteren Generationen befolgen, sich gedulden und darauf warten sollen, dass vielleicht – vielleicht aber auch nicht – in 25 Jahren ihre Zeit gekommen sein wird.

Es gibt zwei Möglichkeiten, den Aufstieg zu einer Führungsposition zu beschleunigen.

Erstens können Sie ein eigenes Unternehmen gründen. Dabei lernen Sie sehr schnell. Selbst wenn Sie scheitern, bleiben Ihnen viele nützliche Kenntnisse und Erfahrungen erhalten. Allerdings kann diese Methode sehr teuer werden.

Die zweite Möglichkeit ist die strukturierte Beobachtung und Entdeckung. Geben Sie sich nicht damit zufrieden, zufällig geeignete Informationen aufzuschnappen, wenn Sie gerade einen guten Vorgesetzten als Vorbild haben. Es könnte passieren, dass Sie schlechte Vorbilder vorgesetzt bekommen und miserable Erfahrungen machen.

Steuern Sie statt dessen Ihren Lernprozess mithilfe dieses Buches selbst. Natürlich werden Sie nicht zur Führungskraft, nur weil Sie ein Buch von der ersten bis zur letzten Seite durchgelesen haben. Aber Sie können den Entdeckungsprozess beschleunigen, weil Sie wissen, wonach Sie suchen müssen. In diesem Buch erfahren Sie immer wieder, wie andere im Vergleich zu Ihnen selbst handeln. Anhand dieser Vergleiche können Sie die für Sie geeignete Methode entwickeln. Es gibt keine allgemein gültige Leadership-Formel: Wichtig ist nur, was für Sie und die Leute, mit denen Sie arbeiten, praktikabel ist.

»Mit diesem Buch können Sie den Entdeckungsprozess beschleunigen, weil Sie wissen, wonach Sie suchen müssen.«

Die Erfahrung hat gezeigt, dass Leser von Büchern wie diesem Arbeitsblätter größtenteils ignorieren. Wir nehmen also Rücksicht auf Ihre Zeit und auf die Bäume und ersparen Ihnen und uns seitenweise vorgedruckte Arbeitsblätter. Sie sollten aber selbst Arbeitsblätter erstellen, die genau auf Ihre Situation zugeschnitten sind und mit deren Hilfe Sie überlegen können, wann und wie Ihre Kollegen und Vorgesetzten etwas gut oder weniger gut machen. Wenn Sie sich dazu zwingen, andere zu beobachten und darüber nachzudenken, was funktioniert und was nicht, werden Sie schnell einen eigenen Stil und eigene Vorgehensweisen entwickeln, die Ihnen weitaus nützlicher sein werden als irgendwelche theoretisch perfekten Methoden aus einem Buch.

In der Liste weiter unten finden Sie zu Ihrer Unterstützung dreißig Überschriften, anhand derer Sie gezielt überlegen und beobachten können. Sie sollten für jede davon ein Beispiel finden: Jemand, der die betreffende Tätigkeit sehr gut ausführte, und jemand, dem es weniger gut gelang. Außerdem sollten Sie überlegen, wo in beiden Fällen die Ursachen liegen.

Lassen Sie sich durch die Überschriften aber nicht einschränken. Sie finden sicher Vieles, das sich nicht in eine der genannten Kategorien einordnen lässt. In den Gesprächen über bewunderungswürdige Vorbilder, die wir mit den Führungskräften führten, kamen auch Dinge zur Sprache, die zu subtil sind, als dass sie in eine Kategorie eingeordnet werden könnten. Beispiele:

»Unser Vorsitzender ließ niemals ein schlechtes Wort über andere verlauten. Deshalb vertrauten wir ihm. Wir wussten, dass er niemals hinter unserem Rücken über uns herziehen würde.«

»Der Leiter der Produktentwicklung war so entscheidungsfreudig, weil er so stark auf seine Ziele konzentriert war. Wenn man ihn bat, eine Entscheidung zu einem Randthema zu fällen, tat er es sofort. Wenn es nicht zu seinen zentralen Zielen gehörte und die Entscheidung ohnehin auf Messers Schneide stand, war er der Meinung, dass man auch einfach eine Münze werfen konnte.«

»Mein Chef half mir, als ich nicht weiterkam. Er machte mir keine Vorwürfe, sondern ermutigte mich. Er sagte, er halte mich für einen äußerst fähigen Mitarbeiter und könne deshalb nicht verstehen, was mich bremse. Er fragte nach meinen Ideen. Ich redete, er hörte zu, und als ich schließlich aus seinem Büro kam, vertraute ich wieder ganz darauf, dass er und ich genau wussten, was wir tun mussten, um erfolgreich zu sein.«

»Früher wurde ich oft wütend und verlor die Beherrschung. Dann erkannte ich, dass es keinerlei Sinn hatte. Ich ärgere mich immer noch manchmal, aber ich kann mich nicht erinnern, je wieder die Beherrschung verloren zu haben. Ich setze die Leadership-Maske auf und frage mich: »Wie würde eine gute Führungskraft jetzt handeln?« Daraufhin beruhige ich mich und treffe viel bessere Entscheidungen hinter meiner Maske.«

Im Lauf der Zeit werden Sie eine ganze Reihe solcher Einsichten sammeln, die für Sie das Richtige sind. In diesem Buch erfahren Sie zusätzlich ein paar Dinge, mit denen andere Führungskräfte in den unten aufgelisteten Bereichen Erfolg hatten. Was bei anderen gut funktioniert, gilt nicht unbedingt auch für Sie, aber es ist immerhin ein Ausgangspunkt für Ihre Entdeckungsreise, in deren Verlauf Sie ergründen, wie Sie das Beste aus sich selbst herausholen.

Zwischenmenschliche Fähigkeiten
Ziele und Erwartungen festlegen
Informelles Leistungs-Feedback geben (positiv und negativ)
Formelle Beurteilungen abgeben
Motivieren
Mit Konflikten umgehen und sie beheben
Lob und Anerkennung aussprechen

Kommunikationsfähigkeiten
Präsentationen
Zuhören
Effektive E-Mails
Effektive Berichte
Mit schlechten Neuigkeiten umgehen
Vorstellungsgespräche führen

Management-Fähigkeiten
Meetings leiten
Probleme lösen
Verhandeln
Netzwerke knüpfen
Vorgesetzte managen
Zeit-Management
Entscheidungen treffen
Vision
Team-Management
Projekt-Management
Delegieren
Krisen-Management

Persönliches Verhalten
Höflichkeit und Etikette
Empathie
Begeisterungsfähigkeit
Durchhaltevermögen
Risikobereitschaft und Risiko-Management

Lernfähige und weniger lernfähige Führungskräfte

Führungskräften beizubringen wie man führt, ist pervers. Hochrangige Führungskräfte können auf eine mehr als zwanzigjährige Erfahrung zurückblicken, die zeigt, wie erfolgreich sie sind. Sie reagieren nicht unbedingt freundlich auf Leute mit neuen Theorien, die besagen, dass sie möglicherweise doch nicht wissen, wie das Führen geht. Die meisten CEO, mit denen wir uns unterhielten, gaben jedoch bereitwillig zu, dass sie Schwächen haben und weiterhin dazulernen. Manche werden sogar sehr deutlich: »In manchen Dingen bin ich miserabel«, sagte einer von ihnen.

Hochrangige Führungskräfte lernen genauso wie ihre angehenden Kollegen – aus Erfahrung und von Vorbildern. Natürlich gibt es auch ein paar Führungskräfte, die glauben, alles zu wissen und von niemandem mehr lernen zu können. Sie sind meist überlebensgroß mit überlebensgroßen Egos. Oft sind genau sie die Negativbeispiele für angehende Führungskräfte, von denen sie lernen können, wie man nicht führen sollte.

Lernen Sie die örtlichen Regeln kennen

In jeder Organisation gibt es ungeschriebene Regeln, die man beachten sollte, wenn man vorankommen will. In manchen Fällen sind diese Regeln sehr verwirrend. In puncto Kleidung verhalten sich immer mehr Organisationen absolut schizophren. Ein großer IT-Dienstleister will seinen Kunden gegenüber einen professionellen Eindruck erwecken, daher treten die Mitarbeiter, die mit Kunden zu tun haben, relativ konservativ in Anzug und Krawatte auf. Auf dem Personalmarkt dagegen möchte das Unternehmen funky, high-tech und jugendlich wirken. Der interne Kleidercodex ist daher äußerst leger. In Werbeagenturen kleiden sich die Kundenberater ganz anderes als die kreativen Designer und Texter. Hochrangige Mitarbeiter kleiden sich anders als die Mitarbeiter auf den unteren Ebenen. Die Kleiderordnung ist ein kompliziertes Mittel, um Stammesloyalität und Status auszudrücken. Mit dem Einzug von speziellen Tagen, an denen man leger erscheinen darf, ist sie auch ein Indikator für die Wirtschaftslage geworden: In guten Zeiten ziehen sich die Leute leger an, in schlechten Tagen kleiden sie sich formell.

Die Kleiderordnung ist ein triviales, aber dennoch sehr sichtbares Zeichen dafür, wie notwendig es ist, die Spielregeln innerhalb einer Organisation zu kennen. Dies wird sogar noch wichtiger, wenn es darum geht, Risiken einzugehen oder die Initiative zu ergreifen. Im Handelssaal einer Investment Bank dreht sich alles darum, Risiken einzugehen. In Behörden dagegen sind Risiken der Alptraum aller Beamten, die sich an die umständlichen Vorschriften und Regeln der Regierung halten müssen.

Die große Herausforderung besteht darin, die Spielregeln möglichst schnell zu lernen. Selbst erfahrene Führungskräfte machen in diesem Bereich Fehler. Sie hören den Lockruf des Headhunters, der sie zum Wechsel auf die scheinbar saftigeren Weiden der Konkurrenz verleitet.

Theoretisch sollte das kein Problem sein. Sie kennen den Industriezweig und ihre Arbeit. Aber sie sind nicht mit der Kultur des neuen Unternehmens vertraut. Sie haben weder ein funktionierendes Netzwerk von Verbündeten zu ihrer Unterstützung noch können sie intern auf vollbrachte Leistungen verweisen. Außerdem wissen sie nicht, welche Hebel sie betätigen müssen, um etwas ins Rollen zu bringen. Sollte Ihnen ein Headhunter woanders saftigere Weidegründe versprechen, denken Sie daran, dass es dort am grünsten ist, wo es am meisten regnet.

»Sollte Ihnen ein Headhunter woanders saftigere Weidegründe versprechen, denken Sie daran, dass es dort am grünsten ist, wo es am meisten regnet.«

Theoretisch sollte es zwar möglich sein, die Spielregeln zu erfragen, aber praktisch verrät sie Ihnen niemand. Sie könnten die Leute genauso gut fragen, wie sie atmen. Selbst wenn sie es wüssten, würden sie die Frage für seltsam halten. Sie können sich nur an Indizien und versteckte Hinweise halten. Zumindest sollten Sie sich gleich zu Beginn mit Ihrem Vorgesetzten darüber unterhalten, welche Erwartungen er hat und was er in sechs Monaten als Erfolg betrachten würde. Sie könnten auch fragen, was Sie tun müssten, um bei ihm komplett durchzufallen. Einer meiner früheren Chefs, der mich als Vertriebsmitarbeiter eingestellt hatte, erklärte mir, das Schlimmste, was ich tun könnte, sei, etwas zu verkaufen. Das war gelinde gesagt eine Überraschung für mich. Ich fragte, was ich statt dessen tun sollte. »Machen Sie sich nützlich«, sagte er, nicht sehr hilfreich für mich. Also machte ich mich nützlich: Ich kündigte und gründete eine Bank. Missverständnisse und schlechte Vorgesetzte beseitigt man am besten so schnell wie möglich.

Am einfachsten ist es, die Leute zu beobachten, die in der Organisation als erfolgreich gelten – Leute, die befördert werden und Boni erhalten. Sehen Sie sich an, wie diese Menschen sich kleiden, was sie tun, wie sie sprechen und arbeiten.

Lernen Sie einige allgemein gültige Regeln der Professionalität

Der Blick von oben

Die Top-Führungskräfte, die wir bei den Recherchen für dieses Buch interviewten, wussten ganz genau, was sie von angehenden Führungspersönlichkeiten erwarten:

- Loyalität,
- Ehrlichkeit,
- Zuverlässligkeit,
- Lösungen und
- Energie.

Diese fünf Eigenschaften hängen eng zusammen. Beim Durchlesen erscheinen sie Ihnen vielleicht ganz offensichtlich und einfach – wer in aller Welt wäre wohl illoyal, unehrlich, unzuverlässig, problemorientiert und faul? Von der Spitze eines Unternehmens aus betrachtet lautet die Antwort: viel zu viele Leute. Es handelt sich um weit verbreitete Fehler. Für eine angehende Führungskraft ist dies aber ein großer Vorteil, denn auf diese Weise müssen Sie nicht im Alleingang die ganze Welt verändern, nur um wahrgenommen zu werden. Es genügt, wenn Sie ein paar grundlegende Dinge sorgfältig und gut erledigen.

»Für eine angehende Führungskraft ist dies ein großer Vorteil. Es genügt, wenn Sie ein paar grundlegende Dinge sorgfältig und gut erledigen.«

Loyalität

Loyalität ist mit Abstand die wichtigste Eigenschaft. Die meisten Führungskräfte sind in vielen anderen Dingen sehr nachsichtig, aber Illoyalität ist die eine Sünde, die nicht vergeben wird, wie weiter vorne bereits angemerkt. Einige wenige Führungskräfte geben auch in diesem Fall eine zweite Chance, aber die meisten sind dazu nicht bereit.

Theoretisch sollte die Loyalität gegenseitig sein. Erbringen Sie die geforderten Leistungen, unterstützt Ihr Vorgesetzter Ihr Vorankommen. Praktisch gesehen ist das Verhältnis jedoch sehr ungleich. Sie können der Karriere Ihres Vorgesetzten zwar schaden, aber er kann

Ihre Karriere beenden. Im schlimmsten Fall wird das Loyalitätsversprechen von Managern, die alles und jeden unter Kontrolle halten wollen, dazu ausgenützt, alle Mitarbeiter genau auf Linie zu bringen. Wenn der Kontroll-Freak seinerseits seine Verpflichtungen einhält und Ihnen zu den richtigen Erfahrungen, den richtigen Projekten und der richtigen Beförderung verhilft, haben Sie Glück gehabt. Manchmal ist die Kontrolle jedoch so stark, dass jegliche Förderung ausbleibt und Ihre Karriere in die Sackgasse gerät. In einem solchen Fall müssen Sie entweder die Flucht in eine andere Organisation wagen oder die Loyalitätsregel brechen und innerhalb der Organisation einen neuen Vorgesetzten suchen.

Ehrlichkeit

Für Führungskräfte ist Ehrlichkeit eng mit Loyalität verknüpft. Wir sprechen hier nicht von »Politiker-Ehrlichkeit«, bei der man als ehrlich gilt, solange man sich nicht auf frischer Tat oder bei einer eklatanten Lüge erwischen lässt. Ehrlichkeit bedeutet, Fakten offenzulegen, besonders wenn es sich um unangenehme Fakten über Rückschläge handelt. Vorgesetzte lassen sich nicht gerne überraschen, denn sie wollen immer den Eindruck von Kompetenz und Kontrolle vermitteln. Wenn sie die unangenehmen Tatsachen kennen, können sie Ihnen wenigstens helfen, eine Lösung zu finden.

Zuverlässigkeit

Wenn Ehrlichkeit bedeutet, den Mut zu haben, unangenehme Fakten auf den Tisch zu legen, dann bedeutet Zuverlässigkeit, von vornherein zu vermeiden, dass es dazu kommen muss. Wie eine Führungskraft es ausdrückte: »Erzählen Sie mir keinen Unsinn. Versprechen Sie nicht zu viel. Wenn Sie etwas können, sagen Sie es, und wenn Sie es gesagt haben, dann tun Sie es auch. Wenn es sein muss, seien Sie lieber vorsichtig und bringen dann bessere Ergebnisse. Aber versprechen Sie nie mehr als Sie am Ende wirklich leisten.« Ein entscheidender Bestandteil der Zuverlässigkeit ist, unvernünftige Forderungen abzulehnen und die Erwartungen von vornherein zurechtzurücken. Es ist besser, vor dem Start eines Projekts ein knallhartes Gespräch über die damit verbundenen Erwartungen zu führen, als drei Monate lang sein Bestes zu geben und schließlich das Unmögliche doch nicht zu schaffen. Diese Lektion kennen alle effektiven Führungskräfte auf allen Ebenen aus eigener Erfahrung, besonders wenn es darum geht, Budgets zu vereinbaren und festzulegen.

Lösungen

Manche Leute bringen Probleme, andere bringen Lösungen. Es ist der Fluch der intelligenten Leute, dass sie bei allen möglichen Vorgehensweisen alle Probleme und Risiken vorhersehen und genau erkennen, wie der Vorgesetzte alles vermasselt. Sie triefen vor Überheblichkeit und Zynismus – und dann scheitern sie. Der Erfolg von Führungskräften kommt nicht daher, dass sie beweisen, wie intelligent sie sind. Er rührt zumindest zum Teil daher, dass sie Lösungen finden, die Mitarbeiter zum Handeln bringen und Ergebnisse erzielen. Dazu gehört mehr Mut als zur dauernden Beschäftigung mit Analysen und Problemen. Oft hat es zur Folge, dass man Misserfolge einsteckt, auf die Nase fällt und die schneidenden Bemerkungen kluger Leute ertragen muss, die den Misserfolg vorausgesagt haben. Der Unterschied liegt darin, dass man dadurch mehr lernt, mehr leistet und weiter vorankommt als diejenigen, die zwar vielleicht klüger sind, aber weniger Mut besitzen.

Energie

Energie beinhaltet zahlreiche Werte, die von Führungskräften gerne gesehen werden: Durchhaltevermögen, Einsatz, Widerstandskraft, Optimismus, Anpassungsfähigkeit und eine zupackende Einstellung. So klingt es, wenn man es positiv ausdrückt. In der Praxis bedeutet es, dass eine angehende Führungskraft einen Haufen Mist erhält, mit dem sie fertig werden muss, ohne ein Wort der Klage darüber zu verlieren.

Frischgebackene MBA-Absolventen, die ihre erste Stelle in einer Bank oder Beraterfirma antreten, finden im Allgemeinen schnell heraus, dass sie trotz ihres hohen Gehalts im Endeffekt pro Arbeitsstunde weniger verdienen als die Sekretärin eines der Partner. Dies spiegelt ihren relativen Wert für die Firma wider. Außerdem spiegelt es die harte Wirklichkeit wider, dass die Grenzkosten eines Beraters oder Bankers gegen Null gehen – für ein paar spendierte Pizzas arbeiten sie ohne Bezahlung die Nacht durch.

Diese Methode, sich vollkommen aufzuarbeiten, um das Geschäft kennen zu lernen, macht nicht unbedingt Spaß. Aber alle von uns befragten Führungskräfte kannten ihr Unternehmen in- und auswendig. Der Eigentümer einer Kette von 650 Läden kannte nicht nur alle Gebietsleiter persönlich, sondern zusätzlich die Namen und Gesichter fast aller Zweigstellenleiter und ihres Personals. Er hat in einem Zeitraum von über vierzig Jahren mehrere hunderttausend Kilometer

zurückgelegt, um seine Kenntnisse über das Unternehmen laufend zu erweitern.

Der Blick von unten

Professionalität dient nicht nur dazu, den Vorgesetzten zu beeindrucken. Sie sollten sich gleichzeitig bestimmte Verhaltensweisen angewöhnen, die es Kollegen und Teams leichter machen, mit Ihnen zusammenzuarbeiten. Diese Verhaltensweisen werden immer wichtiger, je höher Sie aufsteigen. Bei Analysen des Umfelds von angehenden Führungspersönlichkeiten klagen die Kollegen immer wieder über einige wenige Dinge. Ich stelle bei solchen Analysen fest, dass meistens alle dieselbe Meinung teilen – mit Ausnahme der einen Person, die ihre Kollegen verärgert. Diese Leute schaden sich selbst und ihrem Ansehen, ohne es zu merken. Die folgenden Klagen stammen aus einer ausnehmend guten Organisation. Ähnliche Kommentare sind für andere Organisationen ebenso typisch, nur werden sie dort noch vehementer geäußert. Die Bemerkungen werden hier in der Reihenfolge ihrer Priorität aufgelistet:

- *Zu wenig Kommunikation:* Die Mitarbeiter wollen wissen, was der Chef tut und aus welchen Gründen er es tut. Ebenso will der Chef wissen, womit seine Mitarbeiter beschäftigt sind. Es ist sehr schwer, die Arbeitsauslastung zu steuern: Sind die Mitarbeiter überlastet oder nicht? Arbeit hat oft kein konkretes Ende und ist schwer einzuschätzen. Wenn Sie den Chef regelmäßig darüber informieren, wo Sie stehen, kann er besser vorausplanen (Sie nicht überlasten, aber Ihnen Gelegenheiten verschaffen, wenn Sie Zeit dafür haben). Diese Art der Kommunikation dient als Frühwarnsystem bei Problemen und hilft nach einer Katastrophe bei der Beseitigung der Schäden. Wenn Sie vor lauter Stress krank werden, sollten die anderen zumindest wissen, wo sie weitermachen müssen.
- *Öffentlich ausgetragene Auseinandersetzungen:* Schon eine kleine unbedachte Äußerung genügt manchmal. Wenn Sie beispielsweise sagen: »Das ist die beste Gruppe, die wir haben«, demotivieren Sie mit Sicherheit alle anderen Gruppen. In der schlimmsten Form arten solche Dinge in öffentliche Beschimpfungen oder Demütigungen aus.
- *Spielchen und politische Manöver:* Die Politiker in einer Organisation sind immer bekannt. Sie spielen eine Seite gegen die andere aus und erreichen durch geschickte Platzierung von Halbwahrheiten das, was sie wollen. Kurzfristig kommen sie damit gut durch, aber langfristig zerstören sie ihre Glaubwürdigkeit.
- *Herumkommandieren:* Dies äußert sich einfach darin, dass schlecht und zu spät delegiert wird. Die schlimmste Variante ist, ein Projekt so spät übertragen zu bekommen, dass man es gar nicht schaffen kann, und dann auch noch dafür verantwortlich gemacht zu werden. Nicht viel besser ist es, wenn ein Vorgesetzter nur die unangenehmen Aufgaben und Routinearbeiten delegiert und seine Mitarbeiter damit zu Verwaltungsassistenten degradiert. Effektives Delegieren bedeutet, neben den Routineaufgaben auch interessante Projekte zu vergeben, an denen die angehenden Führungskräfte wachsen können.
- *Schlechte Gewohnheiten:* Dies schließt alles Mögliche ein, von regelmäßigem Zuspätkommen bis hin zu schlechter Kleidung.

Geben Sie sich zugänglicher, damit die Mitarbeiter sich trauen, Ihnen zu sagen, wie Ihre Gewohnheiten auf andere wirken.

- *Subjektives Feedback und Konflikte:* Persönliche und beleidigende Äußerungen bewirken nichts und schaden dem Arbeitsklima und der Organisation.

Für Führungskräfte ist es sehr schwer, mit solchen Verhaltensweisen umgehen zu lernen. Impulsiv neigen wir dazu, Feuer mit Gegenfeuer zu erwidern, aber wenn Sie sich mit unprofessionellen Kollegen auf eine Stufe begeben, gelangen Sie nicht an die Spitze. Es reicht vielleicht gerade für ein paar Beförderungen im mittleren Management. Gewiefte Politiker mit ihren Spielchen und Einschüchterungsversuchen haben langfristig keine Chance, denn erstens trauen sie niemandem und zweitens traut ihnen auch keiner, weil jeder weiß, dass er das nächste Opfer sein kann. Wer im mittleren Management etwas erreichen will, braucht jedoch ein verlässliches Netzwerk von Kollegen, die ihn unterstützen und die sich von ihm unterstützen lassen. Wer keine Vertrauenspersonen besitzt, hat so gut wie keine Überlebenschancen.

»Wer keine Vertrauenspersonen besitzt, hat im mittleren Management so gut wie keine Überlebenschancen.«

Es tut gut zu wissen, dass solche Ratten langfristig zum Scheitern verurteilt sind, aber wenn man gerade der Leidtragende dieser Art von Unprofessionalität ist, hilft diese Erkenntnis kurzfristig nicht weiter.

Man darf Unprofessionalität nicht mit gleichen Mitteln bekämpfen, aber man darf sie auch nicht ignorieren, denn dann kann sie ungestraft fortgesetzt werden. Wer weiß, dass er damit durchkommt, macht immer weiter.

Theoretisch lässt sich die richtige Reaktion aus dem Gefangenendilemma ableiten, das im Folgenden beschrieben wird. Die erfolgreiche Strategie besteht darin, Gleiches mit Gleichem zu vergelten: Greifen Sie nicht an, aber schlagen Sie zurück. Daraus lernt der Gegner, dass es besser ist, mit Ihnen zu kooperieren. In der Theorie klingt das hervorragend, in der Praxis ist es schwer umzusetzen. Praktisch funktioniert ein schrittweiser Eskalationsprozess am besten.

Das Gefangenendilemma

Es handelt sich um ein beliebtes Planspiel zur Konfliktbewältigung aus der Spieltheorie, entwickelt 1950 von Flood und Dresher, die für die Rand Corporation Strategien für einen Nuklearkrieg erforschten. Für Nuklearkriege gilt die alte Redensart nicht mehr, nach der die Teilnahme wichtiger ist als der Sieg.

Am Arbeitsplatz geht es in puncto Konflikt und Kooperation um genau die gleichen Dinge, allerdings mit etwas weniger katastrophalen Folgen.

Für das Spiel werden zwei Verdächtige in getrennte Zellen gesperrt. Sie erhalten vier Optionen zur Auswahl:

- Geben Sie das Verbrechen zu, belasten Sie Ihren Partner, und wir lassen Sie frei, vorausgesetzt, Ihr Partner hat nicht in der Zwischenzeit Sie belastet.
- Geben Sie das Verbrechen zu, belasten Sie Ihren Partner, der Sie auch belasten wird: So erhalten Sie beide eine verkürzte Strafe von drei Jahren, weil Sie kooperativ waren.
- Sagen Sie gar nichts, dann erhalten Sie eine Strafe von fünf Jahren (wenn Ihr Komplize Sie verrät).
- Sagen Sie gar nichts, dann erhalten Sie ein Jahr Gefängnis wegen eines kleineren Delikts (wenn Ihr Komplize Sie auch nicht verrät; er wird dann ebenfalls zu einem Jahr Gefängnis verurteilt).

Viele Varianten sind möglich. Rational betrachtet kommen beide besser davon, wenn sie sich gegenseitig verraten, es sei denn, sie vertrauen einander vollkommen, denn dann ist es am besten, zusammenzuhalten und gar nichts zu sagen. Wird das Spiel nur einmal gespielt, besteht nicht die Möglichkeit, die Strategie des Partners zu testen. Spielt man dagegen mehrmals hintereinander, können die Partner eine erfolgreiche Strategie entwickeln.

Langfristig ist die beste Strategie, Gleiches mit Gleichem zu vergelten. Wenn die andere Seite den Konflikt will, tun Sie es ihr gleich. Wenn nicht, kooperieren Sie ebenfalls. Wenn Sie dem anderen nie die Stirn bieten, benutzt er sie als Fußabstreifer auf dem Weg in die Freiheit: Er wird Sie jedes Mal belasten. Wenn

Sie dagegen immer den Konflikt suchen, werden Sie beide jedes Mal verurteilt, wenn auch mit geringerem Strafmaß. Wenn Sie nach und nach lernen zusammenzuarbeiten, kommen Sie beide mit der geringsten Strafe davon.

Im Arbeitsleben herrscht die gleiche Dynamik. Verräter können kurzfristig erfolgreich sein (möglicherweise dauert diese Phase mehrere Jahre). Es lohnt sich also, ihnen die Stirn zu bieten, damit sie mit der Zeit lernen, dass der Konflikt weniger Vorteile bietet als die Kooperation.

Es gibt ein paar Prinzipien, mit denen sich ein solcher Eskalationsprozess in den Griff bekommen lässt:

- Geben Sie der Ratte immer wieder die Möglichkeit, aufzuhören und ihr Verhalten zu ändern.
- Steigern Sie den Konflikt nur langsam und versuchen Sie, ihn im Privaten und persönlich auszutragen.
- Fragen Sie Mentoren und Verbündete um Rat: Finden Sie zunächst heraus, ob der Konflikt nur Sie allein betrifft, oder ob die Ratte sich jedem gegenüber hinterhältig verhält. Handelt es sich um einen rein persönlichen Konflikt, dann lösen Sie ihn auch als solchen.
- Der Vorgesetzte darf nur als letztes Mittel eingeschaltet werden. Vorgesetzte hassen solche schmutzigen, politischen Probleme, in denen es keine klaren Fakten und keine eindeutige Lösung gibt.

In der Unternehmenswelt könnte ein solches eskalierendes Spiel folgendermaßen ablaufen:

Die Ratte vergreift sich Ihnen gegenüber im Ton. Sie ignorieren es, denn vielleicht war es ein unbeabsichtigter Fauxpas von einer Person unter Stress.

Die Ratte wiederholt ihr Verhalten. Nun sprechen Sie unter vier Augen mit ihr. Daraufhin ist die Ratte möglicherweise beleidigt. Am nächsten Tag reichen Sie ihr den Ölzweig in der Hoffnung, dass die Ratte den Konflikt überwunden hat.

Die Ratte schmollt weiterhin und verstärkt den Konflikt durch eine erneute Beleidigung. Sie sprechen erneut mit ihr alleine darüber. Anschließend fassen Sie das Gespräch in einer privaten E-Mail an die

Ratte zusammen (Sie fangen an, schriftliche Beweise zu hinterlassen). Sie fragen einen Mentor um Rat (Sie testen die politischen Strömungen um herauszufinden, ob die Ratte sich allen oder nur Ihnen gegenüber schlecht verhält). Sie bieten der Ratte am nächsten Tag erneut an, Frieden zu schließen.

Die Ratte versucht, Ihnen ein Messer in den Rücken zu rammen. Sie sprechen wieder mit ihr darüber und fassen das Gespräch in einer privaten E-Mail zusammen. Sie reden wieder mit dem Mentor. Vielleicht erwähnen Sie das Thema in einer informellen Unterhaltung mit dem Vorgesetzten. Am folgenden Tag bieten Sie erneut den Ölzweig an.

Die Ratte verhält sich weiterhin irrational und bösartig. Sie holen sich Rat beim Mentor (schon wieder). Außerdem beziehen Sie nun offiziell Ihren Vorgesetzten ein. Vorgesetzte hassen diese Art von Konflikten, denn sie sind immer schmutzig. Die Fakten sind strittig, es endet in einer Schlammschlacht (»ich sagte« – »er sagte«), und es gibt keine einfache Lösung. Eine solche Eskalation schadet beiden Parteien, denn am Unschuldigen bleibt der Schlamm ebenso kleben wie am Schuldigen. Vorgesetzte sehen es am liebsten, wenn die Mitarbeiter solche Gefechte untereinander regeln. Am besten ist es, wenn Sie dem Vorgesetzten eine möglichst einfache Lösung anbieten können, die so spezifisch und durchführbar ist, wie es nur irgend geht.

Lernen Sie die Etikette der Unternehmenswelt kennen

Perfekte Umgangsformen sind für Führungspersönlichkeiten nicht unbedingt notwendig, aber sie sind auf jeden Fall hilfreich. Mit einigen bemerkenswerten Ausnahmen werden die Umgangsformen in der Regel immer besser, je höher man in einer Organisation aufsteigt. Auf den unteren Ebenen macht sich kaum jemand bewusst, was akzeptabel ist und was nicht. In den mittleren Ebenen ist das Gedränge um die guten Positionen so dicht, dass die Höflichkeit dabei oft auf der Strecke bleibt. Aber an der Spitze haben die Leute Zeit und Raum für Anstand.

Warum soll man sich aber die Mühe machen, bevor man an der Spitze angelangt ist?

Gute Umgangsformen haben im Grunde das Ziel, anderen Sicherheit zu verleihen. Man gibt ihnen das Gefühl, dass sie geschätzt und respektiert werden und dass man sie für wichtig hält. Mit schlechtem

Benehmen erreicht man das alles nicht. Denken Sie einmal darüber nach. Mit wem hätten Sie lieber zu tun: Mit jemandem, der sich wohl fühlt, der sich geschätzt und respektiert weiß, oder mit jemandem, dem unbehaglich zumute ist und der ständig in der Defensive ist, weil er nicht weiß, ob er Ernst genommen wird. Leider gibt es viele Leute, die die zweite Möglichkeit wählen würden. Manche Einkäufer lassen ihre Lieferanten gerne nach ihrer Pfeife tanzen und manchen Personalchefs bereitet es Vergnügen, Bewerber unter Druck zu setzen. Ein wenig Macht verwandelt kleine Leute in kleine Tyrannen. Doch auch wenn sie es genießen, ihre Macht auszuspielen – dem Unternehmen nützt es nicht.

Angehende Führungskräfte benötigen ein Netzwerk, auf das sie vertrauen können und das sie unterstützt. Sie brauchen Gefolgsleute, Gleichgestellte und Vorgesetzte, die sie schätzen und respektieren. Mit schlechten Umgangsformen ist es schwer, sich Respekt zu verschaffen, gute Umgangsformen erleichtern es dagegen.

Jedes Land und jedes Unternehmen hat selbstverständlich andere Umgangsformen. In Japan gibt es beispielsweise sehr formelle Rituale, wenn man jemandem zum ersten Mal vorgestellt wird:

Man reicht dem Gegenüber Meishi (die Visitenkarte) mit beiden Händen und verbeugt sich. Anschließend liest man Meishi: An der Visitenkarte sollte man ablesen, wer sich zuerst und am längsten und tiefsten verbeugen muss, je nach Rang, Ort, Unternehmen und anderen Kriterien.

Wenn Ihnen als nicht-japanischem Geschäftsmann das schwierig vorkommt, überlegen Sie einmal, wie schwer europäische Etikette ist. Ein hochrangiger japanischer Manager nahm einmal seinen ganzen Mut zusammen und fragte mich, wie das mit dem Händeschütteln sei. Sie denken, das sei einfach? Dann versuchen Sie einmal, es zu erklären: Wie und bei welchen Gelegenheiten, wie signalisiert man, dass man jemandem die Hand geben möchte, woran merkt man, dass der andere es will, wie fest greift man zu und wie lange hält man die Hand in der eigenen? Dagegen sind Verbeugungen ein Kinderspiel.

Betrachten wir also im Folgenden einige grundlegende Umgangsregeln, die sehr häufig missachtet werden.

Pünktlichkeit

Es geht nicht nur darum, die Zeit der anderen zu respektieren, obwohl das sehr wichtig ist. Es geht darum, die Zeit gut zu nutzen. Der beste Vertriebsmann, den ich kenne, bereitet sich immer frühzeitig auf wichtige Meetings vor und macht sich frühzeitig auf den Weg. Sogar wenn Zug oder Flugzeug sich verspäten oder die Wegbeschreibung falsch ist, kommt er trotzdem rechtzeitig an. So kann er sich unterwegs immer auf die letzten Vorbereitungen konzentrieren und ist bei der Ankunft weder gestresst noch unkonzentriert. Er schafft zwar insgesamt weniger Meetings, aber dafür absolviert er sie sehr gut. Eine andere Vertriebsmitarbeiterin, die ich kenne, ist sehr charmant, kommt aber immer zu spät. Die erste Viertelstunde muss sie sich entschuldigen und sich darüber informieren, was sie verpasst hat. Manchmal schafft sie es, die Kunden mit ihrem Charme zu blenden. Manchmal kommt es jedoch auch vor, dass ein Kunde zwar beim Abschied lächelt, uns hinterher aber bittet, beim nächsten Mal jemand anderen zu schicken. Niemand verliert einen Freund oder Kunden, weil er zu früh kommt, aber manchmal verliert man sie, weil man zu spät gekommen ist.

Aufmerksamkeit

Gute Führungskräfte, auch die an der Spitze, vermitteln anderen das Gefühl, dass sie jetzt in diesem Augenblick das Wichtigste auf der Welt für sie sind. Sie schenken dem Gegenüber ihre gesamte Aufmerksamkeit. Manchmal macht einen das unsicher, aber es gehört zu den Eigenschaften von effektiven Führungspersönlichkeiten. Sie sind immer konzentriert und geben dem anderen das Gefühl, wichtig zu sein. Gute Führungskräfte stellen dies mit drei Methoden sicher:

- Sie lassen sich nicht durch das Telefon unterbrechen,
- sie schalten das Mobiltelefon ab und
- sie lassen bei Meetings ihre PDA in der Tasche.

Wenn Sie jemandem zeigen wollen, wie unbedeutend er ist, sollten Sie unbedingt ständig in Ihrem PDA nachsehen, ob es neue interessante Blogs von jodelnden Akkordeonspielern gibt, oder ans Mobiltelefon gehen. Es könnte ja der neue Yoga-Lehrer Ihres Hamsters anrufen!

Höflichkeit

»Danke« zu sagen, ist nicht schwer. Versuchen Sie es. Bei meinem Einstieg in ein neues Partner-Unternehmen bemerkte ich zu meiner Überraschung, dass die Sektretärinnen sehr freundlich und immer bereit waren, mir zu helfen. Ich fragte sie nach dem Grund. Sie erklärten, dass ich der einzige von etwa tausend Partnern sei, der bei der letzten Jahreskonferenz auch einmal in ihre Räume gekommen war, um ihnen für die Arbeit zu danken, die sie hinter den Kulissen für die Veranstaltung geleistet hatten. Jeder Mensch wird gerne gelobt. Es kostet nichts und ist sehr effektiv.

Prompte Reaktion

Wenn Sie das Telefon nach dreimaligem Läuten abnehmen, E-Mails sofort beantworten und Verpflichtungen schnell erfüllen, zeigen Sie, dass Sie Ihre Arbeit unter Kontrolle haben. Gleichzeitig minimiert es Ihre Anstrengungen. Wenn man sich zu lange Zeit lässt, muss man die Sachen oft erneut durchlesen oder durchgehen. Erledigen Sie die Dinge lieber einmal gründlich. Bei Leuten, von denen Sie absolut nicht belästigt werden wollen, ist es natürlich trotzdem am besten, gar nicht zu reagieren.

Der persönliche Touch

In der Welt des High-Tech zahlt es sich aus, den persönlichen Touch zu bewahren. Sie können ihn auf verschiedene Weise demonstrieren. Hier ein paar Beispiele:

Begleiten Sie einen Gast beim Abschied immer persönlich zurück in die Lobby oder zum Aufzug, anstatt ihn von einer Sekretärin abholen zu lassen. So kommen Sie vielleicht zu einem »Columbo-Moment« (benannt nach dem Fernseh-Inspektor im verknitterten Trenchcoat). Immer beim Hinausgehen dreht Columbo sich noch einmal um und stellt die eine, ganz unschuldige, aber dennoch vernichtende Frage: Der Verdächtige, der sich zu früh gefreut und schon entspannt hat, platzt unvermeidlich mit der Wahrheit heraus. Nach einem formellen Meeting oder Bewerbungsgespräch erfahren Sie ebenfalls oft eine unerwartete Wahrheit, wenn sich Ihr Gast auf dem Weg nach draußen schon wieder entspannt hat. Auf jeden Fall drücken Sie so Ihre Wertschätzung aus.

E-Mail ist heutzutage nur noch eine von hundert anderen ärgerlichen Störungen. Eine kurze handschriftliche Notiz in einem altmodischen Briefumschlag erregt Aufmerksamkeit.

Merken Sie sich Namen und sprechen Sie die Leute damit an. Das schönste Wort in jeder Sprache ist immer noch der eigene Name. Die Leute reagieren nicht nur besser, sie fühlen sich auch geschmeichelt, dass Sie sich die Mühe gemacht haben. Und falls Ihnen einmal der Gesprächsstoff ausgeht, denken Sie einfach daran, dass es nur wenige Menschen gibt, die nicht gerne über ihr Lieblingsthema sprechen: sich selbst. Fragen Sie sie mit interessiertem Gesichtsausdruck, und Sie werden sich einen neuen Freund machen.

»Nur wenige Menschen sprechen nicht gerne über ihr Lieblingsthema: sich selbst.«

Etikette kann recht mühsam sein, wenn man sich nur mit den Regeln beschäftigt – wie man Einladungen formuliert oder Smalltalk beim Abendessen betreibt. Die Regeln sind überall und zu jeder Zeit anders und sind aus der Perspektive einer Führungspersönlichkeit völlig unwichtig. Wichtig ist nur der Zweck der Etikette: Sie erreichen damit, dass andere sich geschätzt, respektiert sowie wichtig und damit wohl fühlen.

Dies sind äußerst nützliche Fähigkeiten für eine Führungspersönlichkeit. Ein Aspekt guter Umgangsformen ist letztendlich wieder, dass Sie sich dezentrieren: Betrachten Sie die Welt mit den Augen des anderen. Wenn Ihnen das gelingt, brauchen Sie keine Verhaltensregeln, denn Sie spüren selbst, wie Sie mit jeder Situation richtig umgehen.

Teil 2
Die Praxis

4
Führung auf mittlerer Ebene

Führungskräfte auf den mittleren Ebenen einer Organisation finden sich in der trügerischen Welt der Matrix wieder. Die brutalen Gewissheiten im unteren Management fallen weg. Anstelle eines Vorgesetzten und keiner Untergebenen haben Sie jetzt zwei oder mehr fordernde Vorgesetzte und ebenso fordernde Untergebene. Es genügt nicht mehr, anspruchsvolle Ziele überzuerfüllen. In der Matrix herrscht die Mehrdeutigkeit. Nichts ist so, wie es scheint. Kollegen sind gleichzeitig Wettbewerber um begrenzte Ressourcen und Prioritäten. Allianzen bilden und verändern sich und zerbrechen wieder bei dem Versuch, schwer greifbare, sich immer wieder verändernde Ziele zu erreichen. Sie besitzen Verantwortung ohne Autorität und Ressourcen. Sie müssen die Schwerkraft und Trägheit der Organisation überlisten, um etwas zu bewegen.

Gelingt es Ihnen, der Matrix zu entkommen und in die klaren Gewässer der Unternehmensleitung aufzusteigen, wird das Leben in vielen Dingen wieder einfacher. Sie erhalten wieder mehr Kontrolle über Ihr Schicksal, und Sie können beginnen, die Richtung und Ziele der Organisation mitzubestimmen. Sie haben es in der Hand, die Ressourcen dorthin zu leiten, wo Sie es für richtig halten.

> »Die Matrix ist wohl die Zone, die einer Führungskraft am meisten abverlangt. Die Regeln für Erfolg und Misserfolg verändern sich dramatisch.«

Die Matrix ist wohl die Zone, die einer Führungskraft am meisten abverlangt. Die Regeln für Erfolg und Misserfolg verändern sich dramatisch. Die Matrix-Zone des mittleren Managements ist für Führungskräfte eine Übergangszone. Sie müssen auf den Regeln, die ihnen zu Beginn ihrer Karriere Erfolg bescherten, aufbauen und sich auf ein neues Set von Regeln vorbereiten, mit dem sie später an der

Spitze der Organisation erfolgreich sein können. In der Zwischenzeit müssen sie sich ein drittes Set von Regeln aneignen, das ihr Fortkommen in der Matrix gewährleistet. Zudem müssen sie selbstverständlich auch Resultate liefern.

Die Fähigkeiten und Verhaltensweisen, die Führungskräfte beherrschen müssen, sind kumulativ. Das, was eine Führungspersönlichkeit sich zu Beginn des Wegs aneignet, bildet den Grundstock, der sie später in der Matrix und an der Spitze trägt und unterstützt. Doch sie muss diese früh erworbenen Fähigkeiten und Verhaltensweisen ergänzen, wenn sie in der Matrix Erfolg haben will. Die lange Reise einer Führungskraft lässt sich im Prinzip in drei zentrale Schritte einteilen:

- *Die Grundlagen der Leadership:* Angehende Führungspersönlichkeiten müssen zunächst die Grundlagen lernen. Sie müssen sich selbst kennen lernen, die Abläufe und Zusammenhänge in ihrem Industriezweig verstehen, die Kultur und Spielregeln innerhalb ihrer Organisation durchschauen und festgelegte Ziele erreichen.
- *Die Praxis der Leadership:* Auf den mittleren Ebenen einer Organisation, in der typischen Matrix, brauchen Führungskräfte zusätzliche Fähigkeiten. Sie müssen lernen, andere zu managen, Netzwerke zu knüpfen und zu bewahren, mit Mehrdeutigkeit und Komplexität umzugehen, die wichtigsten Fähigkeiten von Führungskräften zu beherrschen, Ziele auszuhandeln und diese dann zu erreichen.
- *Die Meisterschaft im Feld der Leadership:* An der Spitze der Organisation verändern sich die erforderlichen Fähigkeiten erneut. Unternehmensleiter müssen eine umfassende Vision entwickeln, als Vorbild für die Werte der Organisation auftreten, das Führungsteam zusammenstellen, die Bedingungen für Erfolg schaffen sowie Ressourcen heranschaffen und verteilen, mit denen sich die Vision verwirklichen lässt.

Die Matrix als Falle

In der Matrix unterscheiden sich die Regeln, die zum Überleben notwendig sind, ganz deutlich von den Regeln für weiteren Erfolg. Viele potenzielle Führungskräfte finden nie wieder aus der Matrix heraus, weil sie zwar gelernt haben, wie man darin überlebt, aber nicht, wie man ihr wieder entkommt. Im Folgenden werden die fünf häufigsten Fallen in der Matrix beschrieben, die alle den weitergehenden Erfolg behindern.

Der Fachmann in der Matrix

Viele Leute werden aufgrund ihrer technischen Fachkenntnisse in die Matrix befördert und richten sich dort komfortabel ein. Allerdings verwechseln sie oft Fachkenntnisse mit Management und Mitarbeiterführung. Sie bewältigen mithilfe ihrer Fachkenntnisse die schwierigsten Herausforderungen in ihrer Abteilung selbst. Eine effektive Führungskraft dagegen würde überlegen, wie sie dem Team behilflich sein könnte, es zu schaffen. Experten achten häufig kaum darauf, andere beim Erreichen von Erfolgen zu unterstützen. Sie delegieren und vertrauen zu wenig und sie lassen den Mitarbeitern zu wenig Eigenverantwortung. So können letztendlich auch sie selbst nicht weiter aufsteigen, weil ihre hervorragenden technischen Fachkenntnisse in einem größeren Rahmen nicht mehr von Nutzen sind. Der perfekte IT-Experte kann sehr gut die Führung eines Teils der IT-Funktionen übernehmen. Wenn er dagegen ein Team aus Marketing-, Buchhaltungs- und Operations-Mitarbeitern leiten sollte, wäre er überfordert.

Der Höhlenmensch

In großen Organisationen sind die Gruppen oft vertikal in Silos eingeteilt – nach Region, Produkt oder Funktion. Zusätzlich haben sie mehrere wie Pfannkuchen übereinander gestapelte Schichten. Die flache Organisation vermittelt die Illusion, in einem Pfannkuchen zu stecken. Viele »flache« Organisationen sind aber in Wirklichkeit hohe Türme aus übereinander liegenden Pfannkuchen. Wenn man in einem solchen Unternehmen einen Pfannkuchen mit einem Silo schneidet, erhält man eine Höhle – und manche Menschen verstecken sich darin. Sie haben es geschafft, in der Matrix zu überleben, aber sie schaffen es nicht, wieder herauszukommen. In ihrer kleinen Höhle haben sie alles unter Kontrolle, und hier finden sie die Sicherheit, die ihnen auf den unteren Management-Ebenen so gut gefallen hat. Diese Leute

verteidigen ihre Höhle eifersüchtig als ihr Territorium. Sollte die Matrix aber – beispielsweise bei einer Reorganisation – ihre Form verändern, verhalten sie sich wie Fische auf dem Trockenen. Es fällt nicht schwer, sie im Zuge eines Personalabbaus aus der Organisation zu entfernen.

Der Politiker

Politiker beschäftigen sich zu stark damit, die dunklen Künste der Matrix in sich aufzusaugen. Sie arbeiten fleißig an einem Netzwerk der Macht, sind ständig auf der Suche nach neuen Initiativen: Dabei sorgen sie dafür, dass sie dicht genug dran sind, um im Fall eines Erfolgs etwas von dem Scheinwerferlicht abzubekommen, aber trotzdem weit genug entfernt, dass man ihnen im Fall eines Misserfolgs keine Schuld geben kann. Es besteht jedoch ein Unterschied zwischen jenen, die nur am Erfolg beteiligt sind, und jenen, die den Erfolg tatsächlich errungen haben. Sehr viele Politiker scheitern letztendlich, weil irgendwann deutlich wird, dass sie wie eine Dose mit einer Erbse darin sind: Leere Gefäße, die viel Lärm machen. Sie erreichen nichts. Schlimmer noch: Ihre Ränkespiele gehen manchmal nach hinten los. Sie machen sich Feinde, die dann im denkbar schlechtesten Moment nur zu gerne auf den Plan treten, um ihnen zu schaden.

Der Pfadfinder

Der Pfadfinder ist das Gegenteil des Politikers. Er lebt in dem Glauben, dass er durch harte Arbeit und gute Leistungen automatisch anerkannt und befördert wird. In der Praxis geht er in der Matrix einfach verloren, denn dort lässt sich oft nur schwer zuordnen, welche Person welchen Beitrag zur Erreichung eines Ziels geleistet hat. Pfadfinder sind zu naiv. Natürlich müssen sie hart arbeiten, um sich das Recht auf Anerkennung zu verdienen, aber sie müssen auch Anspruch auf Anerkennung erheben – sie müssen deutlich machen, dass sie tatsächlich führen und Leistung erbringen.

Der Autokrat

Autokraten benehmen sich, als seien sie bereits hochrangige Führungspersönlichkeiten. Sie betonen häufig, wie wichtig gute Teamarbeit ist. Damit meinen sie Folgendes: »Wenn du genau das tust, was ich sage, bist du ein gutes Teammitglied. Wenn du nicht 100-prozentig loyal zu mir bist, bist du gar kein Teammitglied.« Bei diesem Typ kommt es auf die Leistung an. Wenn ein Autokrat außergewöhnliche Ergebnisse liefert, ist es gut möglich, dass er weiter aufsteigt. Ohne hervorragende Resultate wird er jedoch von allen Personen in seiner Umgebung, seien es Mitarbeiter, Kollegen oder Vorgesetzte, nur als dysfunktionale Nervensäge betrachtet.

Der Weg durch die Matrix

In der Matrix führen viele Wege auf die eine oder andere Weise ins Leere. Es ist wirklich sehr schwer, den Weg zu finden, der Sie weiter nach oben zu den höheren Führungspositionen bringt. Auf die Gefahr hin, die gedankliche Schlüssigkeit dieses Buches bis an die Grenzen zu dehnen, greifen wir an dieser Stelle erneut auf die *3½ P* zurück, um den richtigen Weg durch die Matrix zu beschreiben.

Die Route zum Erfolg wird im Folgenden dargestellt.

Personal

Führungskräfte in der Matrix müssen lernen, ihre Ziele durch andere Menschen zu verwirklichen. Zu diesem Zweck verfügen sie zum Teil über formelle Autorität gegenüber untergeordneten Mitarbeitern. Wichtiger ist es jedoch, dass sie Resultate mithilfe von Personen erzielen, über die sie keine formelle Autorität besitzen. Sie lernen die schwierige Kunst, die Personen, für die sie verantwortlich sind, zu motivieren und zu coachen, und sie lernen die Kunst, Netzwerke zu knüpfen und Personen zu beeinflussen, über die sie keine formelle Befehlsgewalt besitzen.

Professionalität

Führungskräfte in der Matrix beginnen bereits, die Werte nach außen zu verkörpern, die sie auf höheren Ebenen benötigen werden. Darüber hinaus erlangen sie nun Meisterschaft in bestimmten Kernfähigkeiten von Management und Führung, die ebenso leicht sind wie das Laufen: Lesen, Schreiben, Sprechen und Zuhören. Die meisten Menschen können laufen, aber nur wenige schaffen es, damit eine olympische Goldmedaille zu erringen. Die effektive Führungskraft beherrscht zumindest einige grundlegende Dinge, wie beispielsweise den Vorsitz bei Meetings, sehr gut.

Positive Einstellung

Die Kunst, eine positive Einstellung zu bewahren, ist in der Matrix besonders wichtig. In diesem Umfeld bedeutet es, Mehrdeutigkeit und Veränderung nicht als Risiken, sondern als Chancen zu begreifen. Führungskräfte lernen nun, Konflikte zu bewältigen, denn diese sind typisch für die Matrix, und sie lernen, mit den unvermeidlichen Krisen fertig zu werden. Die positive Zukunftsperspektive ist auch genau das, was den erfolgreichen Manager in der Matrix von den Managern unterscheidet, die lediglich ans Überleben denken. Manager, denen es genügt, einfach zu überleben, gehen dem Risiko und der Mehrdeutigkeit aus dem Weg. Erfolgreiche Manager dagegen lassen sich auf Risiken, Veränderungen und Mehrdeutigkeiten ein. Die einen sind auf dem langsamen Weg ins Nirgendwo, die anderen erleben eine bedeutende

Beschleunigung ihrer Karriere: Erfolg oder Scheitern – beides kommt sehr schnell.

»Erfolgreiche Manager lassen sich auf Risiken, Veränderungen und Mehrdeutigkeiten ein.«

Wir dürfen zum Schluss auch das halbe *P* der Perfomance nicht vergessen. Um aus der Matrix heraus aufzusteigen, müssen Sie einen gewissen Ruf erwerben. Sie müssen beweisen, dass Sie auch aus äußerst vieldeutigen und komplexen Ausgangssituationen heraus hervorragende Resultate liefern können. Die subtilen Künste des Umgangs mit Menschen, der Professionalität und der positiven Einstellung können Sie nur lernen, indem Sie sich Herausforderungen stellen und möglichst gute Leistungen bringen. Leistung und Erfahrung gehen Hand in Hand.

In den nun folgenden drei Kapiteln zeichnen wir auf der Landkarte der *3½ P* einen Weg durch die Matrix. In dieser Umgebung ist man ganz besonders auf eine gute Reiseleitung angewiesen.

5
Personal

Churchill beschrieb Russland einmal als »Rätsel innerhalb eines Geheimnisses umgeben von einem Mysterium«. Diese Beschreibung trifft ebenso gut auf die menschliche Natur zu. Die kollektiven Anstrengungen zehntausender Psychiater über die letzten hundert Jahre hinweg haben die Menschen weder glücklicher gemacht noch stärker motiviert. Herausgekommen ist dabei nur, dass wir verkorkster sind als wir es uns hätten träumen lassen. Stress, geringes Selbstwertgefühl, Depressionen und andere geistige Fehlfunktionen greifen epidemieartig um sich.

Der Leader braucht nun nichts weiter zu tun, als dieses Rätsel innerhalb eines Geheimnisses, das wiederum von einem Mysterium umschlossen ist, zu lösen. Er muss Erfolg haben, wo alle Psychiater versagten, und eine Methode finden, mit der es gelingt, alle Mitarbeiter zu motivieren.

Damit Sie diese Aufgabe bewältigen, werden wir drei verschiedene Ansätze besprechen:

- Drei Theorien der Motivation,
- wie Führungskräfte die Theorie in die Praxis umsetzen sowie
- Motivation und Augenblicke der Wahrheit.

Bevor wir uns auf die Suche nach der Motivation begeben, sollten wir uns erst einmal darüber klar werden, was Motivation ist und was sie nicht ist. Wir wollen ja nicht nach den falschen Dingen suchen.

Motivation ist nicht Inspiration. Es wird zu viel über inspirierende Führungskräfte gesprochen. Natürlich gibt es sie, aber die wenigsten Menschen besitzen die natürliche Gabe, inspirierend zu wirken. Die meisten von uns können viele grundlegende Dinge gut, und das motiviert andere vielleicht. Wenn wir diese grundlegenden Dinge gut genug machen, wirken wir vielleicht sogar inspirierend. Wenn wir aber genauer nachforschen, wie Inspiration absichtlich herbeigeführt werden könnte, landen wir wahrscheinlich bald in dem Land, wo wild gestikulierende Männer in weißen Anzügen auf der Bühne stehen und ihr Massenpublikum in helle Begeisterung versetzen. Sie verkaufen Inspiration, Versicherungen oder Religion mit immer der gleichen Leidenschaft. Eine ganz andere Sache ist es jedoch, die Motivation in den Wochen, Monaten und Jahren nach dieser einen Rede aufrechtzuerhalten.

Ebenso wenig geht es bei der Motivation um Beeinflussung. Diese Fähigkeit haben wir bereits behandelt. Beeinflussung ist meist ein einmaliges Ereignis. Jemand möchte erreichen, dass ein anderer einer bestimmten Aufgabe oder einem Vorschlag zustimmt. Motivieren bedeutet jedoch, eine dauerhafte Beziehung aufzubauen. Motivierte Personen sollen durchwegs immer das Richtige tun, ohne dass man sie jedes Mal dazu überreden und bitten muss. Es dauert länger und verlangt mehr Einsatz, jemanden zu motivieren, aber es lohnt sich langfristig auch wesentlich mehr.

Praktische Motivationstheorien – Erster Teil

Beginnen wir mit einer einfachen Auswahl. Nehmen wir an, Sie sind eine aufstrebende Führungskraft, die gerne arbeitet und sich ihrer Arbeit verpflichtet fühlt. Sie leben, um zu arbeiten und zu führen und engagieren sich außergewöhnlich stark für das Unternehmen. Nun sehen Sie sich um, schauen Sie nicht nur Ihre gleich gestellten Kollegen an, sondern alle Mitarbeiter auf allen Ebenen in Ihrer Organisation. Wenn deren Einstellung zur Organisation der Ihren gleicht, wählen Sie Y.

Wenn Sie dagegen der Ansicht sind, dass die Leute die Arbeit im Grunde ablehnen, faul sind, nur arbeiten, um zu leben, und sich ihrer Arbeit entfremdet fühlen, wählen Sie X.

Wie Sie die Menschen nun motivieren, hängt logischerweise davon ab, ob Sie sie für X-Typen oder Y-Typen halten. Möglicherweise sind Sie auch von einer Mischung aus beiden umgeben.

Beginnen wir mit den X-Typen. In einer perfekten Welt könnten Sie sie alle in glückliche, eifrige Y-Typen verwandeln. Vielleicht gelangen wir nach dem Tod in eine perfekte Welt, doch bis dahin müssen wir uns leider mit ihnen herumschlagen. Die herkömmliche Art und Weise mit X-Typen umzugehen, besteht darin, sie streng zu kontrollieren und zu überwachen, so wenig wie möglich zu delegieren und Erfolg beziehungsweise Misserfolg klar zu belohnen oder zu bestrafen. Es gibt heute noch zahlreiche Vorgesetzte, die meinen, dass jeder, der für sie arbeitet, ein X-Typ ist. Sie kontrollieren und fordern sehr viel. Es macht vielleicht wenig Spaß, für sie zu arbeiten, aber sie sind in der Lage, die Karriereleiter hoch hinauf zu klettern.

Y-Typen können anders behandelt werden. Man kann sich darauf verlassen, dass sie als einsatzfreudige Kollegen ihr Bestes geben. An die Stelle der Kontrolle treten Vertrauen, Empowerment und Delegation.

Dieser kurze Abstecher in die Welten von X und Y basiert auf dem 1960 erschienenen Buch *The Human Side of Enterprise* von Douglas McGregor, das unter dem Titel *Der Mensch im Unternehmen* 1970 auf Deutsch herausgebracht wurde – ein Klassiker, in dem die verschiedenen Arten der Motivierung in der Arbeitswelt beschrieben werden. Die Welt bewegt sich immer weiter weg von X und hin zu Y. Die zynische, vertrauenslose Welt der X-Typen ist vielleicht typisch für die ausbeuterischen Industriebetriebe des 19. Jahrhunderts, als die ungebildeten Massen nicht wegen ihres Gehirns, sondern wegen ihrer Hände eingestellt wurden. Die Chefs kommandierten und die Arbeiter arbeiteten. In manchen Ländern rebellierten die Arbeiter, erreichten dadurch aber nur, dass sie nicht mehr von tyrannischen Kapitalisten, sondern von tyrannischen Regierungen ausgebeutet wurden. Im Westen erwarben die Arbeiter immer mehr Bildung. Daher sehen wir hier immer mehr von der Y-Welt, in der die arbeitende Bevölkerung in Büros sitzt und dabei hauptsächlich ihr Gehirn einsetzt. Aus diesem Grund brauchen wir mehr als Gehorsam – wir brauchen Einsatzfreude, denn die Mitarbeiter müssen die zunehmende Komplexität und Verwirrung der modernen Arbeitswelt bewältigen.

McGregor konzentrierte sich auf die Arbeiter. Was für sie gilt, müsste auch auf Führungskräfte anwendbar sein. Es mag sein, dass sich die Welt von X nach Y bewegt, aber viele Manager fühlen sich im X-Modus weitaus wohler. Betrachten Sie im Folgenden die beiden Arten des Managements und finden Sie heraus, welcher Typ Sie sind. Überlegen Sie außerdem, für welche Art von Chef Sie lieber arbeiten würden.

Instinktiv ziehen die meisten Menschen den Y-Leader vor, da er inspirierender ist. Ich habe schon für beide gearbeitet, und die Y-Manager waren wesentlich anspruchsvoller. Sie verzeihen hin und wieder vorkommende Fehler, erwarten aber insgesamt viel mehr. Der X-Typ war eine miese, bösartige Karikatur von einem Manager, aber für ihn zu arbeiten war leicht. Man brauchte nur ordentlich auszusehen, genau

Management-Kriterien	X-Manager	Y-Manager
Machtgrundlage	formelle Autorität	Autorität und Respekt
Fokus der Kontrolle	Einhaltung des Prozessablaufs	Ergebnisse, Leistung
Kommunikationsstil	Eingleisig: anweisen und ausführen	Zweigleisig: anweisen und zuhören
Erfolgskriterien	keine Fehler	Ziele übertreffen
Detailgenauigkeit	hoch	mittel
Toleranz für Mehrdeutigkeit	minimal	mittel
Politische Fähigkeiten	mittel	hoch
Bevorzugte Struktur	Hierarchie	Netzwerk

Abb. 5.1: Zwei verschiedene Arten des Managements

das zu tun, was einem gesagt wurde, und loyal und folgsam zu sein. Er erwartete keine Eigeninitiative, sondern nur blinden Gehorsam. Der Y-Typ dagegen verlangte persönlichen Einsatz und war sogar bereit, gelegentlichen Ungehorsam zu tolerieren, wenn man dadurch ein Ziel erreichte.

Beide Führungstypen können erfolgreich sein, jeder in der für ihn richtigen Umgebung. Der X-Manager eignet sich für die klassische Bürokratie-Maschinerie, in der es darauf ankommt, keine Fehler zu machen und alles vorhersehbar und kontrolliert zu gestalten. Systemintegrations-Unternehmen, Versicherungen und große Teile der öffentlichen Verwaltung passen zu seinem Stil.

Der Y-Manager ist überall dort am richtigen Platz, wo häufige Veränderungen stattfinden und man sich an wechselnden und unvorhersehbaren Druck seitens der Kunden und Wettbewerber anpassen muss. Beispiele hierfür sind kreative Agenturen, unternehmerische Organisationen und professionelle Dienstleistungsunternehmen. Y-Manager würden in einer X-Umgebung explodieren und umgekehrt. Sie müssen die geeignete Umgebung für Ihren Stil finden.

Praktische Motivationstheorien – Zweiter Teil

McGregors X- und Y-Typen finden ein Echo in der Zwei-Faktoren-Theorie der Motivation von Frederick Herzberg. Nach dieser Theorie gibt es für Führungskräfte zwei Möglichkeiten, um ihre Mitarbeiter zu motivieren. Suchen Sie sich diejenige aus, die in Ihrer Organisation funktionieren könnte.

Option Eins

Sorgen Sie dafür, dass jeder Mitarbeiter den Status, Titel sowie die Arbeitsbedingungen hat, die er verdient. Bezahlen Sie nach Leistung und geben Sie einen Extrabonus, wenn jemand mehr leistet als gefordert. Über die Wochenarbeitszeit, Urlaubstage, eine flexible Arbeitszeitregelung und familienfreundliche Arbeitsbedingungen können Sie eine ausgewogene Mischung von Mitarbeitern erreichen. Dies ist klassisches rationales Management. Über diese Dinge verhandeln Gewerkschaften des öffentlichen Dienstes mit den öffentlichen Arbeitgebern.

Das Problem mit dieser Option ist, dass man damit einen endlosen Prozess in Gang setzt. Sobald ein Mitarbeiter die Gehaltserhöhung und den Bonus erhalten hat, möchte er eine kürzere Arbeitszeit erreichen. Herzberg bezeichnete diese Faktoren als »Hygienefaktoren«. In der Praxis sind sie nicht nur schwache Motivatoren, sie können sogar manchmal demotivierend wirken. Schlechte Bezahlung und schlechte Arbeitsbedingungen sind demotivierend, gute Bezahlung und Bedingungen reichen in keinem Fall aus, um Spitzenleistungen zu fördern.

Trotz alldem dienen Bezahlung und Boni in vielen Organisationen weiterhin als Ersatz für Management und Motivierung. Gehaltsverhandlungen klingen nach anspruchsvoller Management-Tätigkeit: Hochrangige Manager sitzen um den runden Tisch und diskutieren über Mitarbeiter (wie es von Managern erwartet wird) und über Leistung (wie es von Managern erwartet wird) und sie treffen Entscheidungen (wie es von Managern erwartet wird) über Geld (echte Manager-Tätigkeit). Nach mehrstündiger Sitzung in einem stickigen Raum und nach heftigen Auseinandersetzungen über das Bonusschema gelingt es ihnen, alle zu verärgern. Wenn Sie einem erfolgreichen Wertpapierhändler oder Fonds-Manager einen Bonus von 100 000 Euro zuerkennen, kann es sein, dass er kurz darauf kündigt (nachdem das Geld auf seinem Bankkonto eingegangen ist), weil einer seiner Kollegen 120 000 Euro erhalten hat. Geld ist in diesem Fall nicht mehr überlebenswichtig, sondern nur ein Mittel, das den Wert einer Person ausdrückt. Niemand hört gerne, dass er weniger wert ist als der andere, besonders wenn es sich um Menschen mit aufgeblasenen Egos handelt, wie beispielsweise Wertpapierhändler oder Fonds-Manager.

»Niemand hört gerne, dass er weniger wert ist als der andere.«

Option Zwei

Hier stehen die »inneren Werte« der Arbeit im Mittelpunkt, also Befriedigung, Anerkennung und Wert der Arbeit, Zusammengehörigkeitsgefühl sowie das Gefühl, genau an der richtigen Stelle zu sein. Dadurch lassen sich oft mit ungewöhnlich niedrigen Kosten außergewöhnliche Ergebnisse erzielen. Viele Laufbahnen, zu denen sich die Menschen sozusagen »berufen« fühlen, wie beispielsweise das Militär oder Lehrberufe an Schule und Universität, werden relativ schlecht bezahlt, sind aber trotzdem für viele äußerst fähige Personen attraktiv, die in ihrem Beruf Großes bewirken. Einige der besten und intelligentesten Studienabsolventen akzeptieren Stellungen als unterbezahlte Rechercheure von Politikern oder arbeiten für Peanuts in der Glitzerwelt der internationalen Auktionshäuser.

Die Auswahl zwischen diesen beiden Optionen trifft direkt ins Zentrum der aktuellen Auseinandersetzungen über Stress, Arbeitnehmerschutz und Regulierung. Der herkömmliche Standpunkt ist, dass die Angestellten durch Regulierung vor dem rauen Wind des Marktes geschützt werden müssen. Flexible Arbeitszeiten, familienfreundliche Politik und niedrigere Wochenarbeitszeiten sind Ergebnisse dieses Trends, und es gibt nur wenige Menschen, die ihn gerne umkehren würden. Der öffentliche Sektor setzt die Best-Practice-Maßstäbe in puncto Wochenarbeitszeit, flexible Arbeitszeitgestaltung und Familienfreundlichkeit. Allerdings weist er auch bei weitem die höchsten Fehl- und Krankheitszeiten und die meisten Klagen über Stress auf. Es mag wichtig sein, sich auf die Faktoren der Option Eins zu konzentrieren, aber im Fall des öffentlichen Sektors genügt dies eindeutig nicht, um die Mitarbeiter zu motivieren.

Auf der anderen Seite fällt ins Auge, dass viele Menschen sich freiwillig und gerne für Berufe entscheiden, die mit viel Stress verbunden sind. In den modernen Berufen, von der Buchhaltung über Anwalts- oder Beraterkarrieren bis hin zu Berufen im Finanzwesen, müssen Einsteiger zunächst anstrengende Lehrjahre durchmachen. Dennoch werden freie Stellen mit einer Flut von Bewerbern überschüttet. Es handelt sich um klassische Karrieren nach Option Zwei. Die Arbeitszeiten sind zwar geradezu asozial und die Anforderungen extrem hoch, aber dafür eröffnen sie hervorragende Gelegenheiten. Wenn Menschen sehen, dass sie in einer Organisation mit guten Zukunftsaussichten etwas Sinnvolles leisten und dass sie ihre Zukunft weitgehend selbst gestalten können, ist das für viele mehr wert als eine vom Unternehmen eingerichtete Kinderkrippe. Wenn Sie dagegen jemanden in eine festgefahrene Organisation stecken (trifft auf den größten Teil des öffentlichen Sektors zu), wo er nur begrenzte Aussichten auf eine Karriere und eingeschränkte Verantwortung hat, bleiben im Wesentlichen nur die Motivationsfaktoren aus Option Eins: Mehr Bezahlung, leichtere Arbeitsbedingungen – ein sehr fruchtbarer Boden für Streiks und Konflikte.

Für Führungskräfte besteht ein entscheidender Kontrast zwischen den Optionen Eins und Zwei. Option Eins bietet für alle Führungskräfte einen einfachen Weg: höhere Gehälter und gute Arbeitsbedingungen. Die Motivation hält so lange an, bis der Bonus auf dem Konto eingegangen ist. Option Zwei ist der schwierigere Weg, bei dem die Motivation aber länger erhalten bleibt: Geben Sie den Mitarbeitern sinnvolle Arbeit, erzeugen Sie Zusammengehörigkeitsgefühl, gute Gelegenheiten und Anerkennung, dann schaffen Sie es wahrscheinlich leichter, sie zu motivieren. Zyniker werden behaupten, dass Sie die Leute dann besser ausbeuten können – sie arbeiten mehr für eine bescheidene Bezahlung.

Als Führungskraft in den mittleren Ebenen einer Organisation können Sie an Option Eins wenig ändern. Sie müssen aus den Karten, die Ihnen die Organisation ausgeteilt hat, das Beste machen und einige der motivierenden Faktoren aus Option Zwei einsetzen.

Fallstudie

Teach First – ein motivierendes Angebot

Auf den ersten Blick bot Teach First das wohl unattraktivste Stellenangebot, das es je für Top-Absolventen gab. Es bestand darin, zwei Jahre lang an den schwierigsten Schulen Londons zu unterrichten, deren Schüler zu den am meisten benachteiligten Kindern und Jugendlichen gehören. Sie wurden sechs Wochen lang darauf vorbereitet, was bedeutete, dass sie nach ihrer Abschlussprüfung praktisch keine Ferien hatten. Die meisten Programme waren auf zwei Jahre ausgelegt. Das Gehalt der Teilnehmer war nur etwa halb so hoch wie in einer renommierten Beraterfirma. Außerdem fehlte Teach First das Prestige der großen Arbeitgeber. Es handelte sich um ein Start-up-Unternehmen, von dem noch niemand gehört hatte – eine gemeinnützige Organisation mit kleinem Budget.

Bereits im ersten Jahr seiner Existenz hatten sich jedoch 5 Prozent der besten Studenten des Abschlussjahrgangs an den Universitäten von Oxford und Cambridge sowie am Imperial College London um eine solche Stelle beworben. Damals unterrichteten noch gar keine Absolventen dieser Universitäten an den vorgesehenen Schulen. Im zweiten Jahr war Teach First sowohl die jüngste als auch die einzige gemeinnützige Organisation in der Liste der fünfzig größten Arbeitgeber für Universitätsabsolventen in der Londoner *Times*. Der zweitjüngste Arbeitgeber war Microsoft. Trotz der hohen Belastung und der schwierigen Situationen, mit denen sie täglich fertig werden mussten, schieden nur wenige Teilnehmer vorzeitig wieder aus, die Begeisterung der jungen Lehrer war sehr groß.

Aus welchem Grund sollten sich ausgerechnet die besten Absolventen dazu motiviert fühlen, ein derart ungewöhnliches Projekt zu wählen, wo sie doch auch wesentlich besser bezahlte Angebote hatten? Und weshalb blieb die Motivation auch dann noch unverändert hoch, als sie die Wirklichkeit ihrer schwierigen Arbeitsumgebung kennen gelernt hatten?

Die gute Nachricht lautet, dass es tatsächlich noch Absolventen mit einem Gewissen und ausgeprägten sozialen Wertvorstellungen gibt. Teach First gab ihnen die Chance, sich sinnvoll zu engagieren. Doch das konnte nicht der ganze Grund sein. Diese Menschen haben zwar ein Herz, aber obendrein sind sie mit Gehirn ausgestattet. Teach First ist darauf ausgelegt, Absolventen zu den Führungskräften von morgen auszubilden. Sie sammeln hier weitaus mehr praktische Erfahrungen in den wichtigsten Führungsqualitäten wie Motivation, Beeinflussung, Konfliktbewältigung und Durchhaltevermögen auch bei Gegenwind, als wenn sie nur den ganzen Tag auf den Computer-Bildschirm starren würden. Der Wertpapierhandel oder das Verfassen von Berichten bringen zwar mehr Geld ein, aber nach Ablauf der zwei Jahre sind die Teach First-Teilnehmer weitaus besser auf Führungsaufgaben vorbereitet als die hoch bezahlten, aber an ihre Computer geketteten Galeerensklaven.

Um diesem Versprechen Glaubwürdigkeit zu verleihen, wurde Teach First von vielen der besten Arbeitgeber aus den Bereichen Consulting, Investment Banking und Justiz unterstützt. Die Teilnehmer erfahren ebenfalls große Unterstützung durch Lehrer-Mentoren, Praktika in Unternehmen, sowie durch ein einwöchiges Mikro-MBA-und Führungstraining. Dafür müssen sie allerdings erneut einen Teil ihrer Freizeit opfern. Die Teilnehmer erhalten also keine hohen Gehälter und wenig Urlaub. Gemessen an Herzbergs Option Eins mit guter Bezahlung und niedrigen Arbeitszeiten sieht das gar nicht gut aus. Dafür ist Herzbergs Option Zwei sehr gut erfüllt: Die Arbeit ist sinnvoll, sie haben gute Zukunftsaussichten, sie werden anerkannt und können sehr selbstständig und eigenverantwortlich arbeiten. Option Zwei bedeutet harte Arbeit, sowohl für den Arbeitgeber als auch für den Angestellten, dafür kann sie unglaubliche Ergebnisse erzielen.

Praktische Motivationstheorien – Dritter Teil

Das Leben ist nicht so schwarz und weiß gestrickt, dass es genügen würde, einfach nur eine Münze zu werfen und sich zwischen X und Y zu entscheiden. Jeder Mensch hat zu verschiedenen Zeiten immer wieder andere Bedürfnisse.

Ich selbst habe diese Lektion schon früh gelernt. Ich reiste nach Indien mit dem Ziel, die Erleuchtung zu suchen. Statt dessen landete

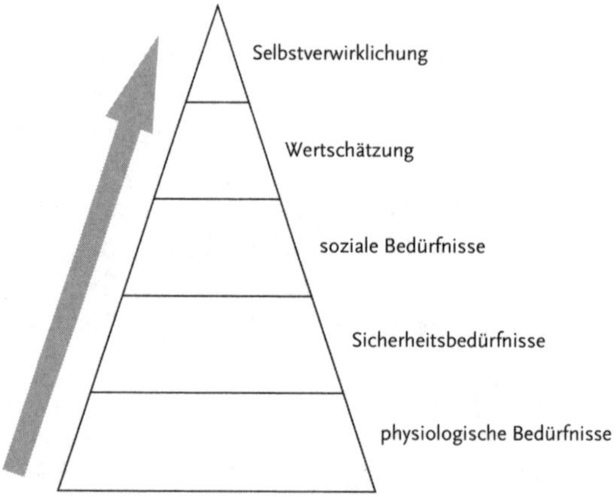

Abb. 5.2: Bedürfnispyramide nach Abraham Maslow

ich in Afghanistan, wo mir das Geld ausging. Das alles geschah zu der Zeit, als es weder Mobiltelefone für die emotional Inkontinenten noch Kreditkarten für die finanziell Geschwächten gab. Folglich sank mein Interesse an Erleuchtung in den Keller, und mein Interesse an Geld stieg ins Unermessliche. Ich verkaufte mein Blut – aber nicht meine Seele – an die Einheimischen, erhielt Geld statt Erleuchtung und war sehr dankbar dafür.

Für die Reichen und Erfolgreichen dagegen ist das reine Überleben gesichert. Viele von ihnen streben nach Unsterblichkeit, indem sie Kunstsammlungen aufkaufen, wohltätige Stiftungen gründen und Universitäten, Gebäude oder Fakultäten nach sich benennen lassen. Die meisten von uns leben irgendwo zwischen diesen Extremen. Wir brauchen Bezahlung, wir brauchen das Gefühl, Teil von etwas Sinnvollem zu sein, und wir wünschen uns Anerkennung für unsere Leistungen.

Wenn Sie das alles selbstverständlich finden, wird es Sie freuen, dass es gleichzeitig Bestandteil einer praktischen Theorie von Abraham Maslow ist: der Bedürfnispyramide.

Maslow zufolge sind wir alle Bedürfnis-Junkies. Wir streben danach, auf der Bedürfnisleiter immer höher zu klettern, vom Überleben bis zur Unsterblichkeit. Lassen Sie uns nun die Leiter gemeinsam erklettern und seine Sprache in die Sprache der Führungspersönlichkeiten übersetzen.

Physiologische Bedürfnisse sind für Maslow einfache Dinge wie Nahrung und Wasser: Ohne sie sind wir hungrig und durstig. Bezahlung und Arbeitsbedingungen sind die Grundnahrungsmittel der Arbeitswelt.

Sicherheitsbedürfnisse umfassen einerseits die Gewissheit, dass man beim Arbeitgeber sicher aufgehoben ist, und andererseits die Gewissheit, dass man die richtigen Fähigkeiten besitzt, um seine Arbeit gut zu erledigen. Wenn es dann zum Schlimmsten kommt, ist man zumindest in der Lage, diese Fähigkeiten an anderer Stelle einzusetzen.

Soziale Bedürfnisse können im Berufsleben gefährlich werden. Sie sollten also keine zu starke gefühlsmäßige Bindung zu Ihren Angestellten eingehen, sondern lediglich dafür sorgen, dass alle sich in der Gruppe wohlfühlen und ein Gemeinschaftsgefühl entwickeln. Sie sollten Vertrauen und Respekt genießen. Grundsätzlich könnte man es so ausdrücken, dass Führungskräfte ein positives Interesse an der Laufbahn und am Leben der Menschen zeigen sollten, für die sie verantwortlich sind.

Wertschätzung bedeutet, den Menschen Anerkennung zu zollen und sie zu belohnen. Es gilt die Weisheit: »Lob in der Öffentlichkeit, Kritik unter vier Augen.« Ein Leader, den ich kenne, bemüht sich, zehnmal öfter zu loben als zu kritisieren. Manchmal fällt es ihm schwer. Sobald man jedoch einmal darauf achtet, findet man meist sehr viel, was man loben und wofür man dankbar sein kann.

Selbstverwirklichung erreicht man durch das, was man erreicht – also indem man ein bedeutendes, allgemein anerkanntes Erbe schafft.

»Ein Leader, den ich kenne, bemüht sich, zehnmal öfter zu loben als zu kritisieren.«

Wenn Sie eine Führungskraft fragen würden, worum es bei jeder Stufe der Maslow'schen Bedürfnispyramide geht, könnte sie es wahrscheinlich nicht sagen. Aber effektive Führungskräfte handeln ganz intuitiv nach diesem Modell.

Die Abbildung 5.3 zeigt eine unautorisierte Version der Pyramide, die auf die Realität der Arbeitsumgebung zugeschnitten wurde.

Jeder Mensch hat zusätzlich noch individuelle Bedürfnisse, und jeder fürchtet gewisse Dinge. Wir haben beispielsweise Angst, dass ein Projekt scheitern oder dass ein Lieferant oder ein Kollege uns im

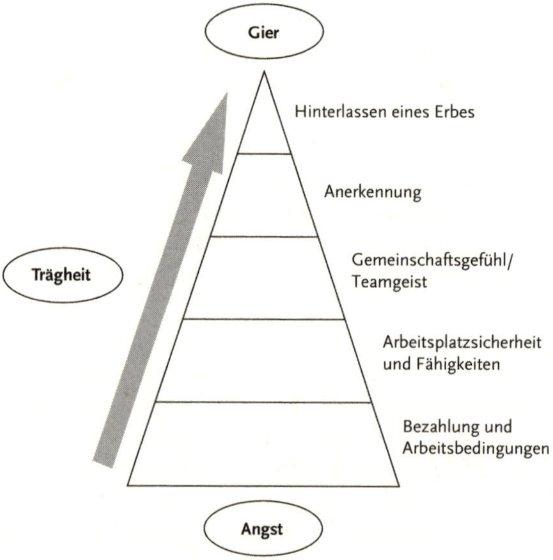

Abb. 5.3: Bedürfnispyramide nach Abraham Maslow (unautorisierte, revisionistische Version für Führungskräfte)

Stich lassen könnte. Manchmal fürchten wir um unseren Arbeitsplatz, oder wir fürchten, beim Marathon um die Führungsposition den Anschluss an die Kollegen zu verlieren. Es gibt immer etwas, wovor wir Angst haben.

Es gibt auch immer Dinge, die wir uns wünschen. Viele Menschen wären wohl gerne Milliardäre, Oscar-Preisträger, Astronauten oder große Sportstars, oder auch alles gleichzeitig. Diese Dinge sind jedoch nicht leicht zu erreichen. Wir schließen laufend Kompromisse zwischen dem, was wir gerne hätten, und den Risiken und Anstrengungen, die wir dafür in Kauf nehmen müssten. Der Mensch ist ein risikoscheues Wesen (er fürchtet Fehlschläge), und er hat es lieber leichter als schwerer.

Manche Führungskräfte stützen sich hauptsächlich auf die Angst. Sie betonen das Negative: »Wenn Sie das nicht tun, ...«, oder »Sie dürfen sich keine Fehler leisten ...«. Kurzfristig ist das oft sehr effektiv, langfristig führt es jedoch zum Burn-out der Mitarbeiter. Sie fühlen sich überlastet und wandern ab. Bis dahin hat die Führungskraft möglicherweise jedoch bereits genügend Resultate erzielt und ist zu höheren Aufgaben berufen worden. Solche Leute klettern bei ihrem Aufstieg über die Karriereleichen ihrer Opfer.

Andere Führungskräfte wiederum setzen hauptsächlich die Gier als Instrument ein. Dabei geht es nicht nur um Geld, sondern auch um Ego, Anerkennung und Unsterblichkeit. Gier lässt sich, zumindest eine Zeit lang, auch dadurch stillen, dass ein Lehrstuhl oder ein Museum nach jemandem benannt wird. Sogar an der Spitze der Karriereleiter dürstet der Mensch nach mehr: Die meisten Unternehmensführer geben sich nicht damit zufrieden, einfach das »geerbte« Unternehmen zu verwalten. Sie lechzen nach noch mehr Anerkennung und wollen ein eigenes Erbe schaffen. Manchmal ist das der Weg ins Verderben. Die Verlockungen der Größe lenken zu sehr von der Verpflichtung ab, genügend dafür zu leisten.

Gute Führungskräfte schließlich setzen die Trägheit auf zwei verschiedene Weisen zu ihrem Vorteil ein.

Erstens machen gute Führungskräfte ihren Anhängern das Leben möglichst leicht. Sie sagen deutlich, was sie erwarten, welche Ziele sie verfolgen und wie sie sie erreichen wollen. Sie geben den Teams Struktur und Führung, um möglichst keine Anstrengungen zu verschwenden. Sie räumen Hindernisse in der Organisation aus dem Weg, indem sie beispielsweise politische Fußangeln beseitigen und andere Teile der Organisation auf Kurs bringen, so, wie es für ihre Ziele günstig ist. Sie schaffen günstige Erfolgsbedingungen für ihre Mitarbeiter.

Zweitens mischen sich gute Führungskräfte nicht zu sehr in ihre Teams ein. Innerhalb der festgelegten Struktur geben sie den Teams weitgehende Handlungsfreiheit. Sie riskieren dabei, unterbeschäftigt zu wirken, weil sie loslassen können. Für viele Führungskräfte ist das sehr schwer zu lernen. Hier lauert die klassische Falle des »Managers in der Umkleidekabine«. Ein Fußballspieler, der zum Manager aufsteigt, bleibt in Gedanken oft noch ein Spieler. Er will die gewohnte Umgebung der Umkleidekabine nicht verlassen. Aber er muss lernen, dass sich seine Aufgaben verändert haben: Er muss sich auf das Coaching konzentrieren, Spieler und Mitarbeiter einstellen und entlassen, Vertragsverlängerungen entscheiden, Gehaltsverhandlungen führen und Sponsoren finden. Die Fähigkeiten, die ihn zu einem guten Spieler machten, nützen ihm nichts mehr, wenn er ein guter Manager werden will.

Eine weit verbreitete gute Management-Praxis ist das »MBWA«, das »Management by Walking Around«. Dies fördert jedoch häufig die Entstehung des Problems des »Managers in der Umkleidekabine«. Es gibt gute Gründe, das Gegenteil zu fordern: »Management by Walking

Away«. Für die Führungskraft ist das eine nervliche Zerreißprobe. Wenn Sie das Team anweisen, etwas zu erledigen, wollen Sie auch überprüfen, wie es vorankommt. Sie würden am liebsten alle paar Minuten das Saatkorn ausgraben, um die Fortschritte zu sehen. Lassen Sie es in Ruhe. Seien Sie da, falls das Team Hilfe braucht, aber mischen Sie sich nicht ein. So kommt am Ende vielleicht nicht genau das heraus, was Sie vorhergesehen haben, sondern sogar etwas Besseres. Durch Nichteinmischung zeigen Sie dem Team Ihr Vertrauen. Die Mitarbeiter fühlen sich motiviert, tun ihr Bestes und lernen durch eigene Arbeit mehr, als wenn sie nur blind Ihren Anweisungen folgen würden.

Maslow kann ganz schön kompliziert werden. Führungskräfte können sich nicht ständig mit der Frage beschäftigen, welcher Mitarbeiter gerade auf der Stufe der sozialen Bedürfnisse steht und wer schon bei der Selbstverwirklichung angelangt ist. Noch viel weniger können sie sich laufend mit den jeweils nötigen Maßnahmen abgeben. Einfacher ist es, drei Dinge im Kopf zu behalten: Angst, Gier und Trägheit.

Setzen Sie die Hoffnungen und Ängste der Leute ein. Humane Führungskräfte tun ihr Möglichstes, um Risiken und Angst fernzuhalten. Inhumane Führungskräfte türmen fleißig Angstfaktor um Angstfaktor vor den Mitarbeitern auf. Nutzen Sie schließlich die Trägheit. Erleichtern Sie den anderen die Arbeit, indem Sie eine klare Struktur und Richtung vorgeben. Erleichtern Sie sich selbst die Arbeit, indem Sie nicht zu viel Kontrolle ausüben. Angst, Gier und Trägheit lassen sich für Motivationszwecke ebenso nutzen wie für das Verkaufen von Ideen. Wenn Ihre Idee eine Hoffnung anspricht, eine Angst beseitigt und es gleichzeitig leicht ist zuzustimmen, dann werden die meisten Leute das auch tun.

Es gibt sicherlich viele Führungskräfte, die diese Theorie weder kennen noch sich Gedanken darüber machen. Sie setzen sie lediglich in die Praxis um.

Wie Führungskräfte die Theorie in die Praxis umsetzen

Wir wissen nun also, wie sich die Theorie der Motivation auf die Führungsmethode übertragen lässt. Jetzt sehen wir, was Führungskräfte über die menschliche Natur zu sagen haben.

Als Erstes weisen wir darauf hin, dass in unserer Umfrage bei 700 aktuellen und angehenden Führungskräften die Fähigkeit, andere zu motivieren, als die wichtigste Eigenschaft angesehen wurde. Daraufhin befragten wir die Teilnehmer, wie zufrieden sie in dieser Hinsicht mit ihrem Vorgesetzten seien. Es tat sich eine riesige Lücke auf. Die Motivationsfähigkeit wird zwar als das wichtigste Attribut einer Führungskraft betrachtet, aber nur 37 Prozent der Befragten waren mit der Leistung ihres Vorgesetzten auf diesem Gebiet zufrieden. Das ist ganz eindeutig ein großes Problem.

Wir forschten eingehender danach, was die Leute als motivierend empfanden. Anschließend betrachteten wir spezifische Situationen und beobachteten, wie gut oder schlecht sie bewältigt wurden.

Wir befragten die Teilnehmer, wie Vorgesetzte beschaffen sein müssen, damit sie sich motiviert fühlen oder auch nicht. Als Ergebnis können wir folgende Erwartungen formulieren:

- Mein Chef interessiert sich für meine Karriere.
- Ich vertraue meinem Chef: Er ist ehrlich zu mir.
- Ich weiß, wohin wir gehen und wie wir dorthin gelangen.
- Meine Arbeit ist den Einsatz wert.
- Mein Beitrag wird anerkannt.

Jeden dieser Punkte werden wir genauer betrachten, aber zuerst gehen wir kurz auf das ein, was nicht genannt wurde:

- *Geld:* Wenn es überhaupt erwähnt wurde, dann als demotivierender Faktor. Wenn Sie in Geldangelegenheiten einen Fehler machen, so ist das ein Signal, dass man sich entweder nicht auf Ihre Versprechen verlassen kann oder dass Sie die betreffende Person im Vergleich zu ihren Kollegen nicht genug wertschätzen. In beiden Fällen haben Sie einen Vertrauensbruch begangen und damit Ihre Glaubwürdigkeit als Vorgesetzter dieser Person verloren.
- *Familienfreundliche, kürzere oder flexible Arbeitszeiten, besondere Einrichtungen:* Diese Dinge tauchten nicht einmal auf dem Radarschirm auf. Menschen, die sich dem Weg zur Führungsebene verschrieben haben, sind bereit, gewisse Opfer zu bringen. Zudem können sie die verschiedenen Lebensbereiche trennen. In der beruflichen Umgebung sprechen sie nicht über persönliche Sorgen. Zweifel verbergen sie, bis sie sich entschlossen haben zu gehen.

Wie unsere Liste zeigt, haben die Mitarbeiter in puncto Motivation ganz einfache Erwartungen. Es bedarf keiner dunklen Künste, um

Menschen zu führen. Wenn Sie sie wie Menschen behandeln und Interesse für sie zeigen, reagieren sie mit großer Wahrscheinlichkeit positiv. Im Folgenden beschäftigen wir uns mit den einzelnen Erwartungen.

Mein Chef interessiert sich für meine Karriere

Hierarchische Beziehungen sind ungleich. Als Vorgesetzter sind Sie für Ihre untergeordneten Mitarbeiter wesentlich wichtiger als umgekehrt, denn deren Arbeit und Lebensunterhalt hängen direkt von Ihnen ab, während Sie umgekehrt nur indirekt und teilweise abhängig sind. Das hat zur Folge, dass Sie sich wahrscheinlich stark darauf konzentrieren, Ihren eigenen Vorgesetzten zu managen, und weniger Energie für Ihre Mitarbeiter einsetzen. Die meisten Menschen wissen mehr über ihren Vorgesetzten als über ihre Mitarbeiter.

Ein Mitarbeiter, dessen Vorgesetzter erkennbar keinerlei Interesse an seiner Karriere zeigt, steckt in einer äußerst unbefriedigenden Situation.

Im Normalfall besteht zwischen Vorgesetzten und Mitarbeitern eine implizite psychologische Abmachung, die weit wichtiger ist als jede Stellenbeschreibung. Diese Abmachung besagt, dass der Mitarbeiter den Vorgesetzten nach besten Kräften unterstützt, während dieser sich im Gegenzug um die Bezahlung, die Beförderung und um gute und fördernde Projekte für den Mitarbeiter kümmert. Wenn der Vorgesetzte seine Hälfte der Abmachung nicht erfüllen kann oder will, bietet er dem Mitarbeiter wenig Anreiz, die volle Einsatzbereitschaft zu zeigen.

Manche Führungskräfte nehmen diese Abmachung sehr ernst, dafür verlangen sie aber absolute Loyalität. Auf diese Weise schaffen sie ein persönliches Feudalsystem. Bei den Management-Besprechungen über Beförderungen und Boni machen sie sich dafür stark, dass sie dem Team gegenüber ihre Versprechen einhalten können. Dies kann im Endeffekt jedoch der Zusammenarbeit mit dem Rest des Unternehmens schaden. Es erhebt sich ein mächtiger Fürst mit seinem eigenen Team, der nach seinen eigenen Regeln spielt. Das Team erweist sich einem solch fürsorglichen Anführer gegenüber in der Regel als äußerst loyal. So wird das Team zum Kult: Es konzentriert sich ganz auf sich selbst, wirkt fordernd und spaltet sich von der übrigen Organisation ab.

Ich vertraue meinem Chef: Er ist ehrlich zu mir

In den Medien werden die Wörter *Ehrlichkeit* und *Unternehmen* selten in einem Zug genannt. Alle von mir befragten Führungskräfte, selbst in Bereichen wie Investment-Banking, legten hingegen großen Wert auf Ehrlichkeit. Allerdings geht es dabei nicht so sehr um Ehre, moralische Grundsätze und die Sorge um unseren Planeten, als vielmehr um harte Tatsachen und die praktische Realität.

Mitarbeiter wollen wissen, woran sie sind. Wer ein Jahr lang hart gearbeitet hat und von der Qualität seiner Arbeit überzeugt war, ist am Boden zerstört, wenn er beim jährlichen Beurteilungsgespräch schlecht eingestuft wird. Der Vorgesetzte verhält sich dann nicht ehrlich. Ehrlichkeit bedeutet nicht nur, nicht zu lügen, sondern auch, die ganze Wahrheit zu sagen, selbst wenn sie unangenehm ist, und zwar ohne Zeitverzug. Dieser Ehrlichkeitstest würde so manchen Politiker in Panik versetzen.

> »Ehrlichkeit bedeutet nicht nur, nicht zu lügen, sondern auch, die ganze Wahrheit zu sagen, selbst wenn sie unangenehm ist, und zwar ohne Zeitverzug.«

Letztendlich geht es dabei um Vertrauen. Wenn die Mitarbeiter einem Vorgesetzten nicht vertrauen, fällt es ihnen sehr schwer, gut für ihn zu arbeiten.

Ich weiß, wohin wir gehen und wie wir dorthin gelangen

Dies wird manchmal als »Vision« bezeichnet, doch das wäre hier viel zu großspurig: Es klingt wie Moses, Martin Luther King und Ghandi zusammengenommen. Beschreiben Sie in einfachen Worten, was Ihr Team durch das nächste dreimonatige Projekt erreichen soll. Sagen Sie den Mitarbeitern, welche Fähigkeiten jeder Einzelne während der kommenden sechs Monate entwickeln soll und wie er dies am besten bewerkstelligt. Zeigen Sie auf, wohin sich Ihr Unternehmen in den nächsten ein bis drei Jahren bewegen soll. Auf diese Weise geben Sie den Mitarbeitern die Klarheit, Struktur und Richtung, die sie brauchen. Umgekehrt lässt es sich so ausdrücken: Wenn Ihre Leute weder wissen, wohin sie gehen, noch wie sie dorthin gelangen, werden sie sehr schnell frustriert reagieren.

Meine Arbeit ist den Einsatz wert

Nicht jeder kann laufend aufregende, anspruchsvolle Aufgaben bekommen. Manche Arbeiten sind einfach eintönig, uninteressant, anstrengend oder unauffällig, aber sie müssen trotzdem erledigt werden.

Die Welt der Schuhreparaturen ist womöglich nicht besonders aufregend, und auch die Bedingungen in einem solchen Laden lassen sich kaum als umwerfend bezeichnen. Manche Läden sind wenig mehr als ein Loch in der Wand. Die Bezahlung der Angestellten ist nach allen Maßstäben niedrig – ein Banker würde sie geradezu als Taschengeld bezeichnen. Dennoch schafft es Timpson, bei seinen Angestellten eine starke Loyalität zu erzeugen. Er ist als hervorragender Leader weithin anerkannt. Neben vielen anderen Dingen konzentriert er sich sehr stark auf die Kundenzufriedenheit, und er bemerkt und belohnt laufend außergewöhnlichen Service. In seinem Auto hat er immer einen Vorrat an Belohnungen für die Angestellten dabei. Seine Angestellten konzentrieren sich also auf ihre positive Wirkung bei den Kunden – jeder zufriedene Kunde ist ein Beweis dafür, dass ihre Arbeit wertvoll ist.

Auch in Investment-Banken gibt es jede Menge eintöniger Aufgaben, beispielsweise die Überprüfung von Dokumenten. Die Eintönigkeit relativiert sich allerdings, wenn man bedenkt, dass es dabei oft um Milliardensummen geht und schon ein kleiner Fehler schwere Folgen haben kann. Von der richtigen Warte aus betrachtet, wird sogar die langweiligste Arbeit sehr wertvoll.

Mein Beitrag wird anerkannt

Dieser Punkt lässt sich ganz einfach abhandeln. Wenn all Ihre Anstrengungen nie auch nur die kleinste Anerkennung erfahren, werden Sie wütend, und Sie fühlen sich auch nicht besonders motiviert, sich weiterhin anzustrengen. Es lohnt sich also, die Arbeit Ihres Teams anzuerkennen. Manche Führungskräfte meinen, sie müssten den Ruhm für die gute Arbeit ihres Teams ganz alleine einstreichen. Dieselben Führungskräfte machen sich auch sehr schnell aus dem Staub und wälzen die Schuld auf andere ab, sollte einmal etwas schief gehen. Starke Führungskräfte sind dagegen selbstsicher genug, die Teamerfolge anzuerkennen. Diese Anerkennung ist wichtig, weil sie zeigt, dass die Führungskraft ein starkes, effektives Team aufgebaut hat und dieses motiviert.

Anerkennung äußert sich auf verschiedene Weise. Manchmal besteht sie einfach in ein paar sorgfältig gewählten Worten gegenüber der Unternehmensleitung. Nehmen Sie sich die Zeit, um dem Mitarbeiter oder dem Team persönlich und aufrichtig zu danken. Sie können auch Auszeichnungen verteilen, die Leute im Newsletter nennen oder abends gemeinsam feiern. Gehaltserhöhungen sind dagegen oft die ineffektivste Methode der Anerkennung, weil sie in den meisten Unternehmen nicht öffentlich bekannt gegeben werden.

Motivation und Augenblicke der Wahrheit

In jeder Beziehung gibt es Augenblicke der Wahrheit, in denen Sie tief in die Seele des anderen blicken können. Wann sie sich einstellen, ist unberechenbar. Sowohl die Führungskräfte als auch die Gefolgsleute, die wir befragten, nannten drei klassische Augenblicke der Wahrheit in der Beziehung zwischen Anführer und Gefolgsmann:

- Versprechen einlösen.
- Feedback geben: formell und informell.
- Probleme lösen: die kreischenden Affen.

Versprechen einlösen

Als Führungskraft geben Sie ein implizites, manchmal sogar explizites Versprechen ab, sich um die Interessen Ihrer Mitarbeiter zu kümmern. Wenn Sie dem nicht nachkommen, sind Sie in ihren Augen kein Leader, sondern einfach ein Versager.

Wir haben bereits gesehen, dass manche Führungskräfte sich in puncto Beförderungen und Boni stark für ihre Mitarbeiter einsetzten. Ein angehender Fürst entwickelte die höchste Perfektion in diesem Spiel. Es lief im Wesentlichen darauf hinaus, dass er den Prozess manipulierte. Er legte die Kriterien selbst fest und verfasste die Beurteilungen so, dass seine treuen Anhänger immer die volle Punktzahl erhielten. Diejenigen, die sich nicht immer loyal verhalten hatten, erhielten dagegen miserable Beurteilungen, selbst wenn sie eigentlich sehr gute Arbeit leisteten. An diesen Beurteilungen hielt er dann fest;

es gab keine Möglichkeit, ihn umzustimmen. Da seine Mitarbeiter nur für ihn allein gearbeitet hatten, konnte man auch keine andere Meinung einholen. Die einzigen messbaren Kriterien waren seine schlechten Beurteilungen für illoyale Mitarbeiter, die inzwischen an anderer Stelle großen Erfolg hatten. Dies war seiner Ansicht nach jedoch nur ein Zeichen dafür, dass seine Beurteilungskriterien strenger waren als die anderer Manager. Seinen Teams gegenüber löste er alle Versprechen ein, und die Teams waren klug genug, loyal zu bleiben.

Es gibt noch andere Versprechen, die ebenso wichtig sind. Einmal arbeitete ich in Riad, der Hauptstadt von Saudi Arabien, an einem sehr anstrengenden Projekt. Es lief sehr gut, und der Klient wollte noch eine zweite Phase anhängen. Gegen Ende der ersten Phase flog mein Partner ein, um mit dem Klienten eine Übereinkunft wegen der zweiten Phase zu erzielen. Mir graute vor dem Meeting: Ich hatte einen tollen Urlaub geplant, um mich von der Schufterei zu erholen. Mein Partner wusste das, aber mir war klar, dass die wirtschaftlichen Zwänge stärker wogen als meine persönlichen Bedürfnisse. Dann kam der Augenblick der Wahrheit. Der Klient stimmte der zweiten Phase zu, und mein Herz wurde schwer.

Da wandte sich mein Partner an den Klienten mit den Worten: »Sie haben aber doch nichts dagegen, dass wir den Beginn der zweiten Phase ein wenig verschieben, damit Jo seinen wohl verdienten Urlaub genießen kann, nicht wahr?«

Der Klient war erfreut: Plötzlich betrachtete er mich als menschliches Wesen, und nicht nur als Arbeitstier (wie leicht sich manche Leute täuschen lassen ...). So verbesserte sich mein Verhältnis zu dem Klienten sogar. Was aber noch wichtiger war: Ich erkannte, dass ich einen Partner gefunden hatte, auf den ich mich verlassen konnte. Wir haben daraufhin zehn Jahre lang immer wieder zusammengearbeitet.

»Erfüllen Sie immer die in Sie gesetzten Erwartungen.«

Erfüllen Sie immer die in Sie gesetzten Erwartungen. Wir tun es für unsere Vorgesetzten, selbst wenn die Erwartungen ungeschrieben sind und der Vorgesetzte es kaum wagt, damit zu rechnen. Wir sollten es unbedingt auch für unsere Mitarbeiter tun, wenn wir ihre Loyalität verdienen wollen.

Feedback geben

Formelles Feedback

Es ist leicht, positives Feedback zu geben. Jeder gibt und empfängt es gern. Die Prüfung für einen Leader besteht also nicht darin, Mitarbeiter zu loben, sondern eher darin, ihnen bei beruflichen Herausforderungen unter die Arme zu greifen. Die meisten Menschen fühlen sich äußerst unwohl, wenn sie jemanden zurechtweisen müssen. Nur sehr wenige Führungskräfte genießen diese Situationen. Normalerweise darf man negatives Feedback nicht einmal direkt aussprechen. Wir ziehen uns hinter obskure Formeln und Ausdrücke zurück und sprechen etwa von Chancen zur Weiterentwicklung. Wenn jemand wirklich schwere Fehler begangen hat, bezeichnen wir es als Herausforderung für seine Entwicklung, und wenn wir kurz davor sind, ihn zu feuern, geben wir zu, dass er vor einer leistungsbezogenen Herausforderung steht.

Feedback und Beurteilungen sind meistens unehrlich. In einer Beratungsfirma werden beispielsweise routinemäßig 95 Prozent der Mitarbeiter als »überdurchschnittlich« oder sogar noch besser eingestuft. Das ist mathematisch unmöglich, politisch jedoch unvermeidlich. Niemand hält sich selbst für durchschnittlich. Testen Sie es selbst. Stellen Sie sich Ihre Peergroup vor. Würden Sie sich im Vergleich zu diesen Leuten tatsächlich für unterdurchschnittlich halten, egal ob als Arbeitskraft, Liebhaber, Autofahrer, Denker oder einfach als Mensch? Wie viele Ihrer Mitmenschen halten sich wohl für unterdurchschnittlich?

Bei Beurteilungen sagen die wenigsten Menschen die Wahrheit. Es ist eine emotionale Notwendigkeit, sowohl für den Beurteiler als auch für den Beurteilten, und in unserem System ist es auch politisch unvermeidlich, wenn man die gegebenen Gehalts- und Beförderungszusagen einhalten will. Drittens herrscht ein administrativer Zwang dazu, weil fast alle Beurteilungssysteme wie Schulzeugnisse gehandhabt werden – die Mitarbeiter werden auf einer Art Skala zwischen gut und schlecht eingestuft.

Wir haben in der Praxis nur eine einzige effektive Alternative zu dem Schulzeugnissystem entdeckt, nämlich das Entwicklungsraster. Auf jeder Ebene einer Organisation durchlaufen die Mitarbeiter bestimmte Entwicklungsstufen:

- neu,
- in der Entwicklung begriffen,
- reifend und
- reif.

Dieser Entwicklungsprozess gilt für jede einzelne Fähigkeit und Eigenschaft, die zu der Rolle des Mitarbeiters gehört, beispielsweise Problemlösung, Team-Arbeit und Team-Management. Wenn Sie jemanden, der seine Rolle erst ein Jahr lang ausfüllt, zum Teil als »neu« und zum Teil als »in der Entwicklung begriffen« einstufen, wird er Ihnen kaum widersprechen. Statt dessen entwickelt sich ein konstruktives Gespräch über die Möglichkeiten des Fortschritts in allen Entwicklungskriterien. Wenn Sie dagegen derselben Person in einem traditionellen Beurteilungssystem nur einen oder zwei von vier möglichen Punkten geben, erhalten Sie oft eine Reaktion wie bei einem Kind, dem Sie sein Lieblingsspielzeug wegnehmen – ohrenbetäubendes Schreien, Streit und Forderungen nach Berufung und objektiver Einschätzung. Dabei unterscheiden sich die beiden Einschätzungen im Grunde nicht. Der Unterschied besteht lediglich darin, dass die Beurteilung unter dem Entwicklungsaspekt als positiv und konstruktiv betrachtet wird, während die traditionelle Einstufung negativ wirkt und auf Konfrontation ausgerichtet ist. In Organisationen, in denen das traditionelle System unverrückbar feststeht, können Sie das Entwicklungssystem trotzdem informell und nebenbei mitlaufen lassen. Sie müssen es der Personalabteilung ja nicht auf die Nase binden.

Für die Mitarbeiter bedeutet das Entwicklungsmodell eine größere Herausforderung, aber Ihnen ermöglicht es, den Leuten auf friedliche Weise konstruktive Kritik zu vermitteln. Sie können dann ehrlich sein, und Ehrlichkeit schafft Vertrauen. Möglicherweise laufen Sie Gefahr, als gute Führungskraft aufzufallen.

Informelles Feedback

Eine formelle Beurteilung, die Überraschungen enthält, ist als Fehlschlag zu werten. Zum Zeitpunkt des formellen Beurteilungsgesprächs sollten die Mitarbeiter zumindest grob wissen, wie sie eingeschätzt werden, denn sonst ergibt sich meist kein konstruktives Gespräch über die weitere Zukunft. Statt dessen arten die Gespräche in Streit aus, und die Mitarbeiter verlieren das Vertrauen in Sie, weil sie das Gefühl haben, dass Sie während des Beurteilungszeitraums auftretende Probleme und Bedenken nicht ehrlich mit ihnen besprochen haben.

Führungskräfte müssen die Kunst beherrschen, informell Rückmeldungen zu geben. Tun sie dies regelmäßig, stellen sie ihre Erwartungen klar und helfen den Mitarbeitern dabei, relevante Leistungen zu erzielen. Aber wir stehen natürlich wieder vor dem Problem, dass es unangenehm ist, negatives Feedback zu geben, und wir es daher vermeiden. Manche Führungskräfte geben gar kein Feedback, außer dass sie bei Fehlschlägen ihrem Ärger und der Frustration Luft machen. Das ist aber keine Hilfe, denn es gibt keine Hinweise darauf, was in Zukunft anders gemacht werden sollte. Die Mitarbeiter denken nur, dass sie noch härter arbeiten müssen und den Boss nicht verärgern dürfen. Wie geht es also? Die Bandbreite reicht von Ärger darüber, dass der Kollege in der Mittagspause am Schreibtisch seine Suppe schlürft, bis hin zu sanften Hinweisen darauf, dass er seine Präsentation, die er für so brillant hält, noch einmal überarbeiten sollte.

In Stress-Situationen – und negatives Feedback bedeutet Stress – hilft es, sich auf ein System zu stützen. Sie können ein eigenes System entwickeln. Ich persönlich verwende eine einfache Abkürzung für meines: SPIN (**S**ituation, **P**ersönliche Wirkung, **I**nterpretation und Erkenntnis, **N**ächste Schritte).

Situation

Erstens müssen Sie für eine geeignete Situation sorgen. Wenn die Person gerade wütend herumschreit, sollten Sie nicht noch Öl ins Feuer gießen. Sprechen Sie mit ihr, wenn sie sich beruhigt hat. Dennoch sollte die Kritik möglichst rasch auf das Ereignis folgen. Feedback ist wie Milch: Es wird schnell sauer.

Zweitens müssen Sie genau das ansprechen, was passiert ist. Wenn Sie jemandem vorwerfen, er sei »unprofessionell«, ist es erstens wenig hilfreich und zweitens provokativ. Ist Ihnen beispielsweise aufgefallen, dass jemand bei den letzten fünf Meetings immer zu spät gekommen ist, dann sprechen Sie ihn auf dieses spezifische Problem an.

Persönliche Wirkung

Auch nachdem Sie festgestellt haben, dass die Person immer zu spät kommt, ist die Versuchung groß hinzuzufügen, dass Sie dieses Verhalten unprofessionell finden. Dies führt jedoch geradewegs wieder zum Streit. Betonen Sie dagegen, wie Sie sich dabei fühlen: Anders als über Urteile lässt sich über Gefühle nicht streiten. Sagen Sie beispielsweise: »Ich habe das Gefühl, dass Sie die Meetings nicht für wichtig halten.« Das Schlimmste, das Sie dabei riskieren, ist die Antwort: »Na und?« Sie können noch nachhaken und fragen, ob die Person diesen Eindruck beabsichtigt. Wenn Sie daraufhin immer noch keine angemessene Reaktion erhalten, lassen Sie es dabei bewenden. Versuchen Sie es später erneut, wenn die Person ansprechbarer ist.

Interpretation und Erkenntnis

Die Versuchung ist auch groß, den Leuten zu sagen, was sie tun sollen: Lassen Sie es trotzdem. Fragen Sie statt dessen, ob der Betreffende die Wirkung beabsichtigt oder ob er lieber einen anderen Eindruck machen will. Lassen Sie ihn selbst herausfinden, was zu tun ist. Eine Lösung, die er selbst gefunden hat, erscheint ihm sicher wertvoller als eine von Ihnen vorgegebene Lösung. Wenn er Hilfe braucht, wird er Sie darum bitten.

Nächste Schritte

Nun sollten Sie beide bereit sein, sich in relativ ruhiger Atmosphäre über die nächsten Schritte zu einigen. Beenden Sie das Gespräch nicht mit rückwärts gerichteten Beschuldigungen, sondern mit einem in die Zukunft gerichteten, positiven und konstruktiven Plan.

Bei der Anwendung dieses Modells müssen Sie sich Zeit lassen. Gehen Sie jeweils erst dann zum nächsten Schritt über, wenn der andere dazu bereit ist. Ist die Situation falsch gewählt und lässt sich schon bei den grundlegenden Tatsachen keine Übereinstimmung erreichen, warten Sie auf einen besseren Zeitpunkt, um die Tatsachen erneut zu besprechen. Immerhin ist es ja möglich, dass der andere Recht hat und Sie Unrecht.

Probleme lösen – die kreischenden Affen

Dies ist der entscheidende Test für eine Führungskraft, und er ist nicht leicht zu bestehen. Er findet statt, wenn ein Mitarbeiter mit einem Problem zu Ihnen kommt. Wie jede gute Führungskraft stehen Sie für Ratschläge immer zur Verfügung, also freuen Sie sich, wenn jemand mit einem Problem durch Ihre offene Tür hereintritt. Noch mehr freuen Sie sich, wenn der Betreffende wieder hinausgeht, befreit von seinem Problem. Gratulation! Sie sind gerade durchgefallen. – Durchgefallen? Wo ich doch alles richtig gemacht habe? Sind Sie verrückt?

Spulen wir den Vorgang noch einmal in Zeitlupe ab und untersuchen wir, weshalb der Schiedsrichter Ihnen die rote Karte zeigte.

Eine Mitarbeiterin betritt Ihr Büro. Ein Affe sitzt auf ihrer Schulter – ein sehr ungezogener, kreischender Affe. Sie benötigt Hilfe. Also nehmen Sie den Affen von ihrer Schulter. Jetzt haben Sie den Affen, und die Mitarbeiterin geht erleichtert wieder hinaus. Als ein zweiter Mitarbeiter hört, dass Sie in guter Stimmung sind, kommt er ebenfalls zu Ihnen. Er hat sogar zwei kreischende Affen, einen auf jeder Schulter. Sie nehmen ihm die Last ab. Nun haben Sie bereits drei kreischende Affen. Bis zum Abend hat sich in Ihrem Büro eine ganze Herde Affen versammelt. Ihre Mitarbeiter sind sehr glücklich, Sie dagegen sind sehr unglücklich.

Es ist nicht Aufgabe der Führungskraft, alle Probleme zu lösen. Zu diesem Zweck haben Sie ein Team zusammengestellt. Sie haben zwar wahrscheinlich am meisten Sachkenntnis, aber Sie müssen der Versuchung widerstehen, zu einem Manager in der Umkleidekabine zu werden. Sie müssen Ihr Spiel auf eine höhere Ebene heben und sich auf die umfassenden Probleme des Teams konzentrieren. Sie kümmern sich darum, dass das Team am richtigen Problem arbeitet, dass Sie das richtige Team haben, dass das Team die richtige Unterstützung und Entwicklungsmöglichkeiten erhält. Nur wenn Sie die Mitarbeiter zwingen, Probleme selbst zu lösen, werden sie ihre Fähigkeiten und ihr Selbstvertrauen so weit entwickeln, dass sie wirklich effektiv arbeiten können.

> »Nur wenn Sie die Mitarbeiter zwingen, Probleme selbst zu lösen, werden sie ihre Fähigkeiten und ihr Selbstvertrauen so weit entwickeln, dass sie wirklich effektiv arbeiten können.«

Wenn ein Mitarbeiter mit einem Affen in Ihr Büro kommt, beraten und coachen Sie ihn dahingehend, wie er mit dem Affen umgehen soll. Diese Lösung ist weder schnell noch einfach. Sie müssen ihn eingehend befragen, damit Sie das Problem zunächst selbst erkennen und ihm dann helfen können, es zu verstehen. Kurzfristig wäre es wahrscheinlich leichter, das Problem selbst in die Hand zu nehmen, also den Mitarbeiter von dem Affen zu befreien. Sie müssen es ihm aber selbst überlassen, mit dem Affen fertig zu werden. Wenn Sie besonders klug sind, geben Sie ihm gleich noch einen Ihrer Affen mit, denn er könnte sich als gute Chance zur Weiterentwicklung erweisen. Am Abend können Sie Ihren Erfolg daran messen, ob Ihr Büro zur affenfreien Zone geworden ist.

Bei diesem Ansatz geht es im Wesentlichen darum, die Leute durch ihre Probleme hindurch zu coachen. Sie dürfen ihnen die Probleme selbst dann nicht abnehmen, wenn Sie die Antwort bereits zu kennen glauben. Ihre Mitarbeiter müssen lernen und sich persönlich weiterentwickeln. Außerdem haben die Mitarbeiter keinen Anteil an einer von Ihnen vorgegebenen Lösung, so dass sie nicht so fest daran glauben und sich nicht so stark dafür einsetzen. Durch Coaching erwerben sie dagegen neue Fähigkeiten, und am Ende steht ihre eigene Lösung, gleichgültig wie sie auch aussehen mag. Je mehr eigene Lösungen Ihre Mitarbeiter im Lauf der Zeit entwickeln, desto weniger Hilfe brauchen sie. Kurzfristig verlangt Coaching also große Anstrengungen, langfristig macht es sich aber auf jeden Fall bezahlt.

6
Positive Einstellung

Auf den mittleren Ebenen einer Organisation kann das Führen sehr zermürbend sein. Es ist wie beim Schach. Der Anfang ist klar: Sie haben die Wahl zwischen ein paar bekannten Eröffnungen. Als Bauer gehen Sie Schritt für Schritt voran. Wenn Sie die falsche Eröffnung gewählt haben oder zur falschen Zeit am falschen Ort sind, werden Sie geschlagen. Dann müssen Sie ein neues Spiel beginnen. Auch das Ende einer Partie ist relativ klar. Sie sind hoffentlich die Dame oder der König. Erfolg oder Misserfolg hängen allein von Ihnen ab, und Sie haben Ihr Schicksal in der eigenen Hand.

Im mittleren Teil der Partie dagegen sind Sie der Springer, der auszieht, um für die Organisation zu kämpfen. Allerdings ist das Spielfeld noch unübersichtlich, weil so viele Figuren herumstehen, was es für Sie kompliziert macht. Sie sollen mit wenig Macht viel bewirken. Sie können nicht mehr einfach geradeaus voranschreiten, Ihre Karriere verläuft im Zick-Zack. Wie der Springer beim Schach gehen Sie manchmal zwei Schritte zur Seite und nur einen vorwärts. Hin und wieder müssen Sie sogar einen Schritt zurück und zwei zur Seite springen, um eine Blockade zu umgehen oder eine neue Gelegenheit zum Vorwärtskommen zu finden.

Das Leben eines Springers ist voller Krisen, Konflikte, Risiken und Mehrdeutigkeit. Vom Springer wird erwartet, dass er viel leistet, Einfluss besitzt und Macht einsetzt. Um diesen Erwartungen gerecht zu werden, brauchen Sie eine Kombination aus positiven Verhaltensweisen und Fähigkeiten, die in diesem Kapitel behandelt werden. Wir beschäftigen uns hier mit vier Hauptthemen:

- Konflikte, Krisen und Risiken bewältigen,
- Projekte managen,
- Veränderungen managen und
- Macht, Einfluss und Netzwerke aufbauen.

All dies sind Kernfähigkeiten, die sich jede Führungskraft aneignen muss. Kampferprobte Führungsveteranen werden Ihnen sagen, dass Sie diese Fähigkeiten nur durch Erfahrung erwerben, und das ist auch richtig. Allerdings ist es sehr wohl sinnvoll, sich auf die unvermeidlichen Krisen und Konflikte vorzubereiten. Wer sich ohne Seekarte in Untiefen begibt, braucht sich nicht zu wundern, wenn seine Karriere Schiffbruch erleidet.

Konflikte, Krisen und Risiken bewältigen

Konflikte

Konflikte treten in den besten Organisationen auf. Eine Führungskraft sollte sogar sehr misstrauisch werden, wenn keine Konflikte erkennbar sind, denn Organisationen sind so aufgebaut, dass Konflikte unweigerlich entstehen.

Diesen Punkt möchten wir betonen: Organisationen sind so aufgebaut, dass Konflikte unweigerlich entstehen.

In jeder Organisation gibt es einen begrenzten Pool an Geld, Management-Zeit, Fähigkeiten und Ressourcen. Die verschiedenen Produkte, Abteilungen und Regionen mit ihren von Natur aus unterschiedlichen Perspektiven und Prioritäten stehen im Wettbewerb um diesen einen, begrenzten Ressourcenpool. Daraus ergibt sich ein Wettkampf, der manchmal zivilisiert, manchmal aber auch verdeckt, mit politischen Mitteln und unfair geführt wird. In jedem Fall aber findet ein Wettbewerb, ein Konflikt statt. Viele Führungskräfte auf den mittleren Ebenen verstehen unter Konkurrenz nicht so sehr eine abstrakte Organisation auf dem Markt, sondern eher die Person im Büro nebenan, die um dieselben Ressourcen und dieselbe Beförderung kämpft. Diese Konkurrenz ist für die Führungskraft wesentlich realer und ernsthafter.

Wenn wir uns nun damit abgefunden haben, dass Konflikte in jeder Organisation eine natürliche Gegebenheit sind, können wir den ersten Schritt in Richtung ihrer Bewältigung gehen. Bei Konflikten geht es nicht um Personen oder Persönlichkeiten, sondern um Positionen und Prioritäten.

Ich habe alle unsere Führungskräfte befragt, wie sie mit Konflikten umgehen, und alle haben sich auf dieselben Prinzipien eingeschossen.

»Konflikte darf man nicht vermeiden, sondern man muss sie annehmen. Durch sie entwickelt die angehende Führungskraft ihre Führungsqualitäten und zwischenmenschlichen Fähigkeiten.«

Konflikte darf man nicht vermeiden, sondern man muss sie annehmen. Durch Konflikte werden Prioritäten festgelegt und Entscheidungen getroffen. Die angehende Führungskraft entwickelt durch sie Führungsqualitäten und zwischenmenschliche Fähigkeiten.

Konflikte müssen von Personen getrennt werden. Man darf sie nicht persönlich nehmen, selbst wenn sie so gemeint sind. Konzentrieren Sie sich auf die betroffenen Probleme und Interessen, nicht auf die damit verbundenen Personen.

Führungskräfte müssen sich von Konflikten loslösen können. Beobachten Sie, was passiert, aber engagieren Sie sich nicht gefühlsmäßig. Wer die Beherrschung verliert, hat die ganze Auseinandersetzung verloren. Überlegen Sie, wie ein von Ihnen bewunderter Leader oder ein Vorbild mit der Situation umgehen würde. Eine Führungskraft bezeichnete dies als das »Aufsetzen der Leadership-Maske«. Selbst wenn es in Ihnen brodelt, müssen Sie die Maske der idealen Führungspersönlichkeit aufsetzen und sich bei allen Handlungen von ihr leiten lassen.

Manche Konflikte werden leider emotional und unangenehm, denn Menschen haben nun einmal Gefühle – im Gegensatz zu Computern. Sie kommen zwar selten vor, sind aber um so gefährlicher. Wenn man in einem solchen Fall falsch reagiert, bleibt auch an der unschuldigen Partei ein Makel haften. Hier können Sie ein einfaches Modell anwenden. Denken Sie an:

GLUT ZU GUT

GLUT steht für die natürliche Reaktion auf offene Feindseligkeit. Auch wenn wir dem Vorstandschef zum ersten Mal gegenübertreten sollen, fühlen wir uns wie auf glühenden Kohlen. Wenn unsere Vorfahren plötzlich einem Säbelzahntiger begegneten, waren Wut und Angst nützliche Gefühle, denn sie versetzten ihnen den nötigen Adrenalinstoß zum Kampf oder zur Flucht. Beim Anblick des Vorstandsvorsitzenden davonzulaufen oder ihn zu bekämpfen, ist dagegen nicht besonders ratsam.

Die falsche Reaktion besteht also darin, der GLUT das Feld zu überlassen:

Gnadenloses Gefecht,
Leidenschaft statt Losgelöstheit,
Undifferenzierter Rundumschlag und
Totale Trennung von der Vernunft.

An Ihrem letzten Tag im Unternehmen wäre das ein furioser Abgang. Wenn Sie aber das L aus der GLUT nehmen, erhalten Sie GUT, eine gute Möglichkeit, doch noch eine friedliche Lösung zu finden. GUT steht für:

Gefühl der Empathie entwickeln,
Uebereinstimmung über das Problem erzielen und
Tragfähige Lösung finden.

Die Versuchung ist groß, direkt nach der tragfähigen Lösung zu suchen, doch dabei entsteht nur weiterer Streit. Die andere Partei wird alle Ihre Vorschläge abweisen. Zuerst müssen Sie sie beruhigen. Entwickeln Sie ein Gefühl der Empathie. Das bedeutet nicht, dass Sie sie gleich in die Arme schließen, sondern nur, dass Sie aktiv zuhören müssen, wie es im folgenden Kapitel beschrieben wird. Durch Zuhören erfahren Sie mehr über die wahre Natur des Problems der anderen Partei und darüber, warum sie sich bedroht fühlt. Versuchen Sie nicht zu argumentieren, versuchen Sie zu verstehen. Gewinnen Sie keinen Streit, sondern einen Freund. Sobald Sie den Freund gewonnen haben, besteht die Chance, dass Sie auch die Auseinandersetzung gewinnen, vorausgesetzt, hinter den aufgewühlten Gefühlen steckt ein greifbares Argument. Sie können erst nach einer Lösung suchen, wenn Sie sich mit der Gegenseite über die Natur des Problems verständigt haben. Erst wenn Sie sich über die Wurzel des Problems einig geworden sind, können Sie zusammen überlegen, wie es weitergehen soll.

Krisen

Es gibt vom Glück begünstigte Menschen, die nie in eine echte berufliche oder unternehmerische Krise geraten. Die meisten Menschen begegnen ihr jedoch früher oder später im Lauf ihrer Karriere. Man fühlt sich dabei meist sehr einsam, und die einzige Person, die einen aus der Krise wieder hinausführen kann, ist man selbst. Viele aufstrebende Führungskräfte kommen in der mittleren Ebene an den Punkt, an dem sie aussteigen und lieber eine ökologische Schweinezucht aufbauen. Das ist ganz natürlich. Der Rausch der Begeisterung zu Beginn der Karriere ist verflogen, und der weite Weg zur Spitze wirkt immer noch sehr lang. Wenn dann noch etwas passiert, ist das der berühmte Tropfen, der das Fass zum Überlaufen bringt.

Ob eine Sache zum Erfolg oder Misserfolg wird, entscheidet sich oft nur durch mehr oder weniger Hartnäckigkeit und Durchhaltevermögen. Erfolgreiche Führungskräfte arbeiten sich durch ihre Krisen hindurch und finden die Aussage Nietzsches bestätigt: »Was mich nicht umbringt, macht mich stärker.« Andere misten den Schweinestall aus.

Die beste Vorbereitung auf Krisen ist die rechtzeitige Stärkung der Widerstandskraft. Krisen und Beinahe-Fehlschläge sind für Menschen Mitte Zwanzig zwar auch nicht leicht wegzustecken, aber wenn es zum Schlimmsten kommt, können sie noch einmal von vorn anfangen – etwas älter und um einiges weiser. Mit Mitte Zwanzig kann man beispielsweise noch einen MBA-Studiengang beginnen. Das ist ein sicherer und prestigeträchtiger Weg zum Neuanfang. Ein Vierzigjähriger, der noch nie in einer Krise steckte, hat dagegen das, was ein CEO als »brüchiges« Selbstvertrauen beschrieb. Diese Leute wirken intakt, klingen gut und erscheinen selbstsicher. Sollte ihnen aber je eine echte Krise oder Herausforderung begegnen, besitzen sie keine Reserven und ihr Selbstvertrauen bröckelt sofort. Sie bieten einen traurigen Anblick, wenn sie dann die Gründe dafür anführen, warum sie aus dem Rennen ausscheiden, und wenn sie versichern, dass sie schon ihr Leben lang von einer Schweinezucht geträumt haben.

Viele Ausbildungsprogramme für Universitätsabsolventen fördern die Widerstandskraft nicht. Sie verlangen zwar viel harte Arbeit, aber das ist nicht dasselbe. Teach First bildet eine Ausnahme. Top-Absolventen verbringen zwei Jahre damit, in einigen der schwierigsten Schulen in Großbritannien zu unterrichten. Das kann eine sehr brutale Erfahrung sein. Doch so erwerben diese Absolventen ein Maß an Selbstvertrauen, Widerstandskraft und Sozialkompetenz, das für ihre besser bezahlten Kameraden, die zwei Jahre lang vor dem Computer sitzen und Wertpapiere verkaufen oder Forschung betreiben, unerreichbar ist. Zukünftige Führungskräfte müssen Risiken eingehen und möglichst früh Gegenwind spüren und Widerstandskraft entwickeln. Ist man erst einmal vierzig, ist es schwer, damit anzufangen.

Die Führungskräfte, die sich mit uns über den Umgang mit Krisen unterhielten, sprachen auch davon, wie wichtig es ist, sich selbst zu kennen. Manche Menschen lassen ihre Identität von der Arbeit aufsaugen. Wenn sie dann in eine Krise geraten oder auch in den Ruhestand treten, haben sie keinerlei Rückhalt. Sie lebten nur für ihre Arbeit und wurden auf diese Weise von ihr abhängig. Fast alle der von mir befragten Führungskräfte haben ein erfülltes Privatleben. Dadurch erlangen sie einen Grad an Unabhängigkeit, der es ihnen leichter macht, sich Herausforderungen zu stellen.

Letztendlich muss jeder Mensch sich selbst kennen lernen. Nicht jeder ist für eine Führungsposition geschaffen, und das ist auch gar nicht notwendig. Wenn Sie lieber angeln, konzentrieren Sie sich darauf.

Risiken

Die Einstellung zum Risiko ist die Feuerprobe, an der sich die Geister von Führungspersönlichkeiten, Unternehmern und Managern scheiden.

Auf Manager wirken Risiken und Mehrdeutigkeit so lähmend wie Kryptonit auf Superman. Sie wollen eine geordnete Umgebung schaffen, in der zuvor festgelegte Ziele erreicht werden können. Diese Fähigkeit ist für Organisationen sehr wertvoll. Eine Organisation, die nur aus Risiko- und Vieldeutigkeits-Junkies besteht, ist entweder extrem funktionsgestört oder eine Investment-Bank – und manchmal wohl eine funktionsgestörte Investment-Bank. Wenn eine Organisation allerdings gar keine Risiken eingeht und jegliche Mehrdeutigkeit vermeidet, gerät sie ganz schnell ins Abseits.

Mir wurde der Wert des Risikos beim Skifahren klar. Wir übten auf den Anfängerpisten und mühten uns redlich, die Anweisungen des Skilehrers zu befolgen. Nachdem wir vorsichtig die Schneepflug-Kurve gemeistert hatten, ermutigte er uns, nun auch schwierigere und professionellere Schwünge zu versuchen. Nach fünf oder sechs Stürzen kehrten die meisten von uns zum sicheren Schneepflug zurück, nur ein Verrückter hörte nicht auf, die Profischwünge zu üben. Er wurde zur Lachnummer der Gruppe. Ständig fiel er hin, und alle amüsierten sich köstlich. Gegen Ende der Woche verging uns jedoch das Lachen. Er hatte durch seine Hartnäckigkeit die schwierigen Schwünge gemeistert und wedelte nun elegant die abenteuerlichen und schwierigen Pisten hinunter, von denen wir nicht einmal träumen konnten. Er war weitaus besser als wir alle zusammen. Die meisten von uns hatten sich wie Manager verhalten und das Risiko vermieden.

Die verkappte Führungspersönlichkeit dagegen nahm es in Kauf und lernte so wesentlich schneller als wir anderen. Wir hatten gelernt zu überleben, er dagegen hatte gelernt, Erfolg zu haben.

Führungspersönlichkeiten sind immer bereit, Risiken einzugehen, durchzuhalten und es durch Erfahrung zur Meisterschaft zu bringen. Im gleichen Maß, in dem sie Erfahrung ansammeln, erweitern sie ihre Fähigkeiten und ihr Selbstvertrauen. In diesem Zusammenhang denkt jeder Mensch unvermeidlich an das Verhältnis zwischen Risiko und Belohnung, und die meisten Menschen sind eher risikoscheu. Die Angst vor dem Fehlschlag überwiegt die ungewisse Möglichkeit des Erfolgs. Führungskräfte schätzen das Verhältnis zwischen Risiko und Belohnung meist positiv ein und machen daher schneller Karriere: entweder sie sind schnell erfolgreich oder sie stürzen ab.

Leader sind zwar bereit, Risiken einzugehen, aber sie versuchen dennoch, Mehrdeutigkeit und Unsicherheit zu minimieren. Erdölförderung, Forschung und Entwicklung (F&E) in der Pharmaindustrie sowie Versicherungen sind lauter Branchen, die mit hohem Risiko arbeiten. Oft stehen Milliarden Euro auf dem Spiel. In diesen Fällen muss die Unternehmensführung zwar Milliardenwetten eingehen, aber sie kann immerhin versuchen, die Auswahl so klar und sicher zu gestalten wie möglich. Ein guter Umgang mit dem Risiko zeigt sich darin, dass sie versucht, die Würfel so stark wie möglich in ihrem Sinn zu beeinflussen.

Die Belohnung für eine Führungskraft in der Matrix besteht nicht nur aus erfolgreich abgeschlossenen Projekten, Beförderungen und Boni. Derartige kurzfristige Belohnungen sind bald vergessen. Wichtiger sind langfristige Vorteile, bei denen es in der Regel um folgende Fragen geht:

- Werde ich bei dieser Gelegenheit nützliche Fähigkeiten erwerben?
- Bin ich so aufgestellt, dass der Erfolg wahrscheinlich ist?
- Winken bei diesem Risiko genügend Anerkennung und Belohnung?
- Wären die Konsequenzen eines Fehlschlags in den Griff zu bekommen?

Mit anderen Worten, die Führungskraft muss in der Mitte ein kühl berechnetes Spiel eingehen, bei dem es um die Konsequenzen der potenziellen Risiken für die Karriere geht. In jeder Organisation gibt es karriereschädigende Handlungen, englisch CLM (Career Limiting

Move) genannt, über die jeder Mitarbeiter informell Bescheid weiß. Zu ihnen gehört beispielsweise, für den falschen Vorgesetzten, an dem falschen Projekt oder im falschen Bereich des Unternehmens zu arbeiten.

Das größte Risiko für die angehende Führungskraft besteht jedoch darin, gar keine Risiken einzugehen. Risiken zu vermeiden bedeutet, dass man sich für das reine Überleben entschieden hat. Überleben und Erfolg sind jedoch zwei Paar Schuhe. Wer Erfolg haben will, muss Risiken eingehen.

Der Unternehmer ist ebenfalls ein Leader. Aufstrebende Führungskräfte in Unternehmen mit langer Tradition können von der unternehmerischen Einstellung zu Risiken und Mehrdeutigkeit nur lernen. Unternehmer tun immer das Gegenteil von dem, was die institutionelle Führungskraft tun würde. Die meisten Unternehmer betrachten die Mehrdeutigkeit als Chance. Wenn es noch keine klaren Spielregeln gibt, legen sie eben selbst welche fest, auch wenn sie sie im Augenblick des Voranschreitens erst erfinden müssen. Charlie Dunstone (Mobiltelefone), Michael O'Leary (Billigfluglinie) und Richard Branson (alles andere) warteten nicht, bis die Regeln für ihre jeweiligen Branchen festgelegt waren. Sie kamen, gestalteten ihre eigenen Regeln und siegten. Wer die Regeln selbst festlegt, hat es leichter, das Spiel zu gewinnen.

Projekte managen

Projekt-Management und Veränderungs-Management

Veränderungen und Projekte zu managen ist das tägliche Brot der Führungskräfte inmitten der Matrix. Oft entsteht sogar der Eindruck, dass beides als dasselbe betrachtet wird, aber das trifft nicht zu. Projekt-Management ist der technische, aufgabenbezogene Teil des Managements von Veränderungen. Bei Projekten geht es immer darum, wer was wo wann und wie erledigt. Um den richtigen Fokus zu wahren, definieren wir hier, dass das Management von Veränderungen das Projekt-Management einschließt, dass es sich aber stärker auf die menschlichen, politischen und emotionalen Aspekte der Veränderung konzentriert. Veränderungen sind nicht damit erledigt, dass man Ziele setzt und in einem Büro einen Plan aufzeichnet. Notwendig ist vor allem, die nötigen Allianzen und Netzwerke zu bilden, mit deren Hilfe sich der Plan dann auch umsetzen lässt. Dieses Geschick müssen alle Führungskräfte entwickeln und einsetzen. Die meisten Vorstandschefs setzen ihren Willen nicht über Befehl und Kontrolle durch. Sie verwenden einen großen Teil ihrer Zeit darauf, die Hebel der Organisation in Gang zu setzen, um etwas zu bewegen. Einfluss und Überzeugungskraft ist für sie ebenso wichtig wie formelle Macht.

An der Fähigkeit, Projekte gut im Griff zu haben, erkennt man den guten Manager. Der Manager erreicht festgelegte Ziele mit den dazu bestimmten Ressourcen. An der Fähigkeit, Veränderungen gut durchzuführen, erkennt man dagegen die gute Führungskraft. Die Führungskraft geht über ihre formelle Autorität hinaus und setzt ihr politisches und beeinflussendes Geschick effektiv ein, um etwas zu bewirken.

Der Unterschied zwischen diesen beiden Arten des Managements trat bei einem Merger besonders deutlich hervor. Beide Parteien engagierten Berater für den Prozess, was immer gefährlich ist. Einer der Gesellschafter übernahm die für das Board notwendigen Aufgaben: Er handelte als Führungspersönlichkeit. Obwohl er keine formelle Autorität besaß, berief er täglich das Executive Committee ein und half den Mitgliedern, mit den täglichen Krisen fertig zu werden, die bei jedem Merger auftreten. Hinter den Kulissen sprach er mit den betroffenen Individuen und regelte die politischen Aspekte. Anschließend setzten die Berater ein Team ein, um das Projekt der abschließenden Integration der beiden Gesellschaften zu managen. Innerhalb von zehn Tagen hatten sie eine Kommandozentrale mit Risikoprotokollen und Problemprotokollen (sagen Sie mir den Unterschied, wenn Sie können!), mit Meeting-Protokollen, Anwesenheitsprotokollen, Telefonprotokollen und Hauptprotokollen eingerichtet. Alles wurde protokolliert, aber nichts wurde erledigt. Der Klient flippte aus. Protokolle und Papier bewirken keine Veränderungen – das können nur Menschen. Die Berater versuchten, die Veränderung zu managen, wo es doch notwendig ist, Veränderungen anzuführen.

Allerdings müssen auch Führungskräfte die Grundlagen des Projekt-Managements beherrschen. Im Folgenden werden wir uns daher mit effektivem Projekt- und Veränderungs-Management befassen.

Grundlagen des Projekt-Managements

Gutes Projekt-Management ist eine echte Leistung, die nur wenige Leute wirklich beherrschen. Projekte haben die schlechte Angewohnheit, doppelt so lange zu dauern und doppelt so viel zu kosten wie im Angebot vorgesehen. Jeder, der schon einmal etwas bauen ließ, hat diese bittere Erfahrung gemacht. Manche Projekte laufen sogar völlig aus dem Ruder. Das Schottische Parlament kostete anstatt der ursprünglich veranschlagten 10 bis 20 Millionen stolze 400 Millionen Pfund. Politiker mögen großartige Führungspersönlichkeiten sein, aber großartige Manager sind sie selten.

> »Gutes Projekt-Management ist eine echte Leistung, die nur wenige Leute wirklich beherrschen.«

Wir werden uns hier nicht mit den Tücken der Auftragsvergabe herumschlagen. Dass Lieferanten immer teurer werden als vorgesehen, liegt unter anderem daran, dass sie zu niedrige Angebote abgeben. Entweder sind sie zu optimistisch oder sie hoffen darauf, dass sie ihre Verluste durch all die Änderungen und Ergänzungen wettmachen können, die sich unweigerlich im Lauf jedes Projekts ergeben, gleichgültig ob es um den Einbau einer neuen Küche oder den Aufbau einer neuen CRM-Datenbank geht.

Wie man Projekte im Griff behält, können Sie ausführlich in Handbüchern nachlesen. Wir konzentrieren uns hier auf die wenigen Dinge, die eine entscheidende Wirkung entfalten. Ebenso wie die meisten Schlachten werden auch die meisten Projekte bereits vor ihrem Beginn entschieden. Inmitten der Matrix macht es sich bezahlt, wenn Sie im Voraus dafür sorgen, dass Ihre Projekte so positioniert sind, dass sie erfolgreich verlaufen.

Die Hölle des Projekt-Managements wird durch die folgenden vier apokalyptischen Reiter verursacht:

- Das falsche Problem,
- der falsche Sponsor,
- das falsche Team und
- der falsche Prozess.

Wenn diese vier falsch sind, ist Ihr Projekt ein Kind der Verdammnis. Sind sie dagegen richtig, müsste es schon mit dem Teufel zugehen,

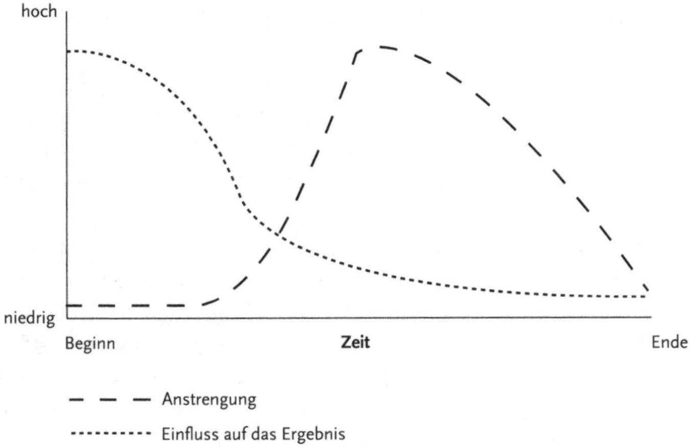

Abb. 6.1: Projekte: Anstrengung und Möglichkeit, das Ergebnis zu beeinflussen

wenn das Projekt scheitert. In Abbildung 6.1 sehen Sie, auf welche Projektphase Führungskräfte ihre Anstrengungen konzentrieren: Auf den Beginn, bevor das Vorantreiben des Projekts zur Sisyphusarbeit wird.

Im Folgenden betrachten wir jeden der vier apokalyptischen Reiter im Einzelnen.

Das falsche Problem

Es gibt eine Geschichte über einen Betrunkenen, der seinen Autoschlüssel in einer dunklen Gasse verliert. Er kann überhaupt nichts erkennen, also geht er lieber zu einer größeren, gut beleuchteten Straße und sucht dort nach dem Schlüssel, weil er sich sagt, dass er dort wenigstens sehen könnte, wonach er sucht. Viel zu viele Manager suchen ebenfalls dort, wo es einfach ist, und nicht dort, wo es etwas bringen würde. Wenn wir etwas Nützliches tun wollen, müssen wir an der richtigen Stelle suchen und das richtige Problem lösen, selbst wenn es schwierig sein sollte.

Viele Experten kennen die Antwort. Sie sind wie Lösungen, die in der Unternehmenswelt herumschwirren und nach einem Problem suchen, an das sie sich hängen können. Ihre Verkaufsformeln sind ebenso verlockend wie die der Quacksalber im Wilden Westen, die ihre Allheilmittel mit Wunderwirkung anpriesen. Weil sie eine einfache

Antwort anbieten, springt das Management oft auf den Planwagen. Eine gute Antwort ist jedoch nutzlos, wenn sie das falsche Problem löst. »42« ist eine gute Antwort auf die Frage: »Was ist sechs mal sieben?« Viele der Leute, die *Per Anhalter durch die Galaxis* gelesen haben, halten »42« auch für eine gute Antwort auf die Frage nach dem Sinn des Lebens. Es ist allerdings keine so gute Antwort auf die Frage: »Wie heißt die Hauptstadt von Kroatien?«

Es ist nicht leicht, das richtige Problem zu finden. Es gibt so viele Initiativen im Angebot: Zur Kostenreduzierung, zum Re-engineering, zum Management der Zulieferkette, für exzellenten Service und so weiter. In all diesen Fällen hilft es jedoch, zunächst einmal die Frage nach dem »Warum« zu stellen. Ein Hoteldirektor plante beispielsweise, die Zimmerpreise zu erhöhen. Wir fragten, warum. Mehrere Wochen lang forschten wir nach den Daten, die schließlich zu dieser logischen Kette führten:

Wir müssen die Zimmerpreise erhöhen.
Warum?
Weil wir höhere Gewinne machen müssen.
Warum?
Weil unsere Gewinne zu niedrig sind.
Warum?
Unsere Kosten pro Gast sind gestiegen.
Warum?
Weil wir immer weniger Gäste haben.
Warum?
Weil die Konkurrenz billigere Preise anbietet.
Also ...
Sollten wir die Zimmerpreise herabsetzen.

Natürlich fällt einem die logische Folgerung nicht immer so leicht in den Schoß. Manchmal dauert es nur ein paar Minuten, manchmal aber auch Monate, bis der logische Zusammenhang zutage tritt. In diesem Fall brachte er den Direktor dazu, genau das Gegenteil von dem zu tun, was er geplant hatte. Er senkte die Zimmerpreise, anstatt sie zu erhöhen.

Der falsche Sponsor

Es gibt einen einfachen Weg, das richtige Problem zu finden – finden Sie den richtigen Sponsor. Unternehmensberater arbeiten am liebsten für den Vorstandschef, und zwar aus folgenden Gründen:

- Die Bezahlung ist sichergestellt.
- Der Vorstandschef besitzt genügend Macht und Autorität, um etwas zu bewirken, und er kann politische Blockaden einfach aus dem Weg räumen.
- Projekte des Vorstandschefs sind immer von Erfolg gekrönt. Selbst Fehlschläge werden nach außen hin als Erfolge dargestellt.

Es besteht allerdings auch hier die Möglichkeit, dass der Vorstandsvorsitzende das falsche Problem löst. In der Praxis geschieht es sogar häufig, dass er immer weiter in die falsche Richtung arbeitet, weil niemand es wagt, ihn darauf aufmerksam zu machen. Es ist gefährlich, dem Vorstandschef zu widersprechen. Manchmal erarbeitet man sich dadurch eine gesicherte Vertrauensposition und wird für seine Ehrlichkeit und Urteilsfähigkeit hoch geschätzt. In anderen Fällen landet man bildlich gesprochen im unternehmensinternen Äquivalent zum Toiletten-Schrubben in Sibirien.

Es können nicht alle Projekte vom Vorstandschef gesponsert werden, aber auch andere gute Sponsoren erkennt man an den gleichen Kriterien:

Das Projekt sollte entscheidend für den zukünftigen Erfolg des Sponsors sein. Sie brauchen einen Sponsor, der alles tut, um das Projekt zu einem erfolgreichen Abschluss zu bringen. Andernfalls tragen Sie ein ungleich höheres Risiko: Das gesamte Risiko eines Fehlschlags ruht auf Ihren Schultern, während der Sponsor sich einfach davonmacht. Und im Fall des Erfolgs beansprucht er das gesamte Verdienst für sich.

Der Sponsor muss genügend Macht und Einfluss besitzen, um die bei jedem Projekt unvermeidlichen politischen Hindernisse zu beseitigen.

Der Sponsor muss über genügend Autorität und Ressourcen verfügen, um das Projekt durchzuführen.

Das falsche Team

Die Leute, die Sie gerne für Ihr Projekt-Team verpflichten würden, stehen nie zur Verfügung. Gute Mitarbeiter sind immer schon anderweitig beschäftigt. Verfügbar sind nur die Leute, die herumsitzen und auf einen Einsatz warten. In der Regel sind dies zum Teil Leute, die noch nie erprobt wurden, und ein paar andere, die bereits erprobt worden und dabei nicht besonders positiv aufgefallen sind. Und selbst wenn einige sehr gute Mitarbeiter Zeit hätten, haben sie vielleicht ausgerechnet nicht die speziellen Fähigkeiten, auf die es bei Ihrem Projekt ankommt.

Der erfolgreiche Manager muss an dieser Stelle energisch seine Interessen vertreten. Wenn er das B-Team akzeptiert, kann er sich auf B-Resultate, Überstunden, Krisen und Enttäuschungen einstellen.

Die Besetzung des Projekt-Teams ist ein zuverlässiger Maßstab für die Bedeutung, die dem Projekt zugemessen wird. Wenn der Sponsor und der Vorstandschef mit einem B-Team zufrieden sind, hat das Projekt für sie auch nur B-Priorität. In diesem Fall sollten Sie sich ganz schnell zurückziehen. Wenn sie dagegen bereit sind, Opfer zu bringen und A-Mitarbeiter von ihren anderen Verpflichtungen für diese Aufgabe freizustellen, dann genießt das Projekt auch A-Priorität.

Der falsche Prozess

Dies ist der ungefährlichste der vier apokalyptischen Reiter. Doch gerade auf diesen Punkt richten die meisten Ratgeber für Projekt-Management die höchste Aufmerksamkeit. Wenn Sie aber das richtige Problem, den richtigen Sponsor und das richtige Team bereits haben, ist die Wahrscheinlichkeit sehr, sehr hoch, dass Sie auch den richtigen Prozess identifiziert haben. Und selbst wenn er sich als der Falsche herausstellt, besitzt Ihr Team genug Energie und Antriebskraft, dass es seinen Kurs korrigieren kann.

Abgesehen von der Welt der ausgeklügelten Gantt- und PERT-Diagramme, gibt es drei Dinge, auf die Sie in puncto Prozess achten müssen:

- Beginnen Sie am Ende und arbeiten Sie sich rückwärts vor.
- Überlegen Sie, wie Sie in möglichst wenig Schritten zum Ziel gelangen.
- Richten Sie einen effektiven Kontrollprozess ein.

Es ist immer falsch, am Anfang zu beginnen. Definieren Sie schon im Voraus das Endresultat so genau wie möglich, damit alle wissen, in welche Richtung sie vorankommen müssen. Wenn man das Ziel bereits kennt, kommt man nicht so leicht auf Ab- und Umwege, so dass auch die Gefahr einer Eskalation der Kosten von Zulieferern eingedämmt wird.

»Definieren Sie schon im Voraus das Endresultat so genau wie möglich, damit alle wissen, in welche Richtung sie vorankommen müssen.«

Sobald Sie den Endpunkt festgelegt haben, überlegen Sie, wie Sie mit möglichst wenigen Schritten dorthin gelangen können. Es gibt immer Leute, die unzählige Detailfallen entdecken, in die man tappen könnte. Die Führungskraft muss dafür sorgen, dass alles so einfach wie möglich bleibt, damit sich alle auf das konzentrieren, was wirklich wichtig ist.

Bei der Suche nach der geringsten Zahl nötiger Schritte muss der Projekt-Manager gleichzeitig den kritischen Pfad definieren (critical path: die Abfolge der Schritte, die unbedingt erledigt werden müssen, bevor der jeweils nächste Schritt in Angriff genommen werden kann). Dieser erleichtert gleichzeitig die Kontrolle und Überwachung des Fortschritts.

Ganz entscheidend ist eine effektive Kontrolle des Projekts. Wenn man während des Verlaufs ständig die Meinung ändert oder Entscheidungen zu langsam fallen, werden die Kosten und die Dauer womöglich in schwindelnde Höhen getrieben. Dies ist oft der Fall, wenn in einer stark politisierten Umgebung die Parteien nicht wirklich an einem Strang ziehen. Es ist ungeheuer wichtig, klare Ziele vorzugeben und einen klaren Entscheidungsprozess festzulegen. Genauso fatal ist es, gar keine Kontrolle vorzusehen. Viele Projekte werden gestartet, ohne dass das Topmanagement sich im weiteren Verlauf um sie kümmert. Ein starker Leader in der Matrix besteht darauf, dass das Topmanagement sein Projekt effektiv überwacht, denn das hilft ihm, das Projekt auf Kurs zu halten und Hindernisse aus dem Weg zu räumen. Darüber hinaus wird das Projekt nur so sichtbar gemacht. Ein erfolgreiches Projekt, das vom Topmanagement gar nicht wahrgenommen wird, bringt die Führungskraft nicht weiter.

Veränderungen managen

Oft wird angenommen, dass Projekte in der rationalen Welt der Gantt-Diagramme, Fortschritts-Meetings und Arbeitsgruppen existieren. Jeder, der einmal die Luft in einer Organisation geschnuppert hat, weiß jedoch, dass dort ein äußerst politisches Klima vorherrscht. Außerdem sind Organisationen voller Menschen, die – anders als Computer – Gefühle besitzen. Projekte leben also nicht völlig losgelöst auf einem rationalen Planeten, sondern in einer Welt, die von drei Eigenschaften bestimmt ist: Rationalität, Politik und Emotionen.

Der eifrige Projekt-Manager arbeitet in der rationalen Welt des Projekts. Die Führungskraft, die die Veränderung anführt, beschäftigt sich mit der politischen und emotionalen Situation ihrer Kollegen, um die Veränderung herbeizuführen und den Erfolg diverser Projekte sicherzustellen.

»Sich mit der politischen und emotionalen Situation der Kollegen beschäftigen« klingt etwas vage und relativ unpraktikabel. Ein Großteil davon beruht auf Erfahrung, was Ihnen nicht viel nützen wird, wenn Sie noch keine Erfahrung gesammelt haben. Und selbst wenn Sie Erfahrung besitzen, macht es sich bezahlt, wenn Sie nicht nur auf Ihr angeborenes Genie und Ihre Intuition hören müssen, sondern auf eine bestimmte Struktur zurückgreifen können. Was einmal funktioniert hat, muss in anderen Situationen nicht unbedingt auch gelingen.

In der Praxis kann eine Führungskraft inmitten der Matrix drei Dinge tun, um bei Veränderungen die Wahrscheinlichkeit eines Erfolgs zu maximieren:

- den Erfolg der Veränderung vorbereiten,
- den Prozess der Veränderung managen und
- das Veränderungsnetzwerk managen.

Den Erfolg der Veränderung vorbereiten

Die meisten geistig gesunden Menschen können Veränderungen nicht genießen, weil sie Unsicherheiten und Risiken in sich bergen. Im Moment bin ich erfolgreich, aber woher soll ich wissen, ob ich in einer neuen Umgebung mit einem neuen Chef, bei dem ich neue Dinge tun muss, ebenso erfolgreich sein kann? Je weniger ich die Veränderung kontrollieren kann, desto mehr fürchte ich sie wahrscheinlich. Veränderungen werden also vom FUD-Faktor bestimmt: Fear (Furcht), Uncertainty (Unsicherheit) und Doubt (Zweifel).

Die einzigen Menschen, die nicht unter dem FUD-Faktor leiden, sind Vorstandsvorsitzende, hochrangige Führungskräfte und Berater. Sie steuern die Veränderung, und sie wissen genau, wie sie davon profitieren wollen.

Im Lauf der Jahre hat sich erwiesen, dass sich der Erfolg oder Misserfolg einer Veränderung mit Hilfe einer einfachen Gleichung ziemlich sicher vorhersagen lässt. Hier ist sie in ihrer ganzen pseudo-mathematischen Genauigkeit:

$$V + N + F + E \geq R$$

V = Vision. Hier ist keine Vision zur Rettung der Erde gemeint, sondern einfach ein sinnvolles, lohnenswertes Ziel, das die Menschen davon überzeugt, dass die Veränderung zu einem guten Ende führt, in dem sie weiterhin eine Rolle spielen werden. Die Vision muss der Organisation, dem Team und jedem einzelnen Mitarbeiter etwas bedeuten. Ob die Dividenden pro Aktie steigen oder nicht, ist für den Produktionsarbeiter relativ bedeutungslos.

N = Notwendigkeit. Sowohl die Institution als auch das Individuum müssen die Notwendigkeit einer Veränderung begreifen. Das Risiko, das mit der Erhaltung des Status quo verbunden ist, muss größer sein als das Risiko einer Veränderung. Angst ist oft ein mächtiger Motivationsfaktor für Veränderungen. Führungskräfte auf allen Ebenen stellen oft fest, dass sie einen großen Teil ihrer Zeit damit verbringen, sowohl die Vision als auch die Notwendigkeit der Veränderung innerhalb der Organisation zu verkaufen.

F = Fähigkeit zur Veränderung. Vision und Notwendigkeit alleine nützen gar nichts, wenn die Fähigkeiten und Ressourcen nicht ausreichen, um die Veränderung zu bewirken. Menschen wollen die Sicherheit haben, dass sie die Reise von Heute nach Morgen erfolgreich zurücklegen können. Außerdem müssen sie dem Management vertrauen können. Wenn das Management alle sechs Monate einen neuen Fünfjahresplan ankündigt, wird der nächste Fünfjahresplan wahrscheinlich mit einigem Zynismus aufgenommen.

E = Erste Schritte. Wir leben in einer Welt der augenblicklichen Bedürfnisbefriedigung. Wir wollen sicher sein, dass wir auf den Sieger gesetzt haben. Die kluge Führungskraft berücksichtigt diese Tatsache und sorgt dafür, dass sich schon früh die ersten Gewinne einstellen. Diese ersten Zeichen des Erfolgs veranlassen dann auch die Zweifler und Zaungäste, noch an Bord zu springen.

R = Risiken und Kosten der Veränderung. Der Umgang mit den Risiken und Kosten für die Organisation läuft in der Regel auf relativ rationaler Ebene ab. Das Killer-Risiko, das den gesamten Erfolg vereiteln kann, besteht aus den emotionalen und politischen Risiken für Individuen und Abteilungen, die alle unter dem FUD-Faktor leiden.

Die Rolle des Leaders bei einer Veränderung besteht hauptsächlich darin, das wahrgenommene Risiko der Veränderung zu entschärfen. Rationale Risiken lassen sich auf rationale Weise abschwächen: phasenweise Investitionen, um Durststrecken zu minimieren, Testen von Ideen, Prototypen und so weiter. Der FUD-Faktor versteckt sich häufig hinter rationalen Ursachen. Wenn Menschen etwas nicht tun wollen, sind sie sehr kreativ und ausdrucksstark im Erfinden rationaler Gründe. Die effektive Führungskraft blickt jedoch hinter diesen rationalen Schleier und erkennt die politischen und emotionalen Bedenken. Sie arbeitet in privaten Einzelgesprächen darauf hin, den FUD-Faktor zu verringern. Dazu gibt es drei wichtige Vorgehensweisen:

- Versuchen Sie, die Vision der Veränderung mit der persönlichen Vision und den Erwartungen der betreffenden Person oder der Abteilung in Einklang zu bringen. Suchen Sie nach einer gemeinsamen Basis.
- Betonen Sie das Risiko des Verharrens im Vergleich zum Risiko der Veränderung. Auch wenn es nicht sehr nett ist: Es ist effektiv, die Furcht vor dem Nichtstun zu verstärken.
- Geben Sie den Leuten das Gefühl, miteingebunden zu sein und die Veränderung zumindest teilweise mit kontrollieren zu können. Allein dadurch, dass Sie sie um Rat fragen, beschwichtigen Sie ihre Sorgen und verringern das Gefühl der Bedrohung.

Es ist ratsam, alle diese Punkte abzuarbeiten. Erinnern Sie die Mitarbeiter laufend an die Vision und setzen Sie diese in Bezug zu ihren Bedürfnissen. Verstärken Sie das Gefühl der Notwendigkeit einer Veränderung und das Risiko der Inaktivität. Sorgen Sie für ein paar frühe Erfolge, um die Mitarbeiter bei der Stange zu halten, und stellen Sie sicher, dass genügend Fähigkeiten und Ressourcen zur Unterstützung der Veränderung da sind. All dies muss gegen das Risiko ins Feld geführt werden, denn nur wenige Menschen genießen das Risiko. Je größer das wahrgenommene Risiko, desto größer der Widerstand gegen die Veränderung. Wenn Sie erreichen, dass eine Veränderung wenig Risiko enthält, wird Ihnen sicher niemand im Weg stehen.

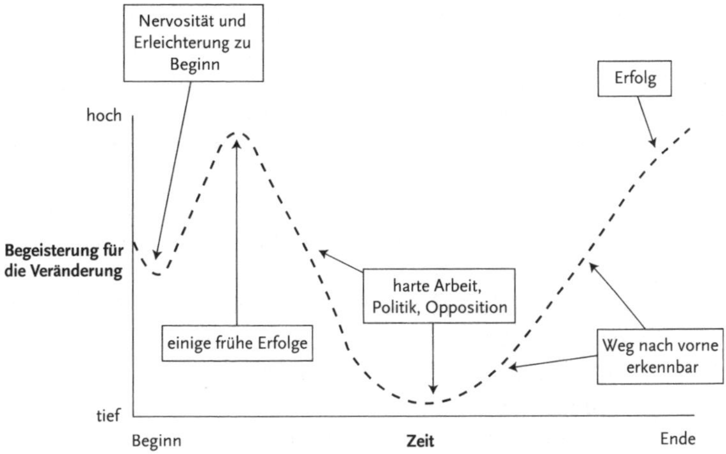

Abb. 6.2: Veränderungen und das Tal des Todes

Den Prozess der Veränderung managen

Projekt-Manager können mit den technischen und rationalen Aspekten von Veränderungen umgehen. Die Führungskraft muss dagegen die politischen und emotionalen Konsequenzen der Veränderungen im Griff behalten. Die meisten größeren Veränderungsprogramme durchlaufen einen vorhersehbaren emotionalen und politischen Zyklus, der in Abbildung 6.2 dargestellt ist.

Wenn die Führungskraft, die die Veränderung anführt, die Gleichung erfolgreich eingesetzt hat, sind die Leute anfangs größtenteils voller Begeisterung für die Veränderung. Einige frühe Erfolge bringen die Zweifler an Bord, und alles sieht gut aus. Doch genau an diesem Punkt beginnen die Probleme. Nach dem Abklingen der ersten Begeisterung begreifen die Leute langsam den Umfang der geforderten Veränderung. Sie sehen die logischen Folgen. Die aufregende Vision, die der Anführer vor ihrem geistigen Auge ausbreitete, verblasst vor der Wirklichkeit der großen Anstrengungen und Risiken. Selten löst ein einzelnes Ereignis den Kollaps aus. Meistens mäandert die Veränderung langsam dahin und versickert schließlich im Sumpf der Verzweiflung.

Die Schönwetterfreunde, die bei den ersten Anzeichen des Erfolgs an Bord gesprungen sind, springen nun bei den ersten Anzeichen für Schwierigkeiten wieder ab und gehen auf Distanz zu Ihrer Veränderung. Ratschläge, die sie Ihnen vielleicht erteilen, sollten Sie mit höchster Vorsicht behandeln. Nehmen Sie den Rat an, behaupten diese Leute später, dass das Projekt nur dadurch gerettet wurde. Nehmen Sie ihn nicht an, liefern Sie ihnen Munition, um später behaupten zu können, dass das Projekt gescheitert sei, weil Sie nicht auf sie hören wollten. Plötzlich fühlen Sie sich vielleicht sehr einsam und unter Druck gesetzt.

Natürlich ist auch im Fall einer solchen Midlife-Krise der Veränderung Vorsorge besser als Heilung. Wenn Sie sowohl für das Projekt-Management als auch für den Veränderungsablauf die richtigen Erfolgsbedingungen geschaffen haben, dann werden Sie es schaffen. Wenn die Veränderung dagegen zu früh gestartet wurde, kann sie auch fehlschlagen. In diesem Fall reichen möglicherweise der Glaube an die Vision und die politische Unterstützung nicht aus, um die Opposition zu überwinden.

Seltsamerweise ist das Tal des Todes für die meisten erfolgreichen Veränderungsprogramme unverzichtbar. Erst im Tal des Todes erkennen die Mitarbeiter das wahre Ausmaß der Veränderung, die von ihnen verlangt wird. Opposition ist das sicherste Zeichen dafür, dass die Leute die Veränderung endlich ernst nehmen, dass sie spüren, dass sie daran beteiligt sind. Führungskräfte sollten das Tal des Todes daher auf keinen Fall vermeiden, sondern es im Gegenteil suchen.

Bei den meisten Veränderungen, die ich in Gang setzte, machte ich den Klienten oder Sponsor im Voraus mit dem Veränderungszyklus und dem Tal des Todes vertraut. Wenn man weiß, dass es auf einen zukommt, verliert es ein wenig von seinem Schrecken. Man nimmt es als gegeben hin und ist darauf vorbereitet, dass man sich durchbeißen muss. In einigen Fällen fragte der CEO ständig: »Sind wir endlich da? Ist es das? Sind wir im Tal des Todes angekommen?«, wie ein Kind auf einer langen Reise. Sie können jedoch davon ausgehen, dass Sie erst dann im Tal des Todes angelangt sind, wenn Sie sich selbst stöhnen hören: »Das ist das Schlimmste, was ich je erlebt habe!« An diesem Punkt wird allen die Realität klar.

Im Tal des Todes geben auch die Anhänger auf, doch die Führungskraft muss weiterhin nach vorne blicken. Sie behält das Endziel fest im Auge und überlegt, auf welchem Weg man es jetzt noch erreichen kann. Nun, da alle anderen überall nur Probleme sehen, hebt sich die Führungskraft dadurch hervor, dass sie Lösungen und Aktionen anbietet. Das ist genau das, was die Leute in ihrer Verzweiflung jetzt brauchen. Der Leader erlebt im Tal des Todes einen Augenblick der Wahrheit. Hier beweist er seine Fähigkeiten, hier lernt er am meisten, hier sammelt er Erfahrung und entwickelt sich weiter.

Selbst wenn wir durch diese Ausführungen nur erreicht haben, dass Ihnen in der nächsten Veränderungskrise etwas mehr Hoffnung bleibt, haben wir schon einen positiven Effekt erzielt. Denken Sie daran: Der Unterschied zwischen Erfolg und Misserfolg liegt oft nur im Durchhaltevermögen.

Das Veränderungsnetzwerk managen

Bei der Vorbereitung einer Veränderung besteht eine große Gefahr: Die Anführer wollen oft erreichen, dass alle auf ihren Planwagen aufspringen. Das ist in der Regel jedoch unmöglich. Es gibt immer ein paar Betonköpfe, die sich allem Neuen verschließen. Das erfolgreiche Veränderungsnetzwerk besteht aus den Personen, die zusammen die Macht, Fähigkeiten und Ressourcen besitzen, mit denen sie die Veränderung zum Erfolg führen können. Darüber hinaus muss der Anführer nur noch dafür sorgen, dass die Zahl der Befürworter in der Organisation die kritische Masse erreicht hat. Wer dagegen versucht, die gesamte Organisation für sich zu gewinnen, manövriert sich selbst ins Abseits. Wie groß diese Herausforderung ist, wird in Abbildung 6.3 deutlich.

Sie sehen in diesem Diagramm, dass die meisten Mitarbeiter der Idee einer Veränderung im Prinzip gleichgültig gegenüberstehen. In der Praxis pendelt ihre Begeisterung zwischen hoch und niedrig, je nachdem, ob sie sich gerade im Tal des Todes befinden oder nicht. Der Glockenkurveneffekt ist jedoch immer vorhanden.

An beiden Enden der Glockenkurve befinden sich die Extremstandpunkte. Am vorderen Ende stehen die Begeisterten, die Sie einspannen sollten. Sie können Ihnen helfen, die Veränderung voranzutreiben, und als frühe Vorbilder für die neue Arbeitsweise dienen. Am hinteren Ende befinden sich diejenigen, die grundsätzlich gegen alles sind. Mit ihnen dürfen Sie keine Zeit verschwenden. Zeigen Sie ihnen einfach, dass die Veränderung erfolgreich durchgeführt wird, und überlassen Sie die Entscheidung ihnen. Sobald der Zug der Veränderung abgefahren ist, werden sie sich einsam und verlassen fühlen. Dann entscheiden sie, ob sie doch noch an Bord kommen oder ganz weggehen

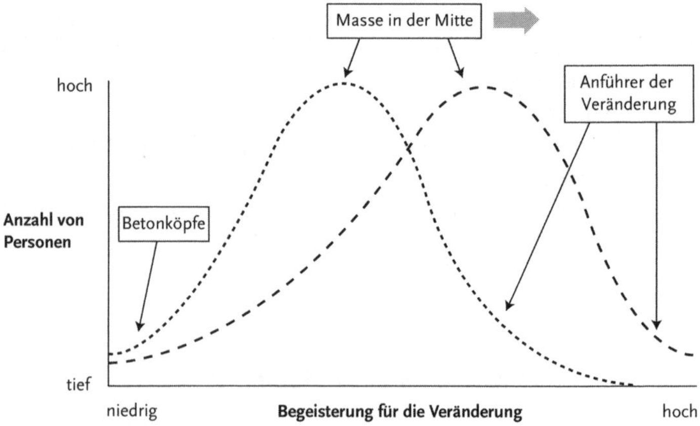

Abb. 6.3: Die Glockenkurve der Veränderung verschieben

wollen. Und wenn sie sich aus Protest quer über die Gleise legen, geben Sie ihnen zu verstehen, dass der Zug auf keinen Fall anhalten wird. Die widerstrebenden Mitarbeiter verschlingen oft einen unverhältnismäßig hohen Anteil an Management-Zeit und -Anstrengung. In der Praxis muss das Management jedoch vor allem die breite Masse der Mitarbeiter aus ihrer Neutralität aufrütteln und dafür sorgen, dass sie die Veränderung grundsätzlich für gut halten. Erwarten Sie nicht, dass Sie alle begeistern können – befürwortende Akzeptanz genügt für den Anfang.

Der Kraftwerksleiter einer Chemiefirma war sehr frustriert, da es ihm nicht gelang, eine Reihe neuer Arbeitsvorgänge einzuführen. Wir wurden als Helfer engagiert. Schon bald bekamen wir laute und sehr bestimmt vorgebrachte Einwände gegen die gesamte Idee einer Veränderung zu hören. Alle möglichen Gegenargumente wurden geäußert: Kosten, Störung des Ausgleichs zwischen Arbeits- und Privatleben, Gesundheit, Sicherheit und sogar Kündigungsdrohungen. Allerdings fanden wir schnell heraus, dass diese Einwände nur von einer kleinen Gruppe von Mitarbeitern und Managern im Kraftwerk kamen. Die meisten anderen Mitarbeiter standen der Veränderung positiv gegenüber, fühlten sich jedoch von den lautstarken mittleren Managern eingeschüchtert. Und der Kraftwerksleiter hatte sich von ihnen einfangen lassen – sie hatten sich effektiv das Vetorecht gegen seinen Plan erkämpft. Wir jedoch konzentrierten uns nicht auf die Gegner, sondern auf die Unterstützer. Als wir die Veränderungen in den positiv eingestellten Bereichen einführten, merkten die Mitarbeiter, dass sie ihnen gefielen. Daraufhin traten sie auch entschiedener für sie ein. Verhandlungen mit den Gegnern konnten wir uns sparen: Einer nach dem anderen traf seine persönliche Entscheidung. Einige schlossen sich dem Programm an, andere verließen das Unternehmen. Als Führungskraft, die eine Veränderung bewirken will, dürfen Sie nicht versuchen, es immer allen Recht zu machen, denn auf diese Weise erreichen Sie gar nichts.

Worauf es neben der kritischen Masse der Belegschaft unbedingt ankommt, ist, dass Sie ein geeignetes Machtnetzwerk zur Unterstützung der Veränderung knüpfen. Der Aufbau von Netzwerken und Bündnissen ist für einen Leader in der Matrix ohnehin unumgänglich. Mit diesem Thema befassen wir uns im folgenden Abschnitt.

Macht, Einfluss und Netzwerke aufbauen

Die Tage von Befehl und Kontrolle sind lange vorbei. Flache Hierarchien führen zwar dazu, dass der Einzelne mehr Verantwortung erhält, aber sie führen auch zu einer Zerstreuung der Macht. Führungskräfte in der Matrix haben oft mehr Verantwortung als Autorität und können ihre Ziele daher nur durch Einflussnahme, Bündnisse und Netzwerke erreichen. Um das Vertrauen und Wissen aufzubauen, auf dem diese Netzwerke beruhen, braucht man viel Zeit. Oft finden Führungskräfte erst heraus, wie subtil und gleichzeitig unverzichtbar diese Netzwerke sind, wenn sie dem Ruf eines Headhunters gefolgt sind. Eine Führungskraft, die in der einen Organisation sehr effektiv gearbeitet hat, lässt sich durch die saftigeren Trauben in einer anderen Organisation verlocken. Nach dem Wechsel erkennt sie jedoch plötzlich, dass sie dort weder den Einfluss noch die Netzwerke hat, die ihr früher so gute Dienste erwiesen. Ja, sie kennt nicht einmal die entscheidenden Hebel, die sie betätigen muss, um etwas zu erreichen. Führung ist oft sehr von der Umgebung abhängig. Der heroische Leader, der von einer Organisation zur nächsten springt, um Brände zu löschen und Frösche in Prinzen zu verwandeln, ist ein seltenes Wesen. Die meisten effektiven Führungspersönlichkeiten sind in ihrem Unternehmen verwurzelt. Hier wissen sie genau, wie sie etwas bewirken können.

In diesem Abschnitt geht es darum, wie Sie mit Hilfe von Netzwerken Dinge bewirken können. Dazu gehören zwei wichtige Punkte:

- Welche Art von Netzwerk muss eine Führungskraft aufbauen?
- Wie knüpfen Sie ein einflussreiches Netzwerk?

Ob jemand Netzwerke knüpft und Allianzen schmiedet oder nicht, ist ein weiteres Unterscheidungsmerkmal zwischen Managern und Führungspersönlichkeiten. Manager fühlen sich in ihrer eigenen Autoritätssphäre am wohlsten, während Führungspersönlichkeiten immer versuchen, umfassendere Netzwerke und Bündnisse aufzubauen und Einfluss zu gewinnen, damit sie mehr erreichen können, als es ihnen ihre formelle Autorität gestatten würde.

Welche Art von Netzwerk muss eine Führungskraft aufbauen?

Die formellen Machtstrukturen innerhalb von Organisationen sind allgemein bekannt. Führungskräfte müssen das informelle Netzwerk der Macht anzapfen, das mindestens genauso wichtig ist, wenn man Dinge bewirken will.

> »In der komplizierten Welt der Matrix zahlt es sich aus, Einfachheit und Klarheit zu gewinnen.«

In der komplizierten Welt der Matrix zahlt es sich aus, Einfachheit und Klarheit zu gewinnen. Auf die Gefahr hin, abgedroschen zu wirken und die Dinge zu sehr zu vereinfachen, biete ich hier eine Abkürzung an, anhand derer Sie sich merken können, was für ein Netzwerk eine Führungskraft braucht: GRANTS.

GRANTS steht für:
G = Gatekeeper (Türsteher)
R = Ressourcen
A = Authorizers (Personen mit der nötigen Autorität)
N = Netzwerkknoten
T = Technische Einflussnehmer
S = Sponsoren

Um das Ganze doch noch kompliziert zu machen, beginnen wir am Ende. Jeder Teil des Netzwerks kann Ihnen andere Dinge bieten, und jeder möchte von Ihnen auch eine andere Gegenleistung. Denken Sie immer daran, dass es sich nicht um ein soziales oder privates, sondern um ein berufliches Netzwerk handelt. Die Mitglieder sind zunächst einmal Ihre Kollegen. Wenn sie dazu auch noch Freunde sind, ist das zwar nützlich, aber zweitrangig. Benjamin Disraeli, ein britscher Premierminister im 19. Jahrhundert, sagte einmal, Staaten hätten keine dauerhaften Freunde oder Feinde, sondern nur dauerhafte Interessen. Das gilt auch für Führungspersönlichkeiten in der Wirtschaft, bei denen dauerhafte Freund- *oder* Feindschaften etwas sehr Seltenes sind.

Sponsoren sind für das Überleben und den Erfolg im Beruf äußerst wichtig. Meist gehört Ihr unmittelbarer Vorgesetzter nicht dazu, denn sie sind hoffentlich mindestens eine Ebene über ihm angesiedelt. Ein guter Sponsor ist eine Machtperson im Unternehmen, der als Ihr Mentor, Coach und gelegentlicher politischer Helfer auftritt. Wenn Sie beispielsweise in die Lage geraten, dass Sie einem unmöglichen Chef zugeteilt werden könnten, dann sollten Sie Ihr Guthaben beim Sponsor einlösen und ihn bitten, diesen Kelch an Ihnen vorüberziehen zu lassen. Zwischen Ihnen und dem Sponsor besteht ein informeller psychologischer Kontrakt: Sie machen sich für ihn nützlich, indem Sie hin und wieder Aufgaben für ihn erledigen und ihn über interessante Neuigkeiten auf dem Laufenden halten. Dafür kümmert er sich um Ihre Interessen.

Autorisierende Personen (Authorizers) sind Ihre direkten Vorgesetzten. Die Regeln für das Management von Vorgesetzten haben wir in Kapitel 1 bereits behandelt. Insgesamt ist für sie Loyalität am wichtigsten, und darauf folgt die Leistung. Vorgesetzte besitzen zwar Autorität über Sie, aber ansonsten nicht genügend Autorität, um Ihnen alles zu ermöglichen, was Sie erreichen wollen. Zu diesem Zweck brauchen Sie Ihr Netzwerk.

Ressourcen sind die Personen und Fähigkeiten, die Ihnen zur Verfügung stehen. Auch sie reichen meist nicht aus, um alle Ihre Ziele zu verwirklichen. Effektive Führungspersönlichkeiten mobilisieren daher durch Betteln, Leihen und Stehlen zusätzliche Ressourcen in der Organisation. Sie verbünden sich mit Personen, die über Autorität und Ressourcen verfügen, und arbeiten mit ihnen bei der Erreichung ihrer gemeinsamen Ziele zusammen. Den Prozess der Einflussnahme werden wir im nächsten Abschnitt behandeln. Traditionellere Manager versuchen, alles allein und nur mit den ihnen zur Verfügung stehenden Ressourcen zu schaffen. Dadurch mangelt es ihnen aber meist an der nötigen Hebelkraft und Unterstützung, so dass es für sie praktisch und politisch beinahe unmöglich ist, beste Ergebnisse zu erzielen. Abgesehen davon bereiten sich diese Manager viele lange Arbeitstage und erhöhten Stress.

Technische Einflussnehmer sind unentbehrlich für den Erfolg. Sie haben zwar wenig formelle Autorität, aber informell besitzen sie praktisch das Vetorecht über alle Vorhaben. Der klassische technische Einflussnehmer ist die Finanzabteilung. Dort werden alle Vorschläge daraufhin geprüft, ob sie geeignet und realisierbar sind. Wenn Sie diese Leute nicht auf Ihrer Seite haben, können sie jeden Ihrer Vorschläge abschmettern. Machen Sie sich diese Personen daher früh zu Freunden. Erfüllen Sie klaglos jede ihrer Forderungen, selbst wenn sie noch so überzogen sind. Beziehen Sie sie früh in die Ausarbeitung Ihres Vorschlags ein und fragen Sie sie um Rat, dann fühlen sie sich geschmeichelt. Die Finanzabteilung ist der Sheriff, der die Ordnung in der Stadt aufrechterhält. Hat man den Sheriff auf seiner Seite, kann man sich so richtig austoben, wie jeder Cowboy weiß.

Netzwerkknoten scheinen immer die richtigen Leute zu kennen. Sie selbst verfügen oft über wenig formelle Autorität. Es kann ein persönlicher Coach sein, der für mehrere hohe Führungskräfte arbeitet, oder auch ein langjähriger Mitarbeiter in der Personalabteilung oder in einer anderen Funktion, den alle kennen und dem jeder vertraut. Er selbst hat keinen Ehrgeiz und wird nicht mehr weit kommen, aber er ist absolut vertrauenswürdig. Die Meinung dieser Menschen hat oft viel Gewicht, weil sie über den politischen Intrigen und Spielchen stehen. Sie sind auch meist sehr gut informiert, weil jeder mit ihnen spricht. Auf diese Weise erhalten sie noch mehr Informationen und noch mehr Leute sprechen mit ihnen. Suchen Sie diese Menschen, finden Sie heraus, wie Sie ihre Sympathie gewinnen können und holen Sie sie mit an Bord.

Türsteher (Gatekeepers) können sehr viel bewirken, im positiven wie im negativen Sinn. Ein guter Türsteher kann Ihnen Zugang zu leitenden Managern verschaffen, die sonst schwer erreichbar sind. Ein schlechter Türsteher verspricht zwar, Ihnen Zugang zu verschaffen, kann oder will dieses Versprechen letztendlich aber nicht einlösen. In diesem Fall haben Sie wertvolle Zeit verschwendet, ohne die entscheidenden Personen zu erreichen. Die offensichtlichsten Türsteher sind die Sekretärinnen. Die meisten Menschen begehen im Umgang mit ihnen einen der folgenden drei Fehler:

- Sie ignorieren sie oder behandeln sie wie Fußabtreter auf dem Weg zur Macht.
- Sie behandeln sie wie Dienerinnen und kommandieren sie herum.
- Sie sind herablassend: Blumen, Pralinen und lange Gespräche sind etwas für Verliebte. Die meisten Sekretärinnen wollen jedoch als das wahrgenommen werden, was sie sind: Ausgebildete und fähige Profis, die hervorragende Arbeit leisten. Wenn Sie sie als solche behandeln, werden Sie von ihnen ebenfalls gut behandelt.

Zusätzlich zu diesem Netzwerk gibt es noch die Fürsten, die tatsächlich die Autorität besitzen, um die Dinge zu verändern. Die Versuchung ist groß, ohne Umwege auf diese Personen zuzugehen und sie um Unterstützung zu bitten. Dieser Ansatz ist jedoch mit drei Problemen verbunden:

- Der Fürst hat zwar genügend Autorität, aber er wird trotzdem wissen wollen, ob auch der Rest der Organisation den vorgeschlagenen Weg akzeptiert und unterstützt. Wenn die informellen und technischen Einflussnehmer ihm zu verstehen geben, dass sie dagegen sind, sind Sie vernichtet.
- Sie verärgern das Netzwerk, wenn Sie es umgehen. In einem solchen Fall werden die Mitglieder dem Fürsten wahrscheinlich böse Dinge über Sie ins Ohr flüstern.
- Selbst wenn der Fürst Sie unterstützt, sind Sie in einer eher schwachen Position, weil Sie immer nur sagen können: »Der Fürst will es so.« Langfristig diskreditieren Sie sich damit. Sie haben sich zum Laufburschen des Fürsten gemacht, und sobald er weiter aufsteigt, bleiben Sie im Regen stehen.

Wie knüpfen Sie ein einflussreiches Netzwerk?

Netzwerke werden ebenso aufgebaut wie Mauern: Immer einen Ziegel nach dem anderen. Man braucht dazu Zeit und Sorgfalt. Jedes einzelne Bündnis im Netzwerk basiert auf einer eigenen psychologischen Vereinbarung, die sich von allen anderen ein wenig unterscheidet. Den Kern der Vereinbarung bildet die Vertrauensgleichung. Als Individuen unterstützen wir nur Personen, denen wir vertrauen. Ganz bestimmt folgen wir niemandem, dem wir nicht vertrauen. Vertrauen ist daher die Grundwährung eines jeden Bündnisses.

Die Vertrauensgleichung ist leicht zu formulieren, aber schwer einzuhalten. Hier ist sie, in ihrer ganzen pseudo-mathematischen Genauigkeit:

$$V = (I \times G) : R$$

V = Vertrauen. Je mehr zwei Menschen einander vertrauen, desto stärker ist der gegenseitige Einfluss.

I = Intimität, aber nicht im üblichen Sinne des Wortes. Mit dem Chef zu schlafen ist zwar ein bewährtes, wenn auch unehrenhaftes Erfolgsrezept – ob Sie es tun wollen oder nicht, liegt aber allein in Ihrer Verantwortung. In unserem Kontext bedeutet Intimität, dass zwei Menschen dieselben Werte und Interessen haben: Beide sprechen dieselbe Sprache, sehen die Welt aus derselben Perspektive und haben gemeinsame Ziele und Interessen. Diese Form der Intimität entsteht, wenn man viel Zeit mit dem betreffenden Menschen verbringt und ihm zuhört. Je mehr Sie zuhören, desto besser verstehen Sie ihn und desto mehr wird er Sie schätzen.

Hochrangige Manager legen oft Spuren aus, so dass Sie auch dann Intimität herstellen können, wenn Sie sie gerade erst kennen lernen. Fotos sind beispielsweise ein Hinweis – Bilder von Häusern, von Autos (fragen Sie danach, sie sind wahrscheinlich ihr ganzer Stolz), von Fußballmannschaften (drücken Sie Ihr Mitgefühl aus, wenn die Mannschaft gerade nicht vom Glück begünstigt ist) oder von Landschaften (fragen Sie nach dem letzten Urlaub). Haben Sie ein gemeinsames Interesse gefunden, besteht die Möglichkeit, gegenseitiges Verständnis aufzubauen. Gibt es weder Bilder noch Erinnerungsgegenstände auf dem Schreibtisch oder an der Wand, haben Sie es vermutlich mit einem sehr sachlichen Menschen zu tun, der am liebsten gleich zur Sache kommt.

G = Glaubwürdigkeit. Wenn es bei Intimität darum geht, das Richtige zu sagen, dann geht es bei Glaubwürdigkeit darum, das Richtige zu tun. Sie müssen gegebene Zusagen erfüllen. Wenn Sie nur viele Worte machen, ohne je Taten folgen zu lassen, sind Sie nichts weiter als ein amüsanter Störenfried. Betrachten Sie es als das Ansparen persönlichen Kapitals. Jedes Mal, wenn Sie etwas tun, was dem anderen nützt, wächst Ihr persönliches Kapital. Jedes Mal, wenn er Ihnen einen Gefallen tut, wird etwas von dem Kapital wieder abgezogen. Es macht sich bezahlt, die Bilanz immer auf einem Niveau zu halten, bei dem Sie nur ein wenig mehr Guthaben besitzen als er. Wenn Sie nämlich ständig Dinge für ihn erledigen, betrachtet er es irgendwann als selbstverständlich. Es muss aber eine Partnerschaft entstehen, bei der beide Seiten etwa gleich viel Zeit und Anstrengung investieren.

R = Risiko. Unser alter Freund, das Risiko, ist nie weit entfernt. Triviale Aufgaben werden auch an fremde und neue Mitarbeiter übertragen. Je wichtiger die Aufgabe aber ist, desto tiefer muss das Vertrauen sein. Es braucht Zeit, Vertrauen herzustellen. Wir müssen uns die Sporen verdienen und zeigen, dass wir vertrauenswürdig sind, indem wir immer schwierigere und risikoreichere Aufgaben erfüllen.

Diese Vertrauensgleichung ist natürlich bei verschiedenen Personen jeweils in einem anderen Entwicklungsstadium. Als Führungskraft brauchen Sie Mittel und Wege, um die Entwicklung des Netzwerks ein wenig zu beschleunigen.

Eine schnelle Möglichkeit ist, sich Vertrauen bei der Bank zu leihen. Wenn Sie beispielsweise Vertrauen und Einfluss bei einer Person in Ihrer Organisation gewinnen müssen, die Sie nicht gut kennen, dann sollten Sie überlegen, ob Ihnen jemand einfällt, der Sie beide gut kennt. Sie erhalten einen Vertrauensvorschuss bei der Ihnen unbekannten Person, wenn derjenige, der Sie beide gut kennt, Sie glaubwürdig unterstützt. Einer der besten Spendensammler, den ich je kennen gelernt habe, verbrachte die ersten fünfzehn Minuten eines Gesprächs nur damit, über mögliche gemeinsame Bekannte zu reden. Dabei entdeckten die beiden einander bisher fremden Menschen meist schnell mehrere gemeinsame Bekannte, über die sie sich dann wärmstens unterhielten. Innerhalb von fünfzehn Minuten hatten sie die erste Stufe zum gegenseitigen Vertrauen erklommen, obwohl sie sich nie zuvor begegnet waren. Sobald dieses erste Vertrauen geschaffen war, konnte der Spendensammler zum Geschäftlichen übergehen.

Es gibt noch einen letzten Trick, den eine Führungskraft anwenden kann, wenn sie in Eile ein Bündnis schließen muss. Alle guten Unternehmer setzen ihn instinktiv ein. Sie erzeugen ein Gefühl der Unvermeidlichkeit dessen, was sie zu tun gedenken. Sie sagen niemals *falls*, sondern immer nur *wenn*, und sie übertreiben ein wenig, wenn sie erzählen, wie viel Unterstützung und Hilfe ihnen bereits sicher ist. Wenn die Finanzabteilung den Vorschlag noch im Detail prüft, stellen sie es so dar, dass »die Abteilung in das Programm miteingebunden ist und sie bei der Positionierung unterstützt«. Unternehmer erzeugen ein tiefes Gefühl der Begeisterung für ihre Vision und verniedlichen die Risiken und Probleme. Als ich einmal beschloss, ohne die entsprechenden Kenntnisse und ohne Kapital eine Bank zu gründen, sprach ich potenzielle Partner immer mit der vollsten Überzeugung an, dass mein Plan umgesetzt werden würde – als ob die einzige Frage darin bestünde, wer der glückliche Partner sein und wer diese großartige Gelegenheit verpassen würde. Wenn Sie nicht an sich selbst glauben, tut es auch kein anderer.

7
Professionalität

Wenn die Führungspersönlichkeiten schließlich aus den Reihen der idealistischen Universitätsabsolventen hervortreten, sind sie meist bereits vollständig gezähmt. Sie haben die Verhaltensnormen ihrer Organisation verinnerlicht und außerdem die meisten handwerklichen Fähigkeiten erworben. Sie können mit Wertpapieren handeln oder das Tagesgeschäft erledigen, und sie haben so viel Leistung erbracht, dass sie befördert wurden. Sie sind dabei, das Potenzial einer zukünftigen Führungskraft gegen die Wirklichkeit der Führung einzutauschen.

In diesem Licht betrachtet, erscheint es unfair zu behaupten, dass der Matrix-Profi noch lernen muss, professionell zu arbeiten. Allein die Tatsache, dass man in die Matrix aufgenommen wurde, legt doch nahe, dass man ein gewisses Niveau an Professionalität erreicht hat. Die Situation ist vergleichbar mit den Zünften im Mittelalter: Die Lehrzeit ist beendet, aber der Lehrling ist noch nicht bereit, selbst Meister zu werden. Zwischen den Lehrjahren und der Meisterprüfung liegt die Zeit, in der er als Wandergeselle seine Fähigkeiten polieren und weiterentwickeln muss.

Professionalität zeigt sich bei der Matrix-Führungskraft in verschiedenen Verhaltensweisen und Fähigkeiten. Im Verhalten muss sie die Werte einer echten Führungspersönlichkeit nach außen verkörpern und eine Vorbildfunktion erfüllen. Sowohl auf dieser als auch auf der höchsten Führungsebene scheitern viele Leute, weil sie es versäumten, sich die wichtigsten Verhaltensweisen erfolgreicher Führungskräfte anzueignen. Wenn Sie jetzt nicht damit anfangen, dürfen Sie nicht darauf hoffen, dass sie sich auf höchster Ebene plötzlich von selbst einstellen.

Essenziell sind beispielsweise Ehrlichkeit und Integrität. Dabei geht es für die Führungskraft weder um moralische Grundsätze noch darum, von der Kanzel herunter zu predigen, wie man ein guter Mensch wird, sondern um das reine Überleben. Dieses Thema wird in Kapitel 11 noch ausführlich behandelt. Der Kern der Sache lässt sich jedoch ganz einfach darlegen. Denken Sie an die Menschen, denen Sie zu folgen bereit sind. Wie viele von ihnen belügen Sie oder wollen Ihnen die Wahrheit vorenthalten? Gefolgsleute brauchen Anführer, denen sie vertrauen können und die ihnen die ganze Wahrheit sagen. Wenn Sie nicht vollständig ehrlich sind, stehen Sie ohne Gefolgsleute da. Und ein Anführer ohne Gefolgsleute ist ein sehr trauriger Anblick.

»Gefolgsleute brauchen Anführer, denen sie vertrauen können und die ihnen die ganze Wahrheit sagen. Wenn Sie nicht vollständig ehrlich sind, stehen Sie ohne Gefolgsleute da.«

Atmen Sie jetzt einmal tief durch und setzen Sie sich hin. Wir werden Sie an dieser Stelle auffordern, es der Weißen Königin aus *Alice hinter den Spiegeln* gleichzutun, die von sich selbst behauptete: »Zuzeiten habe ich vor dem Frühstück bereits bis zu sechs unmögliche Dinge geglaubt.« Sie sehen im Folgenden sechs unmögliche Dinge, die Sie glauben müssen, bevor Sie die Reise fortsetzen können:

1. Wir wissen nicht, wie man spricht.
2. Wir wissen nicht, wie man zuhört.
3. Wir wissen nicht, wie man schreibt.
4. Wir wissen nicht, wie man liest.
5. Wir wissen nicht, wie man Meetings abhält.
6. Wir wissen nicht, wie man kommuniziert.

Diese Liste erscheint absurd. Natürlich können wir alle lesen, schreiben, sprechen und zuhören. Das tun wir doch jeden Tag. Treten wir also einen Schritt zurück. *Sie* wissen, wie man liest, schreibt, spricht und zuhört, aber wie steht es mit Ihren Kollegen? Wie viel zähes Geschwafel müssen Sie in E-Mails über sich ergehen lassen? Wie oft haben Sie auf Konferenzen irgendeinem Wichtigtuer zugehört, der eigentlich nichts mitzuteilen hatte außer seiner eigenen Bedeutsamkeit? Ist Ihnen schon aufgefallen, wie oft Ihre Kollegen nicht verstehen, was Sie meinen, obwohl Sie es ihnen mündlich und schriftlich ganz klar erklärt haben? Es gibt genügend Beweise dafür, dass niemand außer Ihnen lesen, schreiben, sprechen und zuhören kann.

An diesem Punkt sollte eine Führungskraft in der Matrix einsehen, dass Bescheidenheit eine ganz entscheidende professionelle Eigenschaft ist. Bescheidenheit ist das Tor zur Selbsterkenntnis, zum Lernen

und zu verbesserter Leistung. Bescheidene Führungspersönlichkeiten versuchen laufend, ihre Kommunikationsfähigkeit zu verbessern. Da wir einen Großteil des Tages sprechend, zuhörend, lesend oder schreibend verbringen, zahlt es sich aus, es so gut wie möglich zu beherrschen.

Dazu muss man wissen, dass diese Fähigkeiten im sozialen Umfeld ganz anders eingesetzt werden als im Management-Kontext. Der ineffektive Fachmann erkennt dies zwar, doch er reagiert darauf mit umständlichen Schriftstücken gespickt mit Management-Jargon, die ernsthaft wirken sollen. Solche Dokumente verfehlen ihre wichtigste Aufgabe, nämlich die Kommunikation.

Effektive Führungskräfte dagegen lernen, wie man in Organisationen effektiv kommuniziert. Prägnante Mitteilungen sind der Spiegel klarer Gedanken – sie sind das Markenzeichen vieler starker Führungspersönlichkeiten von Churchill bis Reagan.

Im Folgenden betrachten wir die sechs Unmöglichkeiten, die wir glauben sollen. Wir untersuchen jeweils, wie sich die Kommunikation im sozialen Umfeld von der Kommunikation in der Unternehmenswelt unterscheidet, und wie Sie lernen, effektiver zu kommunizieren. Jeder dieser sechs Bereiche lässt sich ein Leben lang verbessern. Starke Führungspersönlichkeiten experimentieren, reflektieren und entwickeln einen Stil, der zu ihnen passt. Die nun folgenden Anmerkungen dienen lediglich zur Strukturierung und Beschleunigung dieser Entdeckungsreise.

Lernen, wie man spricht

Die Bambara sind der größte Bauernstamm in Mali. Sie sind größtenteils Analphabeten, aber für sie sind die Wörter den Göttern sehr nahe. Wörter erschaffen ganze neue Welten im Kopf, Wörter führen zu Taten, Wörter unterscheiden den Menschen vom Tier. Wörter sind mächtig. Die Bambara sagen, dass Wörter wie von einem Schmied geschmiedet, wie von einem Weber gewebt und wie von einem Schuster poliert werden sollten. Es überrascht daher nicht, dass sie Zurückhaltung im Sprechen schätzen – lieber wenig, aber dafür Sinnvolles sagen, als einfach nur dahinzureden.

Beim Stamm der Manager entfalten Worte manchmal ebenso große Macht wie beim Stamm der Bambara. Die Kunst des Kommunizierens, Motivierens, Beeinflussens und Coachings behandeln wir einzeln in anderen Abschnitten. Hier geht es um die spezifische Schwierigkeit, vor größeren Versammlungen zu sprechen. Dieses Paradestück hat bei angehenden Führungskräften oft einen unverhältnismäßig großen Einfluss darauf, wie sie von anderen wahrgenommen werden. Manche Menschen fürchten sich daher sehr vor solchen Gelegenheiten. Noch schlimmer sind aber oft diejenigen, die sich für geborene Demagogen halten.

Die Kunst effektiver Präsentationen lässt sich in zwei Teilbereiche aufspalten:

- Substanz und
- Stil.

Effektives Sprechen – Substanz

Die alten Griechen lebten in einer direkten Demokratie ohne Repräsentanten. Jeder erwachsene Mann (Frauen, Sklaven, Wahnsinnige und Gefangene zählten in dieser seltsamen Demokratie nicht) konnte abstimmen. Die Macht wurde immer dem Mann übertragen, der die besten Reden hielt und die Bürger mit seinen Argumenten überzeugte. Allein durch die Macht seiner Reden war Perikles nahe daran, Athen als Autokrat zu regieren. Thukydides sagte einmal, wenn Perikles bei einem Wettkampf im Ringen geschlagen würde, stünde er auf und könnte dennoch alle Anwesenden davon überzeugen, dass er der Sieger sei.

Für die Griechen bestand die Kunst der Rede aus drei Teilen: Logos, Ethos und Pathos.

Logos betrifft die Logik und beantwortet die Frage: »Warum sollte ich hier zuhören?« Gute Redner beantworten diese Frage sehr bald. Sie fassen zunächst mit einfachen Worten zusammen, was sie sagen werden, dann sagen sie es und zum Schluss erklären sie, dass sie es gesagt haben. Beginnen Sie Ihre Ansprachen nicht mit einem schlecht vorgetragenen Witz, sondern mit dem Grund, weshalb man Ihnen zuhören sollte. Bei zahlreichem Publikum sollten Sie nicht versuchen, alle anzusprechen. Unter den Zuhörern befinden sich wahrscheinlich nur ein paar Personen – ja vielleicht sogar nur eine Person –, die Sie wirklich beeinflussen wollen. Sprechen Sie genau diese Personen an.

Ethos beantwortet die Frage: »Warum glaube ich dieser Person?« Sie müssen sehr früh Ihre Glaubwürdigkeit untermauern. Dabei sollten Sie nicht nur zeigen, dass Sie ein Fachmann sind, sondern gleichzeitig deutlich machen, dass Sie sich auf derselben Ebene befinden wie das Publikum, dass Sie sich in die Probleme der Zuhörer einfühlen und ihre Erfahrungen nachvollziehen können und dass Sie ihre Sprache sprechen.

Pathos stellt die emotionale Verbindung zum Publikum her. Sprecher, die sich nur auf die erbarmungslose Logik von Tabellen und Details verlassen, verlieren schnell den Kontakt zum Publikum. Effektives Pathos erfordert, dass Sie die Logik zum Leben erwecken, indem Sie untermalende Geschichten erzählen und in lebendigen Bildern sprechen. Alle Menschen lieben Geschichten. Sie sind auch eine gute Möglichkeit, um schwer verständliche Botschaften zu vermitteln.

Effektives Sprechen – Stil

> »Das Publikum erinnert sich eher an Sie als an Ihre Botschaft.
> In vielerlei Hinsicht sind Sie die Botschaft.«

Es ist eine Binsenweisheit, dass das Publikum sich eher an Sie als an Ihre Botschaft erinnert. In vielerlei Hinsicht sind Sie sogar die

Botschaft. Wenn Sie daher wie ein Landstreicher gekleidet sind, wie ein unsicherer Teenager mit eingezogenen Schultern einher schlurfen und ins Mikrofon nuscheln, wird das Publikum Ihre brillante Botschaft in der Regel gar nicht wahrnehmen. Wenn Sie dagegen die drei *E* der Kommunikation beherzigen, wird meist sogar eine langweilige Botschaft interessiert aufgenommen:

- Energie,
- Enthusiasmus und
- Erregung.

Diese drei *E* vorzutäuschen ist ebenso schwer, wie Spontaneität zu üben. Es gibt jedoch ein paar Dinge, die Ihnen helfen werden. Sie sollten beispielsweise Folgendes tun.

Werfen Sie das Manuskript weg, denn damit klingen Sie nur hölzern oder, noch schlimmer, wie ein Politiker. Prägen Sie sich nur die Eröffnung ein, damit Ihnen der Einstieg gelingt, und merken Sie sich den Schluss, damit auch hier nichts passieren kann. Behalten Sie ein paar ausgewählte Sätze im Kopf, die Sie im Verlauf der Rede unterbringen wollen. Jeder dieser Sätze markiert einen Abschnitt in Ihrem Vortrag. So halten Sie die Struktur und Disziplin ein und klingen dennoch spontan.

Vermeiden Sie komplizierte PowerPoint-Präsentationen. Wenn es sein muss, dann lautet das Prinzip: Einfache Folien, sprechender Präsentator. Jede Folie enthält nur drei oder vier Schlüsselbegriffe, damit das Publikum weiß, wo Sie sind, aber Sie tragen die Kommentare dazu vor. Folien mit langen Erklärungen und ein Präsentator, der einfach nur den Text vorliest – und das langsamer als das Publikum – sind ein Alptraum.

Stehen Sie leicht auf den Zehen, so dass man unter Ihren Fersen ein Blatt Papier hindurchschieben könnte. Wenn Sie das Gewicht auf die Fersen verlagern, sinken die Schultern nach vorn und Sie sehen weniger energiegeladen aus.

Stehen Sie nach Möglichkeit, bevor Sie die Bühne betreten. Wenn Sie vor dem Vortrag sitzen, sinkt Ihr Energieniveau. Dies wird dann oft durch einen besonders starken Adrenalinstoß ausgeglichen.

Beziehen Sie das Publikum mit ein. Schauen Sie nicht irgendwo in die Ferne, sondern blicken Sie einzelnen Personen in die Augen. Der bekannte amerikanische Prediger Billy Graham praktizierte diese Methode mit durchschlagendem Effekt. Selbst wenn tausende Zuhörer versammelt waren, suchte er laufend den Blickkontakt mit vielen einzelnen Personen. Niemand wagte zu dösen, und alle fühlten sich persönlich angesprochen.

Die Wirkung der drei *E* wird durch zwei weitere *E* noch gesteigert: Expertise und entspannte Freude. Wenn Sie Ihr Thema durch und durch kennen, können Sie wesentlich leichter entspannen und Freude an Ihrer Rede empfinden. Und wenn Sie entspannt sind und sie selbst genießen, wird sie auch den Zuhörern gefallen. Wenn Sie dagegen das Thema hassen, dürfen Sie nicht erwarten, dass es dem Publikum anders ergeht. Als Test sollten Sie einmal jemandem das Kostenverteilungsschema in Ihrer Organisation erklären. Achten Sie darauf, wer zuerst einschläft – Sie oder Ihre Zuhörer. Und dann erzählen Sie von einem bemerkenswerten Erlebnis aus Ihrem Privat- oder Berufsleben. Dabei treten wahrscheinlich alle fünf *E* in Erscheinung: Energie, Enthusiasmus, Erregung, Expertise und entspannte Freude. Diese einfache Übung zeigt, dass wir alle gut sprechen können – wir müssen unsere Fähigkeiten nur auf die große Bühne übertragen.

Lernen, wie man zuhört

Das Meeting mit dem Klienten war sehr gut verlaufen, obwohl dieser den Ruf eines Betonkopfes hatte. Paula war überrascht, denn sie hatte eine mittlere Katastrophe erwartet. Sie wandte sich James zu, der das Gespräch geleitet hatte, und sagte: »Das war toll! Wie hast du das geschafft? Du sahst aus, als würde alles, was er sagte, dich brennend interessieren. Du hast ihm das Gefühl gegeben, dass er die einzig wichtige Person auf der ganzen Welt sei.«

Gutes Zuhören entfaltet eine verheerend starke Wirkung. Ebenso wie Ehrlichkeit und Spontaneität ist es jedoch schwer vorzutäuschen. Gute Verkäufer und gute Führungskräfte besitzen zwei Ohren und einen Mund, wie jeder andere Mensch auch, und sie setzen sie in genau diesem Verhältnis ein. Die Leute lauschen so gerne der einen Person, die sie wirklich bewundern, nämlich sich selbst. Wenn Sie den Leuten die Gelegenheit bieten, reden sie Sie in Grund und Boden.

Bei jedem der drei folgenden Fallbeispiele werden zwei Ansätze beschrieben. Überlegen Sie selbst, welcher Ansatz jeweils der wirkungsvollere ist.

Das Verkaufsgespräch: Sie erklären dem Kunden fünfzehn Minuten lang die wunderbaren Wirkungen des neuen Soundso, mit dem er seine gesamte Konkurrenz beiseite fegen wird, und bitten dann um

seinen Auftrag. Natürlich findet der Kunde tausend Einwände. Im besten Fall verhandelt er verbissen um den Preis. Sie können aber auch den Kunden selbst über seine Wettbewerbssituation sprechen lassen und Fragen stellen, die ihn auf all die Probleme aufmerksam machen, die Ihr Wunder-Soundso lösen könnte. Der Kunde erkennt, dass er Soundso braucht, und Sie werden sein Partner, der ihm hilft, seine Probleme zu lösen. Sie sind vom Verkäufer zum Partner aufgerückt.

Das Mitarbeiterproblem: Ihre Mitarbeiter legen Ihnen ein Problem vor. Sie sind der heldenhafte Anführer, der Quell der Weisheit, also lösen Sie das Problem und sagen den Mitarbeitern genau, was sie tun müssen. Diese gehen in dem Gefühl, dass Sie sehr klug sind, aber sie haben keinen Anteil an der Lösung. Und sie haben gelernt, sich auf Sie zu verlassen: Es ist leichter, Ihnen Probleme vorzulegen als sie selbst zu lösen. Die zweite Möglichkeit ist, Fragen zu stellen und die Mitarbeiter selbst die Lösung entwickeln zu lassen. So haben die Mitarbeiter Anteil am Problem und an der Lösung, für die sie sich jetzt auch stärker einsetzen, weil sie von ihnen selbst kommt.

Das Beurteilungsgespräch: Sie werfen dem Mitarbeiter vor, dass er zu wenig Leistung erbringt, erklären deutlich, was schief gelaufen ist, und sagen ihm, was er nun tun soll, um das Problem wieder in den Griff zu bekommen. Dann sehen Sie zu, wie er hinausgeht – deprimiert, wütend oder in Abwehrhaltung. Alternativ können Sie auch ihn selbst über seine Leistungen sprechen lassen. Stellen Sie Fragen, um ihn darauf hinzuweisen, wo und wie er sich noch verbessern kann. Beim Verlassen Ihres Büros ist er vorsichtig optimistisch über seine Zukunft. Außerdem empfindet er wahrscheinlich Dankbarkeit und Loyalität gegenüber einem Vorgesetzten, der ihm aufmerksam und anteilnehmend zugehört hat.

> »Abgesehen davon, dass Sie sich den Mund zukleben könnten, gibt es drei relativ einfache Möglichkeiten, Ihre Fähigkeit als Zuhörer zu schulen.«

Zuhören ist so viel schwieriger als selbst zu sprechen. Aktives Zuhören verlangt exaktes Mitdenken und exakte Fragen. Abgesehen davon, dass Sie sich den Mund zukleben könnten, gibt es drei relativ einfache Möglichkeiten, Ihre Fähigkeit als Zuhörer zu schulen:

- Umschreibung,
- offene Fragen und
- kurze Nachbesprechung.

Umschreibung

Dabei handelt es sich um eine sehr einfache Technik, die Sie zum Zuhören zwingt. Sobald der andere in seinem Sprechfluss eine natürliche Pause einlegt, gerät man leicht in Versuchung, ihm nun die eigene Meinung darzulegen. Widerstehen Sie dieser Versuchung und fassen Sie statt dessen in eigenen Worten kurz zusammen, wie Sie den anderen verstanden haben. Das bedeutet nicht, dass Sie ihm zustimmen, sondern nur, dass Sie zugehört und verstanden haben, was er meint. Sollte Ihre Zusammenfassung falsch sein, kann er gleich widersprechen, und Sie haben ein Missverständnis abgewendet. Ist sie richtig, hält Ihr Gegenüber Sie für ziemlich klug, weil Sie seinen Standpunkt verstehen. So fasst er Mut, seine Gedanken weiter auszuführen. Umschreibung schafft Verständnis und Respekt. Sie können als Test kurz umschreiben, was Sie in diesem Absatz gelesen haben.

Anschließend stellen Sie wahrscheinlich fest, dass Sie sich dadurch auch den Inhalt viel besser merken können. Was Sie umschrieben haben, behalten Sie im Kopf.

Offene Fragen

Offene Fragen sind eine wahre Kunst. Mit den richtigen offenen Fragen bringen Sie Ihr Gegenüber dazu, sich auf die richtige Weise auf die richtigen Probleme zu konzentrieren. Es kommt darauf an, den anderen zu ausführlichen Antworten anzuregen. Vermeiden müssen Sie dagegen so genannte geschlossene Fragen, auf die Ihr Gesprächspartner nur mit ja oder nein oder auf andere Weise einsilbig antworten kann.

Mit geschlossenen Fragen erreicht man meist, dass der andere eine Position ergreift, die er dann verteidigen muss. Treiben Sie ihn nicht in die Enge. Fragen, die in diese Kategorie fallen, beginnen oft mit:

- »Denken Sie auch, dass ...«
- »Sollen wir nun übergehen zu ...«
- »Wie viel kostet ...«

Wenn Sie eine solche Frage einsetzen, um zum Abschluss einer Diskussion die »richtige« Antwort zu erhalten, ist sie vielleicht gerade noch akzeptabel. Wenn Sie allerdings dann die »falsche« Antwort bekommen, stehen Sie plötzlich wieder in Opposition zu Ihrem Gesprächspartner und stecken erneut in einer Debatte, bei der einer von beiden verliert.

Offene Fragen dagegen ermutigen zu ausführlichen Antworten. Der andere wird nicht gleich zu Anfang in die Ecke gedrängt, und Sie können mit ihm zahlreiche Optionen ausloten. Indem Sie die Leute aussprechen lassen, bauen Sie Vertrauen auf. Offene Fragen beginnen oft so:

- »Warum haben Sie ...«
- »Was geschah, als ...«
- »Wie würden Sie ...«

Natürlich kostet diese Art der Fragestellung mehr Zeit, als wenn Sie einfach Befehle geben. Die faule und heroische Form der Führung besteht darin, den Leuten zu sagen, was sie tun sollen. Der längere und weniger heldenhafte Weg ist dafür wesentlich produktiver. Er bringt den Leuten bei, selbst zu denken, ihre Probleme als ihre eigenen zu akzeptieren und sie zu lösen.

Kurze Nachbesprechung

Wenn mehr als zwei Leute aus Ihrer Organisation an einem Meeting teilgenommen haben, sollten Sie anschließend anhand von drei Fragen eine kurze Besprechung abhalten:

- Was habt ihr während des Meetings gehört/beobachtet?
- Wie haben die anderen reagiert?
- Wer unternimmt was als nächstes?

Das dauert meist nur ein paar Minuten. Sie werden feststellen, dass jeder von Ihnen unterschiedliche Dinge wahrgenommen hat. Durch eine solche Nachbesprechung beziehen Sie wesentlich mehr Informationen, Eindrücke und Wert aus einem Meeting als durch Notizen. Es stört einfach, wenn man sich bei einem Meeting Notizen macht. Sie können dann nicht so gut beobachten und Sie können auch nicht so gut darüber nachdenken, wie Sie das Gespräch lenken wollen. Außerdem sind die anderen Teilnehmer dann vorsichtiger und achten mehr auf das, was sie sagen.

Lernen, wie man schreibt

Gute Business-Texte ist ein Oxymoron in demselben Stil wie Militärische Aufklärung, soziale Dienste oder kontrolliertes Chaos.[1] Keiner von uns wird wohl jemals so gut schreiben wie sein Lieblingsschriftsteller oder -drehbuchautor. Immerhin können wir aber unsere Kollegen vor Belanglosigkeiten bewahren, auch wenn wir weiterhin damit überschüttet werden.

Ich war jahrelang mit einem Lektor geplagt, der meine Bücher immer wieder auseinander nahm. Schließlich kam ich darauf, dass es immer dieselben fünf Regeln waren, die ich verletzte und auch jetzt noch zu häufig nicht beachte:

1 Versuchen Sie auch: einfache Bezahlung, kollektive Verantwortung, Komitee-Entscheidung, Arbeitsplatz-Sicherheit, Gourmet-Pizza, alkoholfreies Bier, objektive Meinung und schnelle Reparatur.

- Schreibe für den Leser.
- Erzähle eine Geschichte.
- Fasse dich kurz.
- Gestalte den Text positiv in Substanz und Stil.
- Belege Behauptungen durch Tatsachen.

Das klingt zwar einfach, ist es aber nicht. Sie benötigen dazu viel Disziplin und einen klaren Fokus.

Schreiben Sie für den Leser

Wenn Sie die tägliche E-Mail-Flut betrachten, fragen Sie sich vielleicht manchmal, warum Sie Ihre Zeit mit so viel Unwichtigem vergeuden müssen. Vieles davon ist nicht einmal für Sie bestimmt, sondern wurde nur zur Sicherheit in Kopie an Sie geschickt. Andere E-Mails dagegen wurden offensichtlich wirklich für Sie persönlich verfasst. Selbst wenn sie viele Tipp- und Grammatikfehler enthalten, lesen Sie sie, weil sie auf Ihre Bedürfnisse und Interessen zugeschnitten sind. Der gute Verfasser versetzt sich in Gedanken in die Lage des Empfängers und schreibt genau für ihn. In einem solchen Fall sind Klarheit und Fokus deutlich erkennbar. Lassen Sie vieles von dem weg, was Sie auch noch schreiben könnten, und konzentrieren Sie sich genau auf das, was der andere lesen muss. Machen Sie nicht den Fehler, für sich selbst zu schreiben.

Erzählen Sie eine Geschichte

Sie brauchen kein Märchen und keine Abenteuergeschichte zu erfinden. Geschichten zu erzählen bedeutet im Business-Leben einfach nur, die Fakten so zu ordnen, dass ein zusammenhängender Aufsatz entsteht. Er braucht einen Anfang (worin besteht das Problem oder die Gelegenheit), einen Mittelteil (alle Einzelheiten) und einen Schluss (was tun wir als nächstes). Die Geschichte sollte den Aufzugstest bestehen, das heißt sie sollte so kurz sein, dass Sie sie Ihrem Vorgesetzten im Aufzug (der nicht stecken bleibt!) erzählen könnten. Der Vorteil einer Geschichte liegt darin, dass alle Nebensächlichkeiten, die die Botschaft nur stören würden, außen vor bleiben. Denken Sie an all die Mitteilungen, die Sie jeden Tag erhalten: Erinnern können Sie sich nur an die Überschriften, aber nicht an die Details. Konzentrieren Sie sich als Erstes auf eine gute Überschrift und führen Sie dann das Minimum an Fakten auf, das die Überschrift untermauert.

Fassen Sie sich kurz

Im Krieg schrieb Churchill seiner Frau Clementine einen Brief. Am Ende bat er sie in einem Postskriptum um Entschuldigung für die Länge des Briefes: Er habe zu wenig Zeit gehabt, sich kurz zu fassen. Es ist so viel schwerer, sich kurz zu fassen, und man braucht dazu viel geistige Disziplin. Procter & Gamble (P&G) war früher die Heimat der einseitigen Memos: Junge Brand-Assistants mussten den gesamten Fortschritt, den ihre Marke innerhalb von zwei Monaten machte, auf einer Seite zusammenfassen. Wahrscheinlich waren die Memos einzeilig und ohne Rand, aber alle hielten sich an diese Vorgabe, die den Verfasser dazu zwingt, sich auf das Wichtigste zu beschränken und den Leser nicht mit unnötigen Details zu verwirren. Dem Leser hilft es außerdem, wenn Sie die Wörter und Sätze kurz halten. Fachjargon, Fremdwörter und komplizierter Satzbau beeindrucken eher den Verfasser als den Leser.

Gestalten Sie den Text positiv in Substanz und Stil

Die Menschen erfahren lieber von Gelegenheiten und Lösungen als von Problemen und Schwierigkeiten. Bewahren Sie eine positive Einstellung und vermitteln Sie sie nach außen. Der klassische Schwachpunkt der Bürokratie besteht darin, Texte und Briefe in der dritten Person und im Passiv zu schreiben: »Es hat sich herausgestellt, dass die folgenden 27 Punkte dazu geeignet sind ... unendliche Langeweile zu verbreiten.«

Belegen Sie Behauptungen durch Tatsachen

Der wachsame Leser erkennt bedeutungsschwere Wörter ohne Inhalt sofort, wie beispielsweise:

- wichtig (für wen und warum?),
- strategisch (wichtig mit Martinshorn) und
- dringend (bestimmt nicht für mich!).

Vermeiden Sie diese Art von Wörtern, wenn nichts dahinter steckt. Wenn etwas wichtig ist, sagen Sie warum. Tatsachenbelege sind auch Bilder und Illustrationen, Beispiele und andere Quellen, die Ihre Argumente stützen. Eine unbewiesene Behauptung bietet immer einen guten Angriffspunkt.

Lernen, wie man liest

Texte

Wir stehen vor einem Problem: Da Sie dies alles hier lesen, kann es doch eigentlich nicht sein, dass Sie noch lernen müssen, wie es geht, oder?

Es ist ein Unterschied, ob man zum Vergnügen oder für berufliche Zwecke liest. Ich hoffe, dieses Buch bereitet Ihnen ein wenig Vergnügen, auch wenn Sie kein Masochist sind. Dennoch nehme ich an, dass Sie es hauptsächlich aus beruflichen Gründen lesen. Sie haben mein Mitgefühl. Zur Entschuldigung erzähle ich Ihnen nun eine Geschichte.

Wir hatten jeder einen Schreibtisch in einem riesigen altmodischen Büro, in dem alle Partner saßen, so dass wir immer wussten, womit die anderen Partner beschäftigt waren. Dazu brauchten wir keine E-Mail, denn wir hatten ja Ohren. Die meisten Partner waren hochintelligent, einer jedoch, Bob, machte einen etwas unterbelichteten Eindruck. Trotzdem war er der Liebling aller Mitarbeiter, und sie hielten ihn für klüger als uns alle anderen zusammen. Wir waren darüber ziemlich verärgert.

Eines Tages bemerkte ich, dass Bob sich Notizen machte, und ich fragte ihn, was er da tue.

»Gleich werden ein paar der angestellten Anwälte zu mir kommen und mir den Entwurf eines Dokuments zeigen, den ich noch nicht gesehen habe. Das ist ihr kleiner Test. Sie wollen sehen, ob ich brauchbares Feedback geben kann und ob ich klug genug bin, um ihren brillanten Entwurf zu verstehen.«

Darüber musste ich erst einmal nachdenken. Ich war immer der

Meinung gewesen, dass wir die Angestellten testeten, wenn sie uns Entwürfe zur Prüfung vorlegten. Doch ich erkannte, dass Bob Recht hatte. Die Angestellten prüften dadurch, ob wir Partner in der Lage waren, dem Dokument noch Wert hinzuzufügen. Ich fragte weiter, weshalb Bob sich Notizen machte, obwohl er den Entwurf noch gar nicht gesehen hatte.

»Ganz einfach«, sagte Bob. »Ich schreibe mir immer drei Dinge auf, bevor ich ein Schriftstück zum ersten Mal sehe oder mir eine Präsentation anhöre. Erstens notiere ich mir meine eigene Meinung zu dem Thema, weil ich nicht will, dass mich die innere Logik der Argumentation der anderen umstimmt. Je schlüssiger sie ihre Argumentation aufbauen, desto schwieriger ist es, einen Angriffspunkt zu finden – es sei denn, man hat sich bereits eine klare Meinung gebildet. Ich lese niemals vorurteilslos, sondern mit vorgefasster eigener Meinung. Das macht mich zu einem besseren Kritiker.«

»Autsch!«, dachte ich. Ich las immer mit vollkommen offener Einstellung, und ich fand es tatsächlich jedes Mal schwierig, mich über die innere Logik der Argumentation zu erheben. Ich fragte ihn, was er noch notierte.

»Zweitens schreibe ich alle Themen auf, die meiner Meinung nach abgedeckt werden sollten. So erkenne ich, was man sonst am schwierigsten herausfindet, nämlich die Themen, die ausgelassen wurden. Es überrascht mein Gegenüber immer, wenn ich die unsichtbaren Lücken finde.«

»Und der letzte Punkt?«, fragte ich.

»Ich notiere mir kurz verschiedene Coaching-Punkte, die ich mit ihnen besprechen will,« antwortete Bob. »Vielleicht über den Schreibstil, die analytische Methode, die Darstellung der Informationen, irgendetwas. Es gefällt ihnen, wenn ich positive und praktische Hinweise für sie habe, an denen sie dann arbeiten können.«

Plötzlich ging mir auf, dass ich nie gelernt hatte, wie man richtig liest. Ich war beim Lesen wie ein leeres Gefäß, das darauf wartete, mit den Gedanken anderer Leute gefüllt zu werden. Das ist genau die richtige Methode, um mit Genuss einen Roman zu lesen. Für einen Manager macht es sich hingegen bezahlt, mit vorgefasster Meinung und mit eigenen Vorschlägen an einen Text heranzugehen.

- Seien Sie sich über Ihre eigene Meinung im Klaren.
- Überlegen Sie genau, welche Themen enthalten sein müssen.
- Halten Sie ein paar Coaching-Punkte bereit.

Es ist natürlich unmöglich, diese Übung für jede einzelne E-Mail durchzuführen, und Sie wollen sich bestimmt auch die Freude an Ihrer privaten Lektüre nicht durch solche Regeln verderben. Aber bei wichtigen Meetings, Präsentationen und Dokumenten ist es von großem Vorteil, wenn man gut vorbereitet ist.

Selbstverständlich können Ihnen während des Lesens oder Zuhörens noch mehr Dinge auffallen, aber in jedem Fall lesen und lauschen Sie ab jetzt mit einer bestimmten Erwartungshaltung. Diejenigen unter Ihnen, die schon lange mit bestimmten Erwartungen lesen, vermissen in diesem Abschnitt sicherlich ein wichtiges Element: die Kunst des Schnelllesens. Das kommt daher, dass ich es für besser halte, wenig und genau zu lesen als viel, aber nicht richtig. Außerdem beherrsche ich die Schnelllesemethode nicht, und deshalb kann ich sie auch nicht weitergeben.

Zahlen

Manager verwenden Statistiken für denselben Zweck, für den Betrunkene Straßenlaternen brauchen – nicht zur Erleuchtung, sondern als Stütze. Zahlen sind wie Armeen aus Tatsachen, die sich zur Unterstützung einer wirtschaftlichen Argumentation ins Feld führen lassen. Da sie sich aber auch leicht verdrehen und manipulieren lassen, sind sie selten objektiv. Politiker wissen das besser als jeder andere.

»Manager verwenden Statistiken für denselben Zweck, für den Betrunkene Straßenlaternen brauchen – nicht zur Erleuchtung, sondern als Stütze.«

Das Spiel mit den Zahlen findet seine Apotheose in der Kalkulationstabelle. Jeder Manager weiß genau, welches Ergebnis er in der rechten unteren Ecke der Tabelle sehen will. Die Zahl kann ein Kapitalwert in Euro, eine Kapitalrendite in Prozent oder ein beliebiger anderer finanzieller Zielwert sein. Da wir die gewünschte Antwort genau kennen, spielen wir in der Tabelle eifrig das Was-wäre-wenn-Spiel, bis auf wundersame Weise die richtige Antwort erscheint.

Führungskräfte lernen, zwischen den Zahlen zu lesen. Es gibt drei goldene Regeln, anhand derer Sie den Wert der vor Ihnen liegenden Zahlen beurteilen können:

1. Achten Sie darauf, wer die Zahlen zusammengestellt hat.
2. Lernen Sie Ihr Unternehmen durch und durch kennen.
3. Überprüfen Sie die Voraussetzungen.

Beachten Sie, was in dieser Liste fehlt: Das Zahlenverständnis, also die Fähigkeit, schnell zu addieren, und andere grundlegende mathematische Fähigkeiten. Als es noch keine Tabellenkalkulation gab, waren diese sehr nützlich. Man konnte schnell nachrechnen, ob die Gesamtsummen unter den einzelnen Spalten richtig waren, und auf diese Weise oft Diskrepanzen feststellen. Heutzutage kann man bei Kalkulationstabellen davon ausgehen, dass sie rein rechnerisch stimmen. Sie sollten sich ganz auf das Denken konzentrieren.

Achten Sie darauf, wer die Zahlen zusammengestellt hat

Einem hervorragenden Vorschlag von einem Unbekannten oder von einer Person mit bisher nur mittelmäßigen Leistungen wird nur ein geringer Wert beigemessen. Ein weniger beeindruckender Vorschlag von einer Person mit einer langen Reihe von Erfolgen ist wesentlich wertvoller. Wenn Sie einmal Zahlen präsentieren oder einen Vorschlag ausarbeiten müssen, sollten Sie sich daher einen glaubwürdigen Teamleiter aussuchen.

Lernen Sie Ihr Unternehmen durch und durch kennen

Gute Führungskräfte kennen sowohl ihre Branche als auch ihr eigenes Unternehmen in- und auswendig. Sie haben alle Schlüsselzahlen und -verhältnisse im Kopf. Der britische Einzelhandelsunternehmer Philip Green kann jederzeit sagen, von welchen verschiedenen Bekleidungsserien er wie viel und zu welchem Preis eingekauft hat. Zeigen Sie ihm einen Bekleidungsständer, und er schätzt ziemlich akkurat, wie viel jedes Teil im Einkauf kostete und zu welchem Preis es verkauft wird.

Sie sollten sich nicht den Kopf darüber zerbrechen, ob die Tabellenkalkulation richtig gerechnet hat. Sie sollten vielmehr in der Lage sein, aufgrund Ihrer genauen Branchenkenntnisse unwahrscheinliche Angaben sofort zu erkennen und anzuzweifeln. Ich habe zur Überraschung meiner Mitarbeiter schon häufig Eingabefehler entdeckt, weil mir ein unstimmiges Ergebnis oder Verhältnis aufgefallen ist.

Überprüfen Sie die Voraussetzungen

Kalkulationstabellen sind nur scheinbar korrekt und besitzen oft keine echte Aussagekraft. Wir baten einmal einen Wirtschaftsmathematiker, den Gewinn eines neuen Produktes vorauszuberechnen. Er kam auf eine Marge von 8,2873 Prozent, was sehr beachtlich ist. Darauf fragten wir ihn was wäre, wenn der Zinssatz um 2 Prozent steigen oder sinken würde. Zwei Tage später erhielten wir die Antwort. Die Gewinnmarge würde auf außerordentliche 33 Prozent (gerundet) oder auf katastrophale –25 Prozent (gerundet) steigen beziehungsweise fallen. Kalkulationstabellen sind keine Antwort, sondern der Ausgangspunkt für Debatten. Nur wenn man sie weise einsetzt, sind sie tatsächlich eine Erleuchtung und nicht nur eine Stütze.

Seltsamerweise benötigt man kein Zahlenverständnis, um Zahlen richtig lesen und prüfen zu können. Menschen, die sehr gut rechnen können, verlieren sich oft in den Einzelheiten. Leser mit weniger guten mathematischen Kenntnissen befinden sich bei der Interpretation von Zahlen sogar im Vorteil: Sie können einen Schritt zurücktreten und die Personen und Voraussetzungen, die hinter den Zahlen stehen, besser beurteilen. So entdecken sie mit größerer Wahrscheinlichkeit die Zahlen, die vom Zusammenhang her keinen Sinn ergeben.

Lernen, wie man Meetings richtig abhält

Meetings sind ein wunderbarer Ersatz für Arbeit und Verantwortung, gleichzeitig bilden sie aber auch die Essenz des Managements. Versuchen Sie einmal, einem dreijährigen Kind zu erklären, was Sie machen. Wenn Sie sagen, Sie seien der Senior Executive Vice President der MegaCorporation, wirft es wahrscheinlich sein Spielzeug aus dem Fenster. Ebenso wenig nützt es, wenn Sie ihm erklären, dass Ihr Unternehmen CRM-Datenbanken entwickelt. Was immer Führungskräfte auch tun, praktisch verbringen sie den größten Teil des Arbeitstags damit, Leute zu treffen. Das versteht sogar ein Dreijähriger – mehr oder weniger.

Daher wäre es gut, wenn die Meetings effektiv verlaufen würden. Überlegen Sie jetzt einmal, wie viele der Meetings, an denen Sie teilnehmen müssen, wirklich effektiv sind. Eventuell sind Sie ein Glückspilz, dann dürfen Sie diesen Abschnitt überspringen. Wahrscheinlich gehören Sie aber zur Mehrheit der Manager, die viel zu viel von ihrer begrenzten Arbeitszeit in ineffektiven Meetings vergeuden müssen.

> »Meetings sind wie der Inhalt von gemischten Bonbonpackungen: es gibt sie in allen Sorten und Größen.«

Meetings sind wie der Inhalt von gemischten Bonbonpackungen: Es gibt sie in allen Sorten und Größen. Sie reichen von informellen Gesprächen unter vier Augen bis hin zu riesigen Konferenzen, von formellen Entscheidungssitzungen des Vorstands bis hin zu Brainstorming-Versammlungen der Mitarbeiter. Wir wollen den Inhalt dieses Buches kurz und übersichtlich halten, daher untersuchen wir jetzt nicht alle Geschmacksrichtungen. Effektive Meetings ruhen auf drei Säulen: Auf dem richtigen Zweck, den richtigen Teilnehmern und dem richtigen Ablauf.

Für die Beschreibung effektiver Abläufe sind schon viele Wälder vernichtet worden. Wir verschonen lieber ein paar Bäume und konzentrieren uns auf die richtigen Teilnehmer und den richtigen Zweck. Wenn Sie diese zwei Ziele erreichen, sind Sie zu 80 Prozent auf dem Weg zum Erfolg. Wenn Sie es nicht schaffen, sind Sie 100 Prozent auf dem Weg zum Misserfolg.

Die richtigen Teilnehmer und der richtige Zweck

Nach einem ganz besonders geist- und nervtötenden Meeting, das den ganzen Tag gedauert hatte, machte einer meiner Mentoren, Dean, einen sehr zufriedenen Eindruck. Ich fragte ihn, was mit ihm los sei. Warum sah er nicht so missmutig aus, wie ich mich fühlte?! Er erklärte mir, dass er für jedes Meeting drei Regeln hatte, die er immer anwandte, egal ob er das Meeting leitete oder nur Teilnehmer war. Sie verhalfen ihm unweigerlich zu einem guten Ergebnis. Seitdem dienen diese Regeln auch mir als produktive Anleitung, mit der ich dafür sorge, dass meine Meetings die richtigen Teilnehmer und den richtigen Zweck haben:

- Was will ich lernen oder erfahren?
- Was will ich beitragen?
- Was geschieht als nächstes?

Betrachten wir nun, wie sich Deans Regeln anwenden lassen – zum einen bei der Teilnahme an Meetings, zum anderen bei ihrer Leitung.

Teilnahme an Meetings

Dean war mit einer klaren Tagesordnung zu dem ganztägigen Meeting erschienen, die wenig mit der offiziellen Tagesordnung gemein hatte. Er wollte schon seit längerem mit drei Personen sprechen, hatte sie aber nie erreicht. Er brauchte einige Informationen und Ideen von ihnen – das war sein Lernziel. Außerdem war ihm aufgefallen, dass er bei dem Meeting die Gelegenheit haben würde, den CEO in einem Tagesordnungspunkt zu beeinflussen. Er wartete den günstigsten Zeitpunkt ab und meldete sich dann bei dem betreffenden Punkt zu Wort. Weil er nur wenig sagte, wurde ihm bei diesen Gelegenheiten die gesamte Aufmerksamkeit zuteil. So hatte er auch sein Beitragsziel erfüllt. Die beiden Ziele verschafften ihm eine ganze Reihe von Folgeaktionen mit dem CEO und den drei Personen, die er endlich gesprochen hatte. Alle anderen waren nach dem Meeting frustriert, weil hinsichtlich der offiziellen Tagesordnungspunkte nichts erreicht worden war. Dean dagegen war zufrieden, weil er die klaren Ziele und Absichten, die er sich gesteckt hatte, voll erreicht hatte.

Leitung von Meetings

Dean wandte seine drei Regeln auch auf die Meetings an, bei denen er den Vorsitz führte. Er wählte anhand der Regeln aus, wen er einladen wollte. Von jedem Teilnehmer erwartete er, dass er etwas beitrug, dass er aus dem Meeting einige Aufgaben mitnahm, die er anschließend erledigte, und dass er etwas Nützliches erfuhr. Ihre Beiträge konnten die Teilnehmer entweder leisten, weil sie Entscheidungsbefugnis hatten, weil sie über nötiges Fachwissen verfügten oder weil ihnen bestimmte Ressourcen zur Verfügung standen.

Die Versuchung ist zwar groß, mit einer möglichst großen Teilnehmerzahl für alle Eventualitäten gerüstet zu sein, Sie sollten ihr aber widerstehen. Je mehr Teilnehmer, desto ineffektiver das Meeting. Hochrangige Manager haben gern viel Fußvolk dabei, weil dieses mit den Details vertraut ist, und das Fußvolk kommt gern mit, weil es die Nähe der wichtigen Manager sucht. Wenn die Senior Manager allerdings die Details nicht selbst im Kopf behalten können, sollten sie nicht teilnehmen. Eigentlich sollten sie dann gar keine Senior Manager sein.

Die Mentalität der Sicherheit in der Gruppe ist auf der höchsten Führungsebene weit verbreitet. Bei Sitzungen des Executive Committees, des höchsten Führungsgremiums in einem Unternehmen, löst sich die Diskussion oft in Zwiegespräche zwischen jeweils einem

Director und dem CEO auf. Jeder Director ist ein vollwertiges Mitglied der Gesellschaft zur gegenseitigen Absicherung, deren einzige Regel lautet: Ich mische mich bei dir nicht ein, wenn du dich bei mir nicht einmischst. Aus diesem Grund finden Gruppendiskussionen nicht statt. Stattdessen spielt jeder Director eine Runde intellektuelles Pingpong mit dem CEO, während die übrigen warten, bis sie an der Reihe sind.

Dean ließ etwas derartiges nicht zu. Er wandte seine drei Regeln nicht nur auf das gesamte Meeting, sondern auch auf jeden einzelnen Tagesordnungspunkt an. War ein Punkt am besten im Zwiegespräch zu lösen, brachte er ihn in der Gruppe nicht zur Sprache. Das machte seine Meetings klein und effektiv. Da es außerdem allgemein bekannt war, dass die Meetings effektiv und für jeden Teilnehmer relevant waren, bemühte sich jeder, der eingeladen war, zu erscheinen.

Der richtige Ablauf

Es ist wichtig, für ein Meeting die richtigen Leute zum richtigen Zweck zu versammeln. Gleichzeitig hilft dies dabei, den richtigen Ablauf einzuhalten.

Im britischen Radio läuft ein Spiel für die Zuhörer mit dem Titel »Just a Minute«. Dabei muss eine Person eine Minute lang über ein frei gewähltes Thema sprechen – ohne zu zögern, abzuschweifen oder sich zu wiederholen. Das ist sehr schwierig. Dieselben Prinzipien sollten für den Ablauf von Meetings gelten. Der Vorsitzende sollte darauf achten, dass niemand Zeit verschwendet, vom Thema abschweift oder sich wiederholt.

Verzögerungen entstehen, wenn das Meeting zu spät beginnt. Für hochrangige Manager ist es schon beinahe eine Pflicht, zu spät zu kommen. Sie signalisieren damit, dass sie sehr beschäftigt sind und dass ihre Zeit wichtiger ist als die Ihre, also können Sie warten.

Vielleicht beantworten sie nur E-Mails oder üben Banjo spielen, auf jeden Fall lassen sie Sie warten. Es ist eine weit verbreitete Unhöflichkeit, die Kunden gegenüber Lieferanten ebenso praktizieren wie Berater oder Anwälte gegenüber ihren Klienten, Call-Center-Mitarbeiter gegenüber Anrufern und Manager gegenüber ihren Mitarbeitern. Damit müssen Sie leben. Bei denen, die noch nicht vollkommen unverschämt geworden sind, hilft es manchmal, eine Uhr ins Büro zu stellen. Als Führungskraft können Sie jedenfalls mit gutem Beispiel vorangehen: Seien Sie pünktlich und zeigen Sie, dass Zeit für alle wertvoll ist und dass jeder Einzelne respektiert wird.

Verzögerungen ergeben sich aber auch durch zu großzügige Zeitplanung. Setzen Sie die Dauer des Meetings so kurz wie möglich an, um für zügigen Fortschritt zu sorgen. Der britische Kronrat tagt im Stehen – eine gute Möglichkeit, um redselige Politiker dazu zu bringen, sich kurz zu fassen. Besonders kurz war ein Meeting, bei dem die damals 98-jährige Queen Mother den Vorsitz führte. Es zwingt Sie niemand, Meetings im Sitzen abzuhalten.

Es gibt Verzögerungen, die nicht vorkommen dürfen. Lassen Sie sich niemals durch Unterbrechungen stören. Führungskräfte sollten vollkommen konzentriert bleiben. Diese Lektion habe ich in Manila in einer Zeit gelernt, in der es zahlreiche Stromausfälle gab. Beim ersten Mal war das Zimmer von einem Augenblick zum nächsten stockdunkel. Ich zögerte, und das war ein großer Fehler. Beim nächsten Mal setzte ich meine Präsentation fort, als ob nichts geschehen wäre. Die Diskussion lief ohne Unterbrechung weiter.

Abschweifungen sind oft der Grund für Verzögerungen. Die Leute weichen vom Thema ab oder verlieren sich in winzigen Details. Ein guter Vorsitzender lässt so etwas nicht zu. Wenn Sie gleich zu Beginn die »Just-a-Minute«-Regel festlegen, können Sie die Leute leicht zur Ordnung rufen. Sie können sogar die Redezeit der einzelnen Teilnehmer protokollieren. Zumindest sollte jeder Redner als Erstes eine knappe Überschrift für seinen Beitrag nennen, wie bei einer Zeitungskolumne. Die Überschrift signalisiert den Leuten, ob es sich lohnt, den Beitrag zu hören beziehungsweise zu lesen. Sie zwingt den Sprecher zu überlegen, was er sagen will, bevor er sich zu langen Ausführungen hinreißen lässt.

Zu Wiederholungen kommt es oft, wenn ein Teilnehmer das Gefühl hat, es höre ihm niemand richtig zu. Er kommt dann immer und immer wieder auf denselben Punkt zurück. Augenrollen und ungläubige Blicke von den anderen Teilnehmern verstärken nur sein Gefühl, nicht ernst genommen zu werden. Hören Sie also auf, die Augen zu rollen. Fassen Sie seine Rede mit eigenen Worten zusammen, um zu prüfen, ob Sie ihn richtig verstanden haben. Das zeigt, dass Sie zugehört haben, und er gibt vielleicht Ruhe. Sollte er denselben Punkt erneut zur Sprache bringen, wiederholen Sie die Zusammenfassung. Selbst der dickhäutigste Teilnehmer müsste daraufhin merken, dass sein Standpunkt zur Kenntnis genommen wurde und dass er sich wiederholt.

Auch die Umgebung beeinflusst den Ablauf eines Meetings. Dunkle, stickige Räume sind nicht geeignet. Sie müssen auch die Sitzplatzverteilung nicht als gegeben akzeptieren. Im Laufe vieler Jahre, in denen ich Meetings arrangierte, bin ich ein Fachmann im Möbelrücken geworden. Die Sitzordnung beeinflusst die Dynamik eines Meetings. Es ist schön, wenn Tee und Kaffee bereitstehen, aber die Ankunft eines heißen Buffets im Hintergrund lenkt die Zuhörer sehr ab. Überlegen Sie, welche Logistik sowohl für Sie als auch für die Teilnehmer am besten geeignet ist.

Lernen, wie man kommuniziert

In den vorangegangenen fünf Abschnitten wurde durchwegs das Thema Kommunikation behandelt. Dazu gibt es aber auch noch einen subtileren und wichtigeren Aspekt, nämlich zu lernen, wie man als Leader denkt und handelt. Die geistige Einstellung der Führungspersönlichkeit in puncto Kommunikation ist proaktiv und dezentrierend.

Proaktivität

Viele Menschen betrachten Lesen und Zuhören als reaktive Vorgänge. Auch zu einem Meeting eingeladen zu sein, ist ein reaktiver Vorgang. Gute Führungskräfte hingegen lassen sich nicht einfach blind von den Plänen, Worten oder Präsentationen anderer in eine bestimmte Richtung lenken. Sie überlegen sich aktiv ihre eigenen Ziele und ihre eigene Meinung. Aus diesem Grund gestaltet sich ihre Interaktion mit der Person, die das Meeting leitet, die Präsentation hält oder den Bericht verfasst hat, wesentlich produktiver und erkenntnisreicher.

Dezentrierung

Effektive Kommunikation als Führungskraft besteht nicht darin, möglichst klar auszudrücken, was Sie denken. Gute Kommunikation erfordert, dass Sie sich in die Gedankenwelt Ihres Gegenübers einfühlen. Erst wenn Sie die Welt durch seine Augen betrachten, können Sie effektiv mit ihm kommunizieren. Ihr Endziel bleibt dasselbe, Sie wollen ihn beeinflussen, aber der Ausgangspunkt ändert sich radikal. Sie gehen nicht von sich aus, sondern von *ihm*. Zwei Wege mit demselben Ziel unterscheiden sich dennoch fundamental, wenn sie verschiedene Ausgangspunkte haben.

»Gute Kommunikation erfordert, dass Sie sich in die Gedankenwelt Ihres Gegenübers einfühlen.«

Jeder Mensch fühlt sich natürlich mit einem anderen Kommunikationsstil beziehungsweise mit einer anderen Kommunikationsart am wohlsten. Manche besprechen Dinge gern von Angesicht zu Angesicht, andere lieber per E-Mail. Manche verstecken sich hinter einer Abwehrwand aus Sekretärinnen, eine mir bekannte Führungskraft ist sogar beinahe unerreichbar. Aber wenn man ihr eine kurze SMS schickt, ruft sie innerhalb einer Stunde zurück.

Große Führungspersönlichkeiten müssen weder literarische Genies noch brillante Redner sein. Sie alle finden jedoch Möglichkeiten, um mit allen interessierten Parteien eine klare und effektive Kommunikation aufrechtzuerhalten. Gute Kommunikation erfordert Konzentration, Disziplin und Klarheit. Diese Eigenschaften sollte sich jede Führungskraft ohnehin aneignen.

Teil 3
Die Meisterschaft

8
Die höchste Führungsebene

Erreicht jemand die oberste Führungsebene einer Organisation, geschehen auf einmal seltsame Dinge. Er stellt fest, dass seine Witze witziger, sein Geschmack erlesen und seine Urteilsfähigkeit exzellent werden. Alle sind plötzlich freundlich, und jeder beansprucht einen Teil seiner Zeit und ein wenig Unterstützung für irgendwelche Interessen. Mitarbeiter, Lieferanten und Kunden umschwirren ihn wie Motten das Licht.

Das alles wirkt manchmal sogar erschreckend. Sie machen im Vorübergehen einen Vorschlag und stellen später plötzlich fest, dass die Mitarbeiter ihn umsetzen und es mit den Worten rechtfertigen: »Der Chef hat es gesagt.« Sie kommen schlecht gelaunt zur Arbeit und merken, dass sich Ihre kleine, persönliche Schlechtwetterwolke wie eine Depression über das ganze Büro legt.

Diese neu gewonnene Macht steigt manchen Menschen schnell zu Kopf. Bisher gab es zahlreiche Konkurrenten um die nächste Beförderung und genügend Vorgesetzte, die sie sanft zurechtwiesen, wenn sie dummes Zeug redeten. Diese disziplinierenden Maßnahmen unterbleiben nun, weil niemand sich gerne mit dem Vorstandschef anlegt.

Wenn die gewohnte Disziplinierung durch Konkurrenz und ehrliches Feedback ausbleibt, geht es oft sehr schnell bergab. Es lauern unter anderem folgende Fallen.

Sie stürzen sich kopfüber in den Trog von Status und Macht. Das Schlimme daran ist nicht nur, dass Sie eine fette, gierige Katze werden, die innerhalb und außerhalb der Organisation verachtet wird. Schlimm sind vor allem die kleinen Anzeichen der Gleichgültigkeit: Sie nehmen sich selbst von schmerzhaften Sparmaßnahmen aus, ziehen sich in Ihr komfortables Büro zurück und genießen die Statussymbole – vom reservierten Parkplatz über Freikarten für die Oper bis hin zu Golfpartien am Wochenende.

Sie unterschätzen Ihren Einfluss. Alle Mitarbeiter richten ihr Verhalten und ihre Handlungsweise an Ihnen aus. Unbedachte Bemerkungen können ungeahnte Wirkungen entfalten. Sie müssen als Vorbild die Werte Ihrer Organisation repräsentieren, und das bedeutet, dass Sie unablässig darauf achten müssen, was Sie sagen und tun.

Sie lassen sich von der Kraft der Organisation tragen. Viele Vorstandschefs werden zu reinen Verwaltern und Bewahrern des Erbes, das sie übernommen haben. Das ist ein gutes Rezept für ein ruhiges, bequemes Leben. Führungspersönlichkeiten dürfen aber nicht von einem Erbe zehren, sie müssen ein Erbe schaffen. Sie brauchen eine klare Vision und eine klare Richtung.

Sie überschätzen Ihre Fähigkeiten. Manche Führungskräfte verwandeln sich in Diktatoren, die Befehle geben, alles kontrollieren wollen und versuchen, alles selbst zu entscheiden. Dies wird oft als heroische und brillante Führungsweise dargestellt. Viel wahrscheinlicher ist diese Führungsweise jedoch äußert ineffektiv, denn niemand besitzt das Monopol für Weisheit. Kluge Führungskräfte erkennen ihre Grenzen in dieser sich verändernden und komplizierten Welt. Sie stellen ein Team zusammen, das ihre eigenen Stärken und Schwächen komplementär ergänzt.

»Kluge Führungskräfte stellen ein Team zusammen, das ihre eigenen Stärken und Schwächen komplementär ergänzt.«

An diesem Punkt sollten Sie sich noch einmal in Erinnerung rufen, was die Mitarbeiter an einer Führungskraft auf der höchsten Ebene wirklich schätzen:

- Fähigkeit, andere zu motivieren (Personal),
- Vision (positive Einstellung),
- Ehrlichkeit und Integrität (Professionalität: Werte),
- Entschlossenheit (Professionalität: Fähigkeiten) und die
- Fähigkeit, mit Krisen umzugehen (Professionalität: Fähigkeiten).

Denken Sie jetzt einen Augenblick lang ehrlich darüber nach, wie gut Sie bei diesen Anforderungen abschneiden. In der Aufstellung sehen Sie, wie viel Prozent unserer Befragten in jedem dieser Punkte jeweils mit ihrem höchsten Vorgesetzten zufrieden waren:

Fähigkeit, andere zu motivieren	37%
Vision	50%
Ehrlichkeit und Integrität	54%
Entschlossenheit	50%
Fähigkeit, mit Krisen umzugehen	47%

Die meisten der Befragten meinten, ihre Führungskräfte besäßen starkes Selbstvertrauen (72 Prozent). Das Selbstvertrauen der Führungskräfte findet jedoch keinen entsprechenden Widerhall bei ihren Untergebenen. Hier besteht eine große Lücke zwischen Wahrnehmung und Realität. Die Menschen sagen nicht unbedingt immer, was sie wirklich denken. Sie sind mit Sicherheit der letzte, der erfährt, dass alle Sie für einen Trottel halten.

Ohne Coach besteht die Gefahr, dass das erste ehrliche Feedback kommt, wenn Sie gefeuert werden. Die CEO der FTSE-100-Unternehmen bleiben durchschnittlich weniger als fünf Jahre im Amt, das heißt die Toleranz für Leistungen, die nicht den Erwartungen entsprechen, schwindet. Jeder, der zur höchsten Ebene aufsteigt, ist davon überzeugt, dass er Erfolg haben wird – Tatsache ist jedoch, dass immer mehr hohe Führungskräfte scheitern.

In diesem Teil des Buches befassen wir uns mit der Frage, wie Führungskräfte die fünf am höchsten geschätzten Führungskriterien erfüllen können. Manche davon, Ehrlichkeit und Integrität beispielsweise, sehen lächerlich einfach aus. In unseren Gesprächen mit Führungskräften wurde jedoch deutlich, dass gerade das eine hohe Hürde ist. Kriterien wie die Vision dagegen wirken einschüchternd. Schließlich können wir nicht alle Visionäre werden. Hier fanden wir dafür einige beruhigend praktische und einfache Dinge, die eine Führungskraft tun kann, um eine Vision zu entwickeln und zu kommunizieren.

Jede Führungskraft ist auf ihre eigene Weise erfolgreich oder auch nicht. Es gibt keine universelle Erfolgsformel. Wenn Sie sich aber auf die fünf wichtigsten Kriterien konzentrieren und zusätzlich noch ein paar einfache und praktische Werkzeuge von anderen Führungskräften übernehmen, können Sie die Würfel zumindest zu Ihren Gunsten beeinflussen.

9
Personal

Führungskräfte und die Einsamkeit in der Menge

Eine alte Redensweisheit lautet, dass es an der Spitze sehr einsam ist. Objektiv betrachtet, ist eine Führungskraft niemals einsam. Ein flüchtiger Blick auf den Tagesablauf einer Führungskraft zeigt, dass er aus einer endlosen Reihe von Meetings besteht, manche formell, andere informell. Führungskräfte wollen herausfinden, was wirklich vor sich geht. Sie vertrauen weit mehr auf Menschen als auf Papier. Sorgfältig gedrechselte Schriftstücke enthalten meist nicht die Wahrheit, sondern untermauern nur einen Fall. Im Gespräch mit Personen ihres Vertrauens kann die Führungskraft ihre Ideen testen, Reaktionen prüfen und der Wirklichkeit ein Stück näherkommen.

Professor John Kotter von der Harvard Business School untersuchte, wie Top-Führungskräfte tatsächlich ihre Tage verbringen. Durchschnittlich bleiben ihnen nur 25 Prozent ihrer Zeit, um in Ruhe nachzudenken, zu schreiben, zu lesen oder E-Mails zu bearbeiten. Viele Führungskräfte verbringen sogar nur 10 Prozent ihrer Zeit alleine. In der übrigen Zeit nehmen sie an formellen Meetings teil oder führen informelle Gespräche. Sie treffen sich mit zahlreichen verschiedenen Menschen und sprechen über zahlreiche verschiedene Themen. Zehn Minuten reichen oft schon, um fünf Themen zu besprechen.

Das alles läuft dem herkömmlichen Ratschlag zuwider, demzufolge eine Führungskraft jeden Tag so strukturieren sollte, dass sie maximale Arbeitseffizienz erzielt: Mit gut vorbereiteten, straffen Meetings und freigehaltener Zeit zum Nachdenken und Vorausplanen. Unter all den von mir befragten Führungskräften war jedoch nur eine, die angab, ein wenig Zeit zum Nachdenken zu haben – und das war beim Radfahren auf dem Weg zur Arbeit und auf der Toilette, wobei allerdings das mobile Telefon mittlerweile auch schon in diese beiden letzten Bereiche der Privatsphäre eindringt.

Wenn also Führungskräfte so viel Zeit mit anderen Menschen verbringen, wie kommt es dann, dass sie sich einsam fühlen?

Einsam in der Menge: Menschen werden zu Problemen

Es ist durchaus möglich, sich in der Menge einsam zu fühlen. Als Führungskraft entdecken Sie plötzlich, dass jeder etwas von Ihnen will: Etwas von Ihrer Zeit, Ihrer Energie, Ihrer Macht, Ihren Ressourcen oder Ihren Kenntnissen. Manche Leute kommen mit ihren Problemen, andere bringen Lösungen, die Sie absegnen und autorisieren sollen. Alle wollen etwas von Ihnen. Für die Leute in Ihrer Firma ist es etwas Besonderes, mit dem Unternehmensleiter zu sprechen, dabei steht viel auf dem Spiel. Aus diesem Grund gibt es für Führungskräfte praktisch keine rein persönlichen Unterhaltungen mehr. Viele CEO verschwenden scheinbar ihre Zeit mit Witzen oder Smalltalk – aber das rührt daher, dass sie nicht den ganzen Tag nur mit Problemen, sondern auch ein wenig mit Menschen in Kontakt kommen wollen.

»Die Einsamkeit des Unternehmensleiters liegt in der veränderten Beziehung zur übrigen Organisation begründet.«

Die Einsamkeit des Unternehmensleiters liegt in der veränderten Beziehung zur übrigen Organisation begründet. Es besteht die Gefahr, dass der Leiter Menschen nicht mehr nur als Menschen, sondern auch als Probleme betrachtet, mit denen er umgehen muss. Dadurch entsteht Druck für die Führungskraft, und gleichzeitig entstehen Chancen für die Mitarbeiter um sie herum.

Um den Druck etwas zu mindern, der dadurch entsteht, dass der CEO laufend mit menschlichen Problemen zu tun hat, umgeben sich viele dieser Topmanager mit einem Küchenkabinett, das heißt mit einer Gruppe von Mitarbeitern und Beratern, denen sie vertrauen und die ihnen helfen, die Probleme und Menschen besser zu beurteilen und zu verstehen. Einer der befragten CEO beschäftigt immer eine Assistentin, die gerade von der Universität kommt und höchstens Mitte Zwanzig ist. Die Absolventin befindet sich dann auf der Überholspur, ist für niemanden eine Gefahr und kann somit nach Bedarf als Augen, Ohren und Hände des CEO fungieren. Viele haben auch einen persönlichen Coach, bei dem sie alle neuen Ideen testen und

Probleme besprechen können. Einige haben auch mehrere direkte Mitarbeiter angestellt. Alle diese Mitarbeiter befinden sich außerhalb der formellen Hierarchiestruktur der Organisation und stellen für die Führungskraft eine vertrauenswürdige Quelle von Informationen und Ratschlägen dar.

Die Suche nach Gleichgestellten

Es gibt noch einen Grund, warum die Führungskraft einsam ist: Sie hat keine Peergroup, also keine Gleichgestellten in der Organisation, mit denen sie sich regelmäßig austauschen könnte. Ein Vertriebsmitarbeiter trifft häufig andere Verkäufer und hat auch einen Manager, der über seine Arbeit bestens Bescheid weiß. Auf jeder Ebene einer Organisation gibt es fast immer eine Gruppe gleichrangiger Kollegen, die ähnliche Aufgaben bewältigen müssen. Die Leute können also aus den Erfolgen und Misserfolgen ihrer Kollegen lernen. Der Vorstandschef hat jedoch meist keinen gleichrangigen Kollegen, den er täglich bei der Arbeit beobachten könnte, und es gibt auch niemanden, der es ihm sagen würde, wenn er einen Fehler macht. Davon erfährt er wahrscheinlich zum ersten Mal dann, wenn der Aufsichtsratsvorsitzende mit ihm über seine Abfindung sprechen will. Vielleicht ist sein Stil großartig, vielleicht ist er aber auch entsetzlich – es gibt keine Maßstäbe, an denen er sich messen könnte, und kein unvoreingenommenes Feedback, an dem er seine Leistungen regelmäßig neu ausrichten könnte.

Uns fiel auf, dass die meisten Führungskräfte, die wir auf Video aufgenommen hatten, unbedingt die Aufzeichnungen sehen wollten. Dahinter steckte nicht nur Eitelkeit, denn die meisten von ihnen können sich auf dem Bildschirm betrachten so viel sie wollen. Was sie wirklich interessierte, waren ihre Kollegen: Sie wollten wissen, was die anderen Führungskräfte dachten und wie sie mit den Situationen, über die wir sprachen, umgegangen wären. Sie wollten in einen sinnvollen Austausch mit ihren Kollegen eintreten. Die Anziehungskraft großer Konferenzen, wie beispielsweise des Weltwirtschaftsforums, liegt weniger an den Vorträgen, sondern vielmehr an der Gelegenheit, sich mit gleichrangigen Kollegen austauschen zu können.

Auf dem Gipfelpunkt: Neues im Umgang mit Menschen

Manche Dinge verändern sich, wenn man die Spitze erreicht, andere dagegen nicht. Auf dem Gipfel des Berges verändert sich auf jeden Fall die Perspektive. An klaren Tagen können Sie unendlich weit blicken. Die Leute am Fuß des Berges sehen die Forelle im Bach, die Katze im Garten und die Blumen am Wegrand. Das alles bleibt der Führungskraft, die über die weit entfernten Bergkämme in die Zukunft blickt, verborgen. Keine dieser Aussichten ist richtig oder falsch.

Manche Dinge verändern sich nicht. Die Fähigkeiten im Umgang mit Menschen, die Sie auf dem Weg zur Spitze erworben haben, bleiben weiterhin sehr wichtig:

- Coaching,
- Einflussnahme,
- Feedback,
- Umgang mit Konflikten und
- Motivation.

Diese Fähigkeiten und auch die Art und Weise, wie Sie sie anwenden, bleiben unverändert. Der Betonkopf bleibt ein Betonkopf und der Bäume-Umarmer bleibt ein Bäume-Umarmer. Eine Führungskraft, die an der Spitze ankommt, blickt meist auf etwa zwanzig Jahre Erfahrung zurück, die ihr unmissverständlich zu verstehen geben, dass ihr bisheriger Stil genau derjenige ist, der funktioniert. Diese Formel wird dann nicht verändert, nur weil ein superschlaues Buch oder ein Berater sagen, dass es eine bessere Methode gibt. Möglicherweise stellt man sich in einigen Einzelheiten um, besonders wenn etwas schief gegangen ist, aber der grundsätzliche Stil ändert sich nicht.

Den Stil, in dem Sie Mitarbeiter managen, erwerben Sie bereits unterwegs und nicht erst, wenn Sie oben angekommen sind.

Die gute Nachricht lautet, dass Ihnen als Topmanager ab jetzt weitere Theorien erspart bleiben, die Ihnen einreden wollen, dass Sie Ihre Mitarbeiter in den letzten zwanzig Jahren auf die falsche Weise gecoacht, beeinflusst und motiviert haben.

Die schlechte Nachricht lautet, dass Sie trotzdem nicht aufhören dürfen zu lernen. Alle von mir befragten Führungspersönlichkeiten waren bescheiden und selbstbewusst genug um zuzugeben, dass sie auch in ihrer jetzigen Position noch weiter lernen. Es gibt weiterhin laufend neue Situationen und neue Gelegenheiten.

Der Topmanager muss in der Regel drei neue Fähigkeiten im Umgang mit Menschen erwerben:

- Er muss das Führungsteam zusammenstellen.
- Er muss das Führungsteam leiten.
- Er muss mit dem Aufsichtsgremium zusammenarbeiten.

Diese drei werden wir nun der Reihe nach behandeln.

Das Führungsteam zusammenstellen

Die alte Weisheit, dass großartige Teams großartige Ergebnisse erzielen, hat sich ein ums andere Mal als wahr erwiesen. Verbinden Sie ein großartiges Team mit einer großartigen Strategie, und alles wird möglich. Geld ist im Grunde nie der beschränkende Faktor, sondern eher Talent. Bevor wir aber irgendwelche schnellen Rezepte für den Erfolg durch Talent verbreiten, betrachten wir einige der typischen Fehler, die Führungskräfte häufig begehen:

- *Zu viel Selbstvertrauen:* Führungskräfte, die sich selbst als Helden hochstilisieren, wollen alles selbst erledigen. Sie vertrauen niemandem. Dadurch, dass sie alle Entscheidungen selbst treffen oder ihr Team einfach überstimmen, demoralisieren und schwächen sie das Team. Daraus ergibt sich ein Teufelskreis, denn je schwächer das Team wird, desto mehr hält der heroische Führer es für nötig, selbst die Kontrolle zu behalten. Selbst wenn ein solcher Unternehmensleiter eine Zeit lang erfolgreich arbeitet, hinterlässt er eine geschwächte Organisation, in der es keinen effektiven Nachfolger für ihn gibt.
- *Zu wenig Selbstvertrauen:* Nicht alle Führungskräfte haben genug Selbstvertrauen, um ihre Schwächen zu kennen und zuzugeben. Sie besetzen das Führungsteam dann mit Leuten, die genauso sind wie sie, und erhalten so ein schlecht ausbalanciertes, schlecht funktionierendes Team aus Ja-Sagern, eine Inzucht, die sich im Führungsclub sehr wohl fühlt. Keiner von ihnen kann die Schwächen des CEO ausgleichen, dafür sind die Stärken im Überfluss vorhanden.
- *Übertriebene Bescheidenheit und Machtverlust:* Manche Führungskräfte lassen sich von den Fürsten in der Organisation

beherrschen. Die Fürsten machen sich unentbehrlich. Gefährliche Fürsten sind die Vorläufer von heldenhaften Führungskräften. Sie halten ihren Bereich fest unter Kontrolle und liefern gute Ergebnisse, so dass es mit der Zeit unmöglich wird, an ihnen vorbei zu kommen oder durch sie hindurch zu managen. Fürsten in Investment Banken drohen sogar manchmal damit, mit ihren gesamten Teams zur Konkurrenz abzuwandern.

- *Zu starkes analytisches Denken:* Manche Führungskräfte verlieben sich in die logische Seite der Unternehmensführung. Sie glauben plötzlich an Organigramme mit vielen Kästchen, in die sie alle Leute stecken. Leute gehören aber erst in einen Kasten, wenn sie tot sind. Besonders an der Spitze sollten Sie sich um Menschen kümmern, nicht um Kästchen.

Wenn wir diese vier negativen Aspekte positiv formulieren, erhalten wir die vier Prinzipien eines erfolgreichen Führungsteams:

- Balance,
- Macht,
- Zweck und
- Form.

Balance

Alle befragten Topmanager waren selbstbewusst und ehrlich genug, um ihre eigenen Schwächen zu kennen. Dies ist der erste Schritt auf dem Weg zu einem ausgeglichenen Führungsteam. Manche Schwächen erkennt man auf den ersten Blick. Führungskräfte, die sich nicht mit Finanzen auskennen, brauchen einen Finanzfachmann im Team. Große Strategen benötigen einen Partner für das operative Geschäft, und umgekehrt. Auch die verschiedenen Stile müssen ausbalanciert sein. Lauter Ja-Sager sind genauso schädlich wie ein Team, das nur aus Primadonnen besteht.

Das klingt zwar ganz offensichtlich, ist es aber nicht. Die Versuchung ist sehr groß, zuerst die ideale Organisation zu entwerfen und dann ein passendes Führungsteam zusammenzustellen. Viele effektive CEO machen es genau umgekehrt: Sie beginnen mit dem Team und passen dann die Organisation an das Team an. Es ist besser, eine leicht chaotische Struktur zu haben als ein nicht optimal funktionierendes Führungsteam.

»Es ist besser, eine leicht chaotische Struktur zu haben als ein nicht optimal funktionierendes Führungsteam.«

Macht

Der britische Premierminister John Major wurde einmal von seinem Politiker-Kollegen Geoffrey Howe mit den Worten angegriffen, er sei zwar im Amt, aber nicht an der Macht. Major überlebte auch nicht viel länger im Amt.

Titel bedeuten noch keine Macht. Macht muss man erwerben und ausüben.

Ein gutes Mittel, um die Macht der Fürsten zu beschneiden, ist eine Reorganisation. Dabei soll nicht unbedingt die Struktur oder Strategie der Organisation verbessert, sondern hauptsächlich dafür gesorgt werden, dass die Macht des Unternehmensleiters anerkannt und respektiert wird. Versetzen Sie einige der Fürsten aus ihren Herrschaftsbereichen, so dass sie von Ihnen abhängig werden, nicht umgekehrt. Sollten dabei ein oder zwei Fürsten das Unternehmen verlassen müssen, werden die übrigen eingeschüchtert. Rituelle Hinrichtungen übten schon immer eine besondere Faszination auf das Volk aus.

Das ist die dunkle Seite einer Reorganisation, die für jedermann offensichtlich ist. Es gibt aber auch eine positive Seite. Eine Reorganisation bietet die Gelegenheit, den psychologischen Vertrag mit jedem einzelnen Mitglied des Führungsteams neu zu gestalten. Als wir einmal mit einem CEO zusammen an einer Reorganisation arbeiteten, entwarfen wir für alle Mitglieder des Führungsteams den üblichen Papierkram über Aufgabenbeschreibungen, Titel, Rollen, Verantwortungsbereiche und Ziele. Der weitaus wichtigere Teil der Diskussionen drehte sich aber um den Inhalt der neuen psychologischen Verträge: Arbeitsstile, gegenseitige Erwartungen und Bedürfnisse, Risiken und Chancen. Das war der erste Schritt zur Bildung eines funktionierenden Teams, das nicht nur auf dem Papier, sondern auch real existieren sollte.

Zweck

Ein Team ohne Sinn und Zweck ist so nutzlos wie ein Anführer ohne Gefolgsleute. Ein effektiver Leader muss einen Zweck vorgeben, der größer ist als die Summe der einzelnen Mitglieder des Führungsteams. Die Mitglieder müssen einen *gemeinsamen* Zweck erkennen. Dieser Sinn und Zweck des Teams trägt auch zur erforderlichen Ausbalancierung des Teams bei – globalisierte Unternehmen brauchen globale Fähigkeiten.

Die Vision wird in Kapitel 10 ausführlich behandelt. Aus der Mitarbeiterperspektive wird die Gruppe fähiger Personen erst durch die Vision beziehungsweise den Sinn und Zweck in ein effektives Führungsteam verwandelt, das an einem Strang zieht.

Form

Architekten, zumindest diejenigen aus der Zeit vor der Postmoderne, waren immer der Meinung, dass die Form der Funktion folgen müsse. Das Aussehen eines Gebäudes müsse also seinem Zweck entsprechen. Was für Architekten gilt, gilt jedoch nicht für Führungsteams.

Führungskräfte sollten dem Motto folgen: Menschen verwirklichen den Zweck. Überlegen Sie sich daher den Zweck und die Vision, und stellen Sie dann die richtige Kombination aus Fähigkeiten und Stilen zusammen, mit der Sie diese Vision erreichen können. Die Struktur oder Form der Organisation folgt aus den Menschen und dem Zweck, nicht umgekehrt. Berater sind oft verärgert, wenn Sie die Menschen an erste Stelle rücken, weil ihnen ordentliche Organigramme lieber wären. Deshalb sind ja auch Sie die Führungskraft, und nicht die Berater.

»Die Struktur oder Form der Organisation folgt aus den Menschen und dem Zweck, nicht umgekehrt.«

Das Führungsteam leiten

Klarheit, Fokus und Ausrichtung

Führungskräfte zu führen ist nicht leicht. Wenn Sie sie zu wenig kontrollieren, entwickeln sie sich zu Fürsten. Kontrollieren Sie dagegen zu stark, machen Sie sich selbst zur Karikatur des heroischen Unternehmensleiters, der sein Team demoralisiert und ihm die Verantwortung abnimmt. Gleichgültig, wie Ihr persönlicher Stil ist, er wird sich bei Ihrer Ankunft an der Spitze nicht plötzlich ändern. Auch als Leiter des Unternehmens haben Sie weiterhin mit Management-Aufgaben zu tun, wie zum Beispiel mit der Leistungskontrolle. Alle Zahlen haben drei oder vier Nullen mehr am Ende, aber die grundlegenden Aufgaben ändern sich nicht.

»Führungskräfte zu führen ist nicht leicht.«

Als oberste Führungskraft müssen Sie entscheiden, an welcher Stelle Sie etwas bewirken und für das Team etwas wertvolles beisteuern können. Es gibt im Grunde drei Dinge, die der Leiter der Führungskräfte geben kann:

- Klarheit,
- Fokus und
- Ausrichtung.

Klarheit

Hier geht es nicht um Klarheit der Antwort, sondern um Klarheit des Problems. Zahllose Experten wissen Antworten auf alle möglichen Fragen. Für den Leader besteht die Schwierigkeit darin, aus den Myriaden von Herausforderungen und Chancen, die in jeder Organisation bestehen, die entscheidenden herauszufiltern. Der Tag hat nur 24 Stunden und die Ressourcen sind begrenzt, daher muss er den Nebel des Wettbewerbs und der internen Kämpfe sowie die Massen der täglich auf ihn einströmenden Details durchdringen und die wenigen Herausforderungen und Chancen erkennen, die wirklich wichtig sind.

Fokus

Die Führungskraft, die sich weniger Fokussierung wünscht, ist mir noch nicht begegnet. Sobald man sich Klarheit verschafft hat, müsste man die Organisation auf zwei oder drei entscheidende Kämpfe konzentrieren können, die es unbedingt zu bestehen gilt. Sobald es vier oder mehr solcher Gefechte werden, können sich die Mitarbeiter wahrscheinlich nicht mehr auf alle konzentrieren. In diesem Fall wählen sie ein paar aus, und dabei geht in ein oder zwei Kämpfen der Sieg meist verloren.

Ausrichtung

Die meisten Führungskräfte, mit denen ich spreche, besitzen sowohl Klarheit als auch Fokus. Sie erzählen leidenschaftlich von den Dingen, die sie erreichen müssen. Dabei gibt es nur ein Problem: Die verschiedenen Führungskräfte einer Organisation haben Klarheit, Fokus und Leidenschaft in Bezug auf vollkommen unterschiedliche Ziele. Sie ziehen oft voller Energie in ganz verschiedene Richtungen.

Für die Ausrichtung sind Strategiedokumente sowie Mess- und Belohnungssysteme zwar wichtig, aber es geht um mehr. Viel wichtiger ist es, eine gemeinsame Vision zu entwickeln. Das geht am besten bei den häufig belächelten Zusammenkünften außerhalb der Organisation. Das Führungsteam braucht Zeit – weit weg von den alles beherrschenden Bagatellen des täglichen Managements – um gemeinsam zu überlegen und gemeinsam Klarheit, Fokus und Ausrichtung zu erreichen. Nimmt die Vision dabei visuelle Form an, als Plan oder Landkarte der Zukunft, ist das um so besser. Die Einzelheiten treten in den Hintergrund, die Vision konzentriert sich auf das, was wichtig ist, und bleibt besser in Erinnerung als ein langer, wohlgesetzter Text.

Die Kunst unvernünftigen Managements

Klarheit, Fokus und Ausrichtung zu erreichen, klingt sehr vernünftig und rational. Effektive Führungskräfte lernen zusätzlich die Kunst, in ausgewählten Einzelfällen unvernünftig zu sein.

Allen Führungskräften ist klar, dass die Welt nicht einfacher wird. Lieferanten senken nicht freiwillig die Preise, Mitarbeiter verlangen mehr Bezahlung und kürzere Arbeitszeiten, die Konkurrenz schläft nicht und es gibt immer irgendwelche Regulierungs- oder Finanzbeamten, die ihre Handlungsfreiheit noch etwas mehr einschränken. Das führt dazu, dass die Ertragsgrundlinie jeder Organisation nie geradlinig verläuft, sondern mehr oder weniger steil abwärts geneigt ist. Alle Maßnahmen zur Gewinnerhöhung versprechen zwar höhere Erträge, in der Praxis bewahren sie die Organisation jedoch nur vor dem Niedergang.

Die vernünftige Führungskraft kennt diese Beschränkungen. Es gibt immer gute Gründe dafür, dass ein Ziel schwer zu erreichen ist. Ein Elektronikunternehmen befand sich auf dem Weg in die Insolvenz. Der Unternehmensleiter ordnete die Reduzierung des Betriebskapitals und des Personals um jeweils 20 Prozent an. Jeder Bereichsleiter hatte eine Entschuldigung parat:

»Wir haben die Kosten im letzten Jahr schon um 20 Prozent gesenkt, wir können es nicht schon wieder tun.«

»Unsere Kosten schnitten beim Benchmarking schon als »Best in Class« ab, besser geht es nicht.«

»Wenn wir wachsen sollen, dürfen wir nicht kürzen.«

Eine vernünftige Führungskraft hätte diese Argumente akzeptiert, und das Unternehmen wäre inzwischen bankrott. Die unvernünftige Antwort lautete, auf dem Einschnitt zu bestehen: Jeder Bereichsleiter, der ihn nicht zustande brachte, hätte selbst zu den 20 Prozent derer gehört, die gehen mussten. In Einzelfällen muss eine Führungskraft unvernünftig handeln.

Die Kunst der unvernünftigen Führung beschränkt sich jedoch nicht allein auf Krisenzeiten. Jeder vernünftige Mensch hätte Fred Smith bescheinigt, dass seine Idee eines landesweiten Übernacht-Auslieferungsdienstes (FedEx) verrückt sei. Es wird erzählt, sein Tutor an der

Business School habe ihm dafür nur die Note »C« gegeben. Branson und O'Leary waren ebenfalls wahnsinnig, British Airways zu attackieren. Und Soichira Honda war ganz eindeutig unzurechnungsfähig, als ihm einfiel, er könne es mit den Big Three, den großen Autoherstellern in den USA, aufnehmen. Vernünftige Menschen schaffen keine Imperien. Wir alle erinnern uns an Alexander den Großen. Aber wer hat je von seinem Onkel, Alexander dem Vernünftigen, gehört?

Es besteht eine hauchdünne Grenze zwischen unvernünftig und inakzeptabel. Die unvernünftige Führungskraft fordert das Team bis an die Grenzen seiner Belastbarkeit, die inakzeptable Führungskraft überfordert und zerbricht es. Um ein Ziel erreichbarer zu machen, unterteilt der Leader die Herausforderung in schwierige, aber nicht unmögliche Abschnitte. Verlangen Sie nicht von allen, mit einem Schlag ins Loch zu treffen. Lassen Sie ihnen so viele Schläge, wie sie brauchen. Wichtig ist, dass das Ziel erreicht wird. Nähern Sie sich ihm ruhig in kleinen Schritten, unterstützen Sie die Mitarbeiter, seien Sie flexibel, was die Mittel betrifft. Aber lassen Sie sich nicht davon abbringen.

Mit dem Aufsichtsgremium zusammenarbeiten

Viele berufene Experten haben sich im Lauf der Zeit mit dem Thema der Unternehmensleitung befasst. Die meisten Debatten drehen sich um das rechte Gleichgewicht zwischen der erforderlichen Unabhängigkeit und der ebenso erforderlichen Fachkenntnisse im Aufsichtsgremium. Echte Experten sind in der Regel Branchen-Insider, wobei man natürlich eher Leute aus dem eigenen Unternehmen wählt als Leute aus Konkurrenzunternehmen. Aus diesem Grund sind sie nicht besonders unabhängig. Unabhängige Mitglieder im Aufsichtsgremium sollen theoretisch die Aufgabe wahrnehmen, die Interessen der Aktionäre zu wahren und die Exekutive, also den Vorstand, zu kontrollieren. Oft fehlt ihnen jedoch das Fachwissen, um die Exekutive effektiv zu überwachen. Es ist leicht zu sagen, dass die beiden Funktionen ausgewogen sein müssen. Sollten Sie einmal für die Regierung einen Bericht über dieses Thema schreiben, müssen Sie sich etwas ausführlicher damit auseinandersetzen. Für Führungskräfte ist es ein guter Gesprächsstoff, wenn ihnen sonst gar nichts mehr einfällt. In der Praxis dürfen sie sich nicht mit der Theorie beschäftigen, sondern mit dem, was funktioniert.

Der Vorstandsvorsitzende muss, operativ betrachtet, den Aufsichtsrat managen. Theoretisch ist dies die Aufgabe des Aufsichtsratsvorsitzenden, aber ein guter Vorstandschef verfügt über viele Jahre der Erfahrung im Management von Vorgesetzten. Auch auf dieser hohen Ebene gelten dafür immer noch dieselben Mittel und Methoden.

- Vermeiden Sie Überraschungen: Warnen Sie die Mitglieder immer vor, informieren Sie sie frühzeitig und bereiten Sie den Boden für Ihre Vorschläge.
- Stimmen Sie die Erwartungen bezüglich des Arbeitsstils, der Rollenverteilung und der Ziele mit ihnen ab.
- Beteiligen Sie sie angemessen.
- Versuchen Sie nichts zu verschleiern oder zu verbergen.
- Liefern Sie Ergebnisse.

Am schwierigsten ist meist die Beziehung zwischen den beiden Vorsitzenden des Aufsichtsrats und des Vorstands. Der Aufsichtsratsvorsitzende hat oft am meisten Gewicht bei der Ernennung und Absetzung des Vorstandsvorsitzenden. Daher ist ihre Beziehung, wenn beide ihre Funktion gut erfüllen, zu Recht von einer gewissen Spannung geprägt.

Teilweise liegt das Problem darin, dass beide sich gegenseitig die Rollen streitig machen. Der Aufsichtsratsvorsitzende – besonders, wenn er vom Posten des Vorstandsvorsitzenden nach oben komplimentiert wurde – kann sich oft nur schwer mit seiner neuen Rolle anfreunden. Er leidet unter dem »Manager in der Umkleidekabine«-Syndrom, unter dem auch frischgebackene Manager leiden. Er will immer noch mitspielen und mischt sich daher zu stark in den Aufgabenbereich des Vorstandsvorsitzenden ein.

Der Vorstandsvorsitzende dagegen muss sich vor Anwandlungen von Größenwahn hüten. Viele reizt es sehr, das Unternehmen nach außen zu repräsentieren – inklusive Medienrummel, Flirts mit den Analysten und Aufnahme in Komitees und Kommissionen, also in die Kreise der wirklich bedeutenden Personen. Manches davon kann der Vorstandsvorsitzende tatsächlich selbst übernehmen, aber den Rest sollte er dem Aufsichtsratsvorsitzenden überlassen, damit dieser beschäftigt ist und ihn seine Arbeit tun lässt.

Das Hauptproblem des Aufsichtsratsvorsitzenden besteht darin, dass er und sein Gremium kaum in die Organisation hineinschauen können. Die Entwicklung der Finanzen hinkt dem Geschehen immer hinterher, und wenn es finanziell bergab geht, ist es meist schon zu spät, um einzugreifen. Kotter stellte in seiner Studie fest, dass CEO einen unproportional hohen Anteil ihrer Zeit damit verbringen, im Unternehmen herumzuwandern und festzustellen, was dort wirklich vorgeht. Diesen Luxus kann sich der Aufsichtsrat nicht leisten. Die Mitglieder haben erstens nicht die Zeit dazu, und zweitens wären sie allen im Weg, wenn sie versuchten, als zweites Führungsteam zu agieren.

In der Praxis funktioniert die Beziehung, wenn drei Bedingungen erfüllt sind:

- Leistung,
- klare Erwartungen sowie
- Vertrauen, Geschichten, schnelle Erfolge und keine Fehler.

Leistung

Die Macht eines Vorstandsvorsitzenden ist direkt von seiner Leistung abhängig. Je besser die Leistung, desto weniger wird sich der Aufsichtsrat in der Lage sehen, ihn anzugreifen oder auch nur in Zweifel zu ziehen. Da die Karriereerwartung eines CEO in britischen FTSE-100-Unternehmen inzwischen unter fünf Jahren liegt, drängt sich die Vermutung auf, dass die Leistungen der CEO oft nicht den Erwartungen entsprechen und dass das Board of Directors nicht zögert, seine Macht einzusetzen.

Das Schlüsselwort im letzten Satz lautet *Erwartungen.* Es ist eine unentbehrliche Kunst, die Erwartungen des Aufsichtsgremiums und der Investoren zu managen.

Klare Erwartungen

Jeder Vorstandsvorsitzende weiß seit seinen ersten Tagen als Manager, dass und wie man Erwartungen managen muss. Vorstandschefs wissen, dass man die Messlatte so niedrig wie möglich hält, damit man die eigenen Fortschritte gut zeigen kann. Akzeptiert man dagegen die überzogenen Wachstums- und Gewinnprognosen eines Vorgängers, ist das Scheitern vorprogrammiert.

Bei der Ernennung eines neuen Vorstandsvorsitzenden werden meist gleichzeitig ein paar Leichen aus dem Keller entfernt. Die damit verbundenen Abschreibungen sorgen dafür, dass die finanziellen Erwartungen anfangs nicht sehr hoch geschraubt sind. Dies bietet die Möglichkeit, sie später dann sogar zu übertreffen.

Vertrauen, Geschichten, schnelle Erfolge und keine Fehler

Vertrauen braucht Zeit, um sich zu entwickeln, aber oft steht die Zeit nicht auf der Seite der Vorstandschefs. Sie brauchen schnelle Erfolge, damit sie zeigen können, dass sie alles unter Kontrolle haben und dass sie Vertrauen verdienen. Ebenso wichtig ist es wieder einmal, dass der Vorstandschef dem Aufsichtsrat eine Geschichte erzählen kann. Man kann es auch Strategie nennen, um den Aufsichtsrat zu beeindrucken. Es handelt sich jedoch meist um eine einfache Geschichte, die sich sogar ein unternehmensfremder Aufsichtsrat merken kann, wenn Sie einmal mit ihm in die Oper gehen. Folgende Geschichten sind einfach genug und funktionieren:

- Wir konzentrieren uns auf die Grundlagen des Geschäfts (keine Strategie, nur hervorragende Geschäftsprozesse).
- Wir werden international wachsen.
- Wir werden uns auf unser Kerngeschäft konzentrieren (das heißt, wir verkaufen periphere Vermögenswerte).
- In jedem Markt, auf dem wir konkurrieren, werden wir die Nummer Eins oder die Nummer Zwei sein (zum Beispiel GE).
- Wir werden unsere Marke auf ähnliche Märkte ausweiten.
- Wir konzentrieren uns nur auf die wichtigsten Marken, die global bekannt sind (zum Beispiel Unilever).

Diese einfachen Geschichten beruhen häufig auf tief gehenden strategischen Analysen und Einsichten. Hier sind Management-Beratungsfirmen wie McKinsey oder Monitor wirklich nützlich, denn die Aufsichtsratsmitglieder holen sich gerne deren Zustimmung – sie lassen die Berater für sich denken. Es läuft aber alles auf ganz einfache Dinge hinaus.

Die Konsequenzen der kleinen Geschichte sind dennoch oft dramatisch und führen zu frühen Erfolgen:

- Sie reorganisieren das Führungsteam.
- Sie verkaufen ein oder zwei Tochtergesellschaften.
- Sie beenden ein teures Projekt.
- Sie beenden eine erfolglose Produktlinie.

Durch solche frühen Erfolge gewinnt der Vorstandschef Zeit. Der unternehmensfremde Aufsichtsrat kann nun wieder in die Oper gehen, denn er weiß jetzt, dass Sie nicht nur *einen Plan haben*, sondern auch *etwas tun*. Er kann sich beruhigt zurücklehnen und genießen.

Das finanzielle Ergebnis ist für den Aufsichtsrat der wichtigste Indikator dafür, wie gut oder wie schlecht der Vorstandschef arbeitet. Es hinkt der Leistung jedoch immer hinterher. Steht das Ergebnis erst einmal fest, kann man nichts mehr daran ändern. Die einzige andere Gelegenheit für den Aufsichtsrat, sich ein Bild von seiner Leistung zu machen, sind seine Auftritte bei den gemeinsamen Sitzungen. Das bedeutet, dass er möglicherweise unverhältnismäßig viel Zeit darauf verwendet, diese Sitzungen vorzubereiten und ihren Erfolg sicherzustellen. Wenn er die Papiere zu spät fertig hat, wenn etwas fehlt oder wenn sie einen Fehler enthalten, bröckelt das Vertrauen. Möglicherweise ist es nicht die Stärke des Vorstandschefs, auf Details zu achten, aber genau diese Details bemerkt der Aufsichtsrat. Außerdem fühlen die Aufsichtsräte sich gerne einbezogen. Der Vorstandschef muss ihnen die richtigen Knochen zuwerfen. In der Praxis bedeutet das: Je mehr Sie die Aufsichtsräte an der Ausarbeitung und Festlegung der Strategie beteiligen, desto schwerer wird es für sie, sich von der Strategie zu distanzieren, sollte sie nicht zum Erfolg führen.

Als Vorstandschef stellt man fest, dass die alten Disziplinen, wie das Gewinnen von Vertrauen und persönlichem Einsatz, das Verkaufen von Ideen, das Beeinflussen von Menschen und das Aufbauen von Netzwerken, auf Vorstands- und Aufsichtsratsebene ebenso wichtig sind wie vorher auch. Man reist sozusagen zurück in die Zukunft.

10
Positive Einstellung

Alle Führungskräfte erben eine Position und eine Hinterlassenschaft in Form einer Organisation und ihrer Strategie, ihrer Ressourcen und ihrer Leistung. Das ist einerseits gut, andererseits aber auch schlecht. Einerseits hat man etwas, worauf man aufbauen kann, andererseits wird dies schnell zum Gefängnis. Organisationen entwickeln ein Eigenleben und oft auch eigenen Antrieb, und es besteht die Versuchung, sich davon einfangen und mitziehen zu lassen. Diese Option bedeutet ja auch das geringste Risiko: Wenn etwas funktioniert, sollte man lieber nicht daran herumdoktern. Wollen Sie dagegen etwas ändern, müssen Sie zuerst die Trägheit der Organisation überwinden. Weder Organisationen noch Individuen nehmen freiwillig Veränderungen oder gar Risiken auf sich.

Führungskräfte, die einfach nur ihr Erbe verwalten, sind eigentlich keine Führungskräfte, sondern Verwalter, wobei das eine durchaus respektable Tätigkeit ist. Wenn Sie der CEO der Grosvenor Group sind, die 350 Jahre alt ist, dann sollten Sie bescheiden genug sein zu erkennen, dass Ihre Hauptaufgabe darin besteht, das Unternehmen bestmöglich zu verwalten und zu bewahren. Ein arroganter Unternehmensleiter, der dieses ehrwürdige Immobiliengeschäft in eine trendige New-Age-Internet-Bankrottfirma umwandeln wollte, wäre hier fehl am Platz.

Der Leader muss den Mittelweg zwischen den beiden Extremen der Passivität und der Revolution finden. Er braucht eine positive Vision der Zukunft des Unternehmens und eine genaue Vorstellung davon, wie es dorthin gelangt, und diese Vision muss er dann auf positive Weise kommunizieren.

Schnellleser haben das wahrscheinlich verpasst. Ich betone daher noch einmal, dass die Führungskraft ihre positive Einstellung auf dreierlei Weise demonstrieren muss:

- die Vision entwickeln,
- die Vision kommunizieren und
- die Vision umsetzen.

Diese drei Elemente werden wir im Folgenden näher betrachten.

Die Vision entwickeln

Viele Führungskräfte stehen ziemlich eingeschüchtert vor dieser großen Aufgabe. Es klingt, als ob wir in der Lage sein sollten, unser Volk aus der Wüste in das Gelobte Land zu führen.

Ich habe es einmal versucht und kam bis: »Ich hatte einen Traum ...«. Dann gab ich es auf. Mein letzter Traum handelte von einer Wolke intergalaktischer fliegender Teetassen. Ein paar Psychiater hätten sich wahrscheinlich dafür interessiert, und die Mitarbeiter hätte er wohl amüsiert, aber er hätte der Organisation nicht geholfen, ihre Ziele zu erreichen.

Visionen und Visionäre können gefährlich sein. Mao, Pol Pot, Marx und Hitler hatten Visionen, die zusammen mehreren hundert Millionen Menschen das Leben kosteten. Manche Visionen zeigen den Weg ins Gelobte Land, andere dagegen führen geradewegs zurück in die Wüste.

> »Manche Visionen zeigen den Weg ins Gelobte Land, andere dagegen führen geradewegs zurück in die Wüste.«

Dennoch haben die besten Leader Visionen, obwohl sie nicht unbedingt Visionäre sind. Sie stellen zu ihrer eigenen Überraschung fest, dass sie schon immer Visionen hatten. Ihre Visionen, die übrigens meist sehr einfach sind, funktionieren, weil sie drei Eigenschaften aufweisen:

- Sie zeigen, wohin es geht und warum das für jeden einzelnen Mitarbeiter interessant ist. Ein Anstieg des Gewinns pro Aktie ist für die Empfangsmitarbeiter nicht besonders aussagekräftig.
- Sie zeigen, wie der Weg zum Ziel verläuft und dass es möglich ist dorthin zu kommen.
- Sie zeigen, was die Vision für jeden Einzelnen bedeutet: Dann wird sie auch gut kommuniziert.

Das alles ist wirklich recht einfach, und je einfacher, desto besser ist es auch. Wir leiden heutzutage an einer übergroßen Auswahl, die zu sehr hoher Komplexität und zu Verwirrung führt. Beides sind Hindernisse, die wir nicht gebrauchen können. Eine gute Vision schafft Klarheit und hilft Menschen auf allen Ebenen, bessere Entscheidungen zu treffen. Die Vision muss so einfach sein, dass sie sowohl den Aktionären als auch den Treuhändern, Mitarbeitern, Lieferanten und Kunden verständlich gemacht werden kann und für sie alle eine Bedeutung hat.

Bevor Sie nun zur Betrachtung großer Unternehmensvisionen übergehen, überlegen Sie doch einmal, welche Visionen Sie bereits formuliert haben. Jeder, der schon einmal ein Projektteam geleitet hat, selbst wenn es nur aus zwei oder drei Personen bestand, hat wahrscheinlich auch eine Vision für dieses Team entwickelt, die die oben genannten Kriterien erfüllt:

- Unser Projekt hat dieses Ziel, wir müssen dazu jenes erreichen, und Ihnen persönlich kommt dabei die folgende Rolle zu.
- Hier ist der Aufgabenplan, der zeigt, wie wir vom gegenwärtigen Ausgangspunkt zum Zielpunkt gelangen.
- Sie haben dem Team diese Vision klar und deutlich mitgeteilt.

Aus dieser Warte betrachtet sind Visionen etwas ganz einfaches und natürliches. Wir müssen nicht etwas in dem Stil ankündigen, wie: »Wir werden an den Stränden kämpfen …!« Alles, was wir brauchen ist eine sehr klare Aussage darüber, wohin das Unternehmen gelangen soll. Eine komplizierte, clever formulierte Botschaft ist nutzlos, da sie entweder falsch oder gar nicht verstanden wird.

Je komplexer die Welt wird und je schneller sie sich verändert, desto stärker wird das Bedürfnis nach einer einfachen Richtungsvorgabe. In der Praxis braucht man entweder Genialität oder Mut, um aus der Komplexität eine einfache Botschaft herauszukristallisieren.

Nun ist der Zeitpunkt gekommen, an dem wir einige effektive Visionen in der Praxis untersuchen.

Gute Visionen vermitteln allen eine äußerst klare Vorstellung davon, wohin die Reise geht, was sie dafür tun müssen und was sie nicht tun dürfen. Es gibt sie in vielen verschiedenen Formen und Stilen. Für den Anfang stellen wir vier Visionen vor:

- NASA: »Wir bringen einen Mann auf den Mond und wohlbehalten wieder zurück.«
- Lloyds Bank: Shareholder Value
- The Red Arrows: Die perfekte Show
- Ryanair: Die Billigfluglinie

Diese Aussagen sind durchwegs verblüffend einfach und deutlich. Sie sind schnell verständlich und sie konzentrieren sich ausschließlich auf das, was wichtig ist. In jedem dieser Fälle treibt die Vision die Organisation vorwärts.

NASA

Als John F. Kennedy 1962 ankündigte, dass die USA noch vor dem Ende des Jahrzehnts einen Menschen auf den Mond und sicher wieder zurückbringen würden, war das eine verwegene Behauptung. Niemand wusste, ob es möglich sein würde. Gleichzeitig war es eine sehr verlockende Vision, denn der große Konkurrent Sowjetunion hatte die USA bisher immer geschlagen und mit Sputnik den ersten Satelliten und anschließend mit Juri Gagarin den ersten Menschen in den Weltraum gebracht.

Die Vision übte eine solche Macht aus, dass selbst schwere Rückschläge wie der Tod von drei Astronauten beim Brand einer Apollo-Kapsel auf der Abschussrampe die NASA nur zu noch größeren Anstrengungen anspornten. Am Ende erreichte die NASA ihr Ziel.

Dieser Erfolg war jedoch ein Fluch, von dem sich die NASA nie mehr erholte. Außerhalb der NASA selbst kennt kaum jemand mehr ihre Mission, und es interessiert sich auch kaum jemand dafür. Möglicherweise hat sie keine, und sie hat auch keine klare Richtung mehr: Manche Projekte gelingen (Hubble), manche misslingen (Space Shuttle-Katastrophen). Wo sie als nächstes hinsteuert, kann man nur raten.

Lloyds Bank

Brian Pittman, erst CEO und später Chairman der Lloyds Bank, hatte eine gebeutelte Bank übernommen, deren Zweigstellen über das gesamte ehemalige British Empire verstreut waren. Er entwickelte eine Vision, die zu seiner Zeit als revolutionär galt. Anstelle eines Imperiums wollte Lloyds den Shareholder Value aufbauen. Diese Entscheidung hatte tiefgreifende Folgen. Alle schwächelnden Außenposten des Imperiums wurden abgestoßen. Statt dessen konzentrierte man sich voll und ganz auf den heimischen Markt. Durch interne Kostensenkungen und aggressive Übernahmen innerhalb Großbritanniens wurde das Verhältnis von Kosten zu Einnahmen radikal gesenkt.

Eine Zeit lang war Lloyds die wertvollste Bank der Welt. Dann stieß sie an die obere Grenze des Marktanteils, den die Regulatoren gerade noch erlaubten, so dass weitere Übernahmen außer Frage standen. Die Vision wurde außer Kraft gesetzt. Ebenso wie die NASA traf sie der Fluch des Erfolges, und inzwischen hat sie wohl global betrachtet ihre Vormachtstellung als wertvollste Bank wieder eingebüßt.

The Red Arrows

Die Red Arrows sind die Flugzeugstaffel der Royal Air Force. Ihre Vision ist kristallklar: Sie wollen die perfekte Flugvorführung bieten. Sie vergleichen sich nicht mit anderen Fliegerstaffeln, sondern akzeptieren allein die Perfektion als einzigen Maßstab.

All ihre Aktivitäten sind an dem Streben nach Perfektion ausgerichtet, von der sorgfältigen Auswahl der Teammitglieder und der Planung der Missionen bis hin zur ausführlichen Nachbesprechung jeder einzelnen Mission, bei der sie feststellen, was sie noch verbessern müssen, um perfekt zu werden. Sie konzentrieren sich kompromisslos auf das, was wichtig für sie ist.

Ryanair

Für Fluglinien gibt es zahlreiche Gebiete, auf denen sie in Wettbewerb treten können: Bord-Service, Loyalitätsanreize, gute Abflugzeiten, dichtes und/oder intelligent geplantes Streckennetz, Sitzreihenabstand, Unterhaltungsangebot an Bord, Qualität der Verpflegung und der Getränke, Flughafen-Lounges, bequeme Schlafmöglichkeiten, Pünktlichkeit, Auswahl der Flugplätze und Qualität der Anschlüsse.

Michael O'Leary, der Gründer von Ryanair, hat eine einfache Antwort auf alle diese Wettbewerbsfragen: Niedrige Kosten, niedrige Kosten, niedrige Kosten, niedrige Kosten, niedrige Kosten, niedrige Kosten, niedrige Kosten, niedrige Kosten, niedrige Kosten, niedrige Kosten.

Das ist sehr einfach, sehr fokussiert und sehr effektiv. Jeder Einzelne, auch der Kunde, versteht, was das für ihn bedeutet. Alles folgt aus der Konzentration auf niedrige Kosten:

- *Flugzeuge:* Ein Typ, um die Kosten zu minimieren.
- *Marketing:* Keine Reisebüros, um die Kosten zu minimieren.
- *Tickets:* Elektronische Bestätigung, kein teures Papier.

- *Pünktlichkeit:* Hoch, um die Auslastung der Flotte zu maximieren und Kosten zu minimieren.
- *Flughäfen:* Zweitrangige Flugplätze mit niedrigen Landegebühren, möglichst kurze Zeit für den Boden-Turnaround.

Ihr Markt sowie ihr Geschäftsmodell als Billigfluglinie unterscheiden sich stark von denen der Flag Carrier-Gesellschaften, wie British Airways oder Lufthansa. Ryanair ist am besten positioniert, um den Auslese-Wettbewerb auf dem Markt der Billigfluglinien zu überleben. Im Gegensatz zu ihnen ist das Personal der Flag Carrier oft verwirrt, weil es unterschiedliche Märkte mit jeweils unterschiedlichen Bedürfnissen bedienen muss (Budget Class, Business Class und First Class). Der Unterschied ist für jedermann offensichtlich: Bei British Airways reisen gut gekleidete Geschäftsleute, während man bei Ryanair Anzüge meist vergeblich sucht.

Eine effektive Vision hat mehrere Schlüsselelemente:

- Sie trägt dazu bei, die Organisation auf die wenigen wirklich wichtigen Kämpfe zu fokussieren.
- Sie trägt dazu bei, dass die Mitarbeiter genau wissen, was sie nicht tun dürfen.
- Es darf nicht möglich sein, den Namen der eigenen Organisation (einfach) gegen einen anderen Namen auszutauschen. Die Vision muss genau auf die Stärken und Zukunftshoffnungen der eigenen Organisation zugeschnitten sein.
- Alle Interessengruppen, von den Aktionären bis zu neu eingestellten Mitarbeitern mit Kundenkontakt, verstehen die Vision und können an ihr teilhaben.
- Sie ist kurz, einfach und für jedermann leicht zu merken.

Die vier oben genannten Visionen erfüllen diese Kriterien relativ gut. Prüfen Sie nun anhand der Kriterien die Vision Ihrer Organisation.

Die Vision kommunizieren

Vorstandschefs lesen gerne die Newsletter und den Jahresbericht ihres Unternehmens. Normalerweise finden sie darin zahlreiche schmeichelhafte Fotos von sich selbst. Hinter ihrem Schreibtisch sehen sie herrschaftlich aus, auf einem Firmengelände dynamisch, zusammen mit einem Mitglied der Regierung wichtig, und bei internen

Preisverleihungen wirken sie großzügig und leutselig. Die Aufgabe eines Newsletters ist in der Regel, dem Vorstandschef zu zeigen, was für ein wunderbarer Mensch er ist.

Nun überlegen Sie einmal, wie es war, als Sie anfingen zu arbeiten. Wie oft haben Sie den Firmen-Newsletter gelesen oder geglaubt, was darin stand? Ein paar Vorstandschefs sind leider immer noch der Meinung, dass ein paar elegant formulierte Artikel, einige inspirierende E-Mails und ein teuer produziertes Video, das bei einer ebenso großzügigen Unternehmensveranstaltung vorgeführt wird, genügen, um die Mitarbeiter von einer neuen Vision zu überzeugen und sie dafür zu begeistern. Glauben Sie das auch?

Die Mitarbeiter und die anderen interessierten Parteien haben Wichtigeres im Kopf als Ihre Vision, beispielsweise Hypotheken, Einkäufe, Urlaub, Rechnungen und das Wochenende. Ihre Vision rangiert wahrscheinlich irgendwo unterhalb des Katzenfutters. Die Katze überlebt auch ohne Ihre Vision, nicht aber ohne Futter. Sie müssen sich ernsthaft anstrengen, wenn Sie erreichen wollen, dass jemand von Ihrer Vision Notiz nimmt oder sogar aufgrund Ihrer Vision tätig wird.

Sie müssen sowohl Breitband-Kommunikationsmittel (mit denen Sie viele Empfänger erreichen) als auch einspurige Kommunikation (persönliche Gespräche oder Mitteilungen) einsetzen.

Breit gestreute Kommunikation

Erfolgreiche Kommunikation beruht auf drei Elementen:

- Einer immer wieder gleichen Botschaft,
- fortwährender Wiederholung und
- mehreren verschiedenen Kommunikationsmethoden.

Betrachten Sie erneut die erfolgreichen Visionen: Sie ließen sich alle in einem Satz oder sogar in einem Slogan zusammenfassen. Wenn Sie eine clevere und komplizierte Vision haben, werfen Sie sie weg. Nur wenn Sie sie so einfach wie möglich gestalten, haben Sie die Chance, dass sich jemand an sie erinnert.

Ständige Wiederholung verankert die Botschaft im Kopf.
Ständige Wiederholung verankert die Botschaft im Kopf.
Ständige Wiederholung verankert die Botschaft im Kopf.
Ständige Wiederholung verankert die Botschaft im Kopf.

Ständige Wiederholung verankert die Botschaft im Kopf.
Ständige Wiederholung verankert die Botschaft im Kopf.
Ständige Wiederholung verankert die Botschaft im Kopf.
Ständige Wiederholung verankert die Botschaft im Kopf.
Ständige Wiederholung verankert die Botschaft im Kopf.
Ständige Wiederholung verankert die Botschaft im Kopf.

Versuchen Sie um Gottes Willen nicht, feinsinnig zu sein. Ich gebe an dieser Stelle zu, dass ich für einen Teil der Werbung für das Waschmittel Daz[1] verantwortlich bin. Die grundlegende Botschaft hat sich in vierzig Jahren nicht geändert: Daz sorgt für perfekte Sauberkeit. Sie ist nicht feinsinnig, aber die Leute scheinen sie mittlerweile im Kopf zu haben. Selbst wenn Sie die Botschaft schon sehr oft für dieselbe Zielgruppe wiederholt haben, dürfen Sie nicht davon ausgehen, dass Sie nun zu anderen Botschaften übergehen können. Wiederholen Sie sie immer und immer wieder.

Schließlich bleibt noch zu erwähnen, dass Sie mehrere verschiedene Methoden der Kommunikation verwenden müssen. Einige liegen auf der Hand – Newsletter, E-Mail, Unternehmenskonferenzen, Meetings, Trainingsveranstaltungen, die Website und Massenveranstaltungen bieten die Gelegenheit, die Botschaft einzuhämmern. Je mehr Sie darüber sprechen, desto mehr positive und negative Rückmeldungen erhalten Sie und desto besser können Sie die Botschaft an die verschiedenen Empfänger anpassen.

Es geht aber nicht nur um die verschiedenen Medien, wie Newsletter oder E-Mail und so weiter, sondern auch um eine kreative Ausdrucksweise bei der Formulierung der Botschaft. Im Folgenden sehen Sie zwei Beispiele dafür, wie Sie kreativ sein können, auch wenn Sie nicht so aussehen wie die Künstlertypen in Ihrer Werbeagentur.

SAS unter der Führung von Jan Carlsson beschloss, sich auf die Geschäftsreisenden zu konzentrieren, die hohe Anforderungen an den Service stellen. »Hervorragender Service« ist wichtig, aber leider als Vorstellung sehr vage. Daher entwickelte er die Vorstellung vom »Augenblick der Wahrheit«: Jede Interaktion mit einem Kunden ist ein Augenblick der Wahrheit, bei dem man entweder Zufriedenheit und Loyalität erzeugt oder nicht.

FedEx liefert Pakete und Dokumente am nächsten Tag pünktlich

1 Anm. der Übersetzerin: Ein Waschmittel von Procter & Gamble, der deutsche Name ist Dash.

ab. Das ist ein klarer Gedanke, aber ihm fehlt das Drama. Daher erfand Fred Smith die Idee des »Golden Package«, des Goldenen Pakets. Jedes Paket könnte das Goldene Paket sein, das das Unternehmen eines Kunden vollkommen verwandelt oder einer Familie das Glück bringt. Plötzlich wurde jedem Mitarbeiter klar, wie wichtig es war, jedes Paket pünktlich auszuliefern, ganz gleichgültig, was unterwegs alles passieren mochte.

Inszenieren Sie Erfolgs- und Kriegsgeschichten. Fällt Ihnen jemand auf, der etwas getan hat, was genau der von Ihnen geschaffenen Vision entspricht, dann machen Sie alle darauf aufmerksam und zeichnen Sie ihn öffentlich aus.

Kommunikation von Mensch zu Mensch

Letztendlich bedeutet Führung sehr viel persönliches Engagement. Man kann Organisationen nicht per Fernbedienung steuern. John Le Carré formulierte es einmal so: »Der Schreibtisch ist ein gefährlicher Ort, um die Welt in Augenschein zu nehmen.« Dieser Satz gilt für Führungskräfte ebenso wie für Spione.

Der Unternehmensleiter muss ein Team und ein Netzwerk aus Personen zusammenstellen, die an die Vision glauben. Es ist ganz klar, dass sich alle Mitglieder des Führungsteams dafür engagieren müssen. Tun sie es nicht, müssen sie ihren Platz räumen. Ein Team, dessen Mitglieder nicht an einem Strang ziehen, wird kaum Erfolg haben.

Nicht ganz so klar, aber ebenso wichtig ist, dass der Unternehmensleiter ein spezifisches Netzwerk aus einzelnen Personen aus dem gesamten Unternehmen einschaltet. Er muss die Gerüchteküche des Unternehmens für sich nutzen. Er kann sich nicht allein auf die Breitband-Medien stützen, denn Newsletter sind häufig im Stil der früheren sowjetischen Parteizeitung *Prawda* verfasst und genießen dementsprechend wenig Glaubwürdigkeit. Er muss die Nähe der Hauptquellen der Gerüchteküche suchen und persönliche Beziehungen zu ihnen knüpfen.

Ein Teil dieses Prozesses läuft ganz natürlich und halb-zufällig ab, wenn Sie in verschiedenen Situationen immer wieder andere Leute treffen. In der Praxis gibt es oft ein paar Mitarbeiter im Unternehmen, die über großen informellen Einfluss verfügen – weit mehr, als ihre formelle Position nahe legen würde. Manchmal sind diese Leute persönlich befreundet und bilden eine Gruppe, manchmal sind es aber auch einzelne langjährige Mitarbeiter, die alles schon oft erlebt und viele Vorstandschefs kommen und wieder gehen sahen. Diese Leute haben es in der Hand, Gift oder Hoffnung zu verbreiten. Weil sie außerhalb der formellen Hierarchie stehen, genießen sie Vertrauen, und weil sie umfassende Netzwerke geknüpft haben, besitzen sie großen Einfluss. Sie füttern die Gerüchteküche. Wenn sie die neue Vision für sinnvoll halten, werden die Mitarbeiter auf sie hören.

Ein CEO schätzte in seinem Rückblick auf die ersten drei Jahre seines Amtes, dass er mehr als die Hälfte seiner Zeit mit der Kommunikation seiner Vision zubrachte. Die Menschen nehmen sie nicht einfach so in sich auf. Man muss schon einige Kreativität entwickeln, um sie richtig unter die Leute zu bringen.

John Timpson besitzt und leitet eine Kette von 650 Schuhreparaturwerkstätten. Potenziell ist dies einer der langweiligsten, kleinsten und uninspirierendsten Geschäftszweige, die man sich aussuchen könnte. Er aber verschaffte seinem Unternehmen großen Erfolg, und seine Angestellten sind stolz, dazuzugehören. Er hatte erkannt, dass es nicht genügt, nur Schuhe zu reparieren, sondern dass man vor allem die Kunden zufrieden stellen muss. Guter Service bedeutet mehr Kundschaft. Darüber hinaus erkannte er, dass es einfacher ist, freundliche Mitarbeiter einzustellen und ihnen beizubringen, wie man Schuhe repariert, als gute, aber mürrische Schuster einzustellen und ihnen beizubringen, wie man gut gelaunt guten Service erbringt. Ihm wurde klar, dass er eine Revolution einleiten musste.

Timpson schulte also seine Gebietsleiter darin, die Mitarbeiter nicht nach ihren handwerklichen Fähigkeiten, sondern nach ihrer Dienstleistungsbereitschaft auszuwählen. Sie hörten ihm zu, verstanden ihn aber nicht. Es wurden weiterhin Schuster eingestellt, wenn auch nicht mehr ganz so mürrische.

Schließlich blieb Timpson nichts anderes übrig, als das Formular zur Bewertung der Bewerber umzugestalten. Der gesamte Text flog hinaus, statt dessen gab es Bilder von »Mr. Männern«. Mr. Ordentlich, Mr. Froh, Mr. Pünktlich, Mr. Klug und Mr. Zuverlässig standen auf der einen Seite des Formulars, Mr. Schlampig, Mr. Zuspät, Mr. Schmutzig und Mr. Faul auf der anderen Seite. Die Gebietsleiter sollten nur noch die Bilder einkreisen, denen ein Bewerber am ähnlichsten sah. Das verstanden die Gebietsleiter, und ab diesem Zeitpunkt begann die Revolution durch bessere Mitarbeiter. Timpsons setzte sich deutlich von allen anderen traditionellen Schusterbetrieben ab, denn seine hervorragenden Mitarbeiter boten großartigen Service, der die Kunden zufrieden und bei der Stange hielt.

Die Vision umsetzen

Es gibt zahlreiche Leute mit unzähligen tollen Ideen und noch mehr guten Ratschlägen. Jeder hat eine Meinung dazu, was Sie tun sollten und was Sie falsch machen. Wenn Sie Ideen brauchen, lesen Sie die Zeitung. Von den Kommentarseiten bis zum Horoskop finden Sie endlose Ratschläge, was Sie tun und lassen sollten.

Das Markenzeichen einer Führungspersönlichkeit ist jedoch, Dinge ins Rollen zu bringen. Virtuelle Visionen sind nichts als Tagträume. Sie müssen aus der virtuellen Realität heraus und in die Realität umgesetzt werden.

> »Virtuelle Visionen sind nichts als Tagträume.
> Sie müssen aus der virtuellen Welt heraus und in die
> Realität umgesetzt werden.«

Es ist nicht leicht, Visionen in die Wirklichkeit umzusetzen. Premierminister haben zu Anfang ihrer Amtszeit meist große Hoffnungen und wollen viel erreichen, doch selbst sie finden es schwer, die Gesellschaft in die gewünschte Richtung zu verändern. Denken Sie an alle Premierminister, die Ihnen einfallen, und überlegen Sie, weswegen sie in Erinnerung geblieben sind. Nur wenige haben mehr als ein bedeutendes Erbe in der Geschichte hinterlassen. Manchmal, wie im Fall von Chamberlains berühmtem Dokument aus München, ist es nicht einmal das Erbe, das sie erhofft hatten. Nun machen Sie denselben Test für Ihre Organisation. Wenn Sie sich an frühere Vorstandschefs erinnern: Was war ihre hauptsächliche Hinterlassenschaft? Und wie werden sich Ihre Nachfolger an Sie erinnern, wenn überhaupt?

Tatsächlich entwickeln sowohl Staaten als auch Organisationen ein Eigenleben. Keine Einzelperson kann sie voll und ganz kontrollieren. Niemand kann genau wissen, geschweige denn ändern, was in jedem Augenblick an allen Stellen vor sich geht. Praktisch gesehen kann ein Vorstandschef nur eine begrenzte Anzahl von Dingen kontrollieren. Er hat mehr Machthebel in der Hand als jeder andere in der Organisation, aber im Gegensatz zum Papst ist er nicht unfehlbar. Und im

Gegensatz zu Gott ist er weder allmächtig noch allgegenwärtig. Die meisten Vorstandschefs sind sich dessen bewusst, einige jedoch nicht.

In der Praxis stehen dem Vorstandschef fünf allgemeine Machthebel zur Verfügung, und die meisten Vorstandschefs in den meisten Organisationen setzen sie meistens auch ein. Die meisten Leader halten ein paar Aktivitäten, die für den Erfolg der Organisation von zentraler Bedeutung sind, unter ihrer direkten Kontrolle. Die Machthebel bestimmen, *wie* die Veränderung in Gang gebracht wird, und die Aktivitäten unter direkter Kontrolle bestimmen, *was* der Vorstandschef verändert. Alles andere muss delegiert werden.

Die fünf allgemeinen Machthebel des Vorstandschefs sind:

- Strategie,
- Zuweisung und Management von Ressourcen,
- Mess- und Belohnungssysteme,
- Mitarbeiter: Teambildung und
- Struktur.

Diese fünf Machthebel sind eng miteinander verknüpft. Das Ausmaß der Veränderung, das ein Unternehmensleiter erzielt, lässt sich daran ablesen, wie weit diese Machthebel gezogen sind. Unternehmensleiter müssen keine Revolutionäre sein. Unternehmen wie Procter & Gamble überleben nicht, weil sie laufend Revolutionen durchmachen. Jahrzehntelang hielt sich P&G an die bescheidenere evolutionäre Vision einer Verdopplung der Größe alle zehn Jahre. Das bedeutet ein jährliches Wachstum von 7 Prozent. Wenn das Unternehmen seine Größe wirklich alle zehn Jahre verdoppeln würde, wäre es nach 150 Jahren schon 32 000-mal so groß wie heute. Das wären ziemlich viele Waschmittel und Körperpflegeprodukte für die Welt.

Strategie

Die Strategie ergibt sich direkt aus der Vision des Vorstandschefs. Es herrscht eine philosophische Debatte über den Unterschied zwischen einer Vision, einer Mission, einer Strategie und den Zielen. Wenn Sie da einen Fehler machen, lässt Sie Ihr Wirtschaftsprofessor möglicherweise wegen Ketzerei auf dem Scheiterhaufen verbrennen. Wir trotzen der Gefahr eines Autodafés und gehen hier davon aus, dass die Strategie den Rahmen für die Realisierung der Vision bildet.

Die Vision zeigt, wo wir sind und wohin wir gehen. Die Strategie zeigt, wie wir dorthin gelangen. Sie bildet den Rahmen für eine angemessene Zielsetzung, für die Verteilung der Ressourcen und Prioritäten und für die richtige Art der Vermarktung.

Eine gute Strategie trägt dazu bei, dass sich die Organisation auf die richtigen Bereiche konzentriert und dass bei den vieldeutigen Entscheidungen, die jede Abteilung immer wieder treffen muss, die richtigen Kompromisse gefunden werden. Sie hilft den Mitarbeitern bei der Entscheidung, was sie tun und was sie nicht tun sollen.

Zuweisung und Management von Ressourcen

Dies ist eines der beiden hauptsächlichen Ausdrucksmittel der Strategie. Das Haushaltsjahr beginnt in den meisten Organisationen aus gutem Grund kurz nach dem Strategie-Review. Die Strategieüberprüfung legt den Rahmen und die Prioritäten fest, die Haushaltsprüfung setzt diese Prioritäten in die Wirklichkeit um.

Genau hier, bei diesem Verteilungsprozess, lernt die Führungskraft, unvernünftig zu sein. Es gibt immer vernünftige Gründe, die Budgets im gleichen Maß zu erhöhen wie die Kosten für Gehälter und Lieferanten steigen. Auf diesem Ohr taub zu bleiben und den Druck zu erhöhen, gehört in diesem Zyklus zur standardmäßigen Geschäftspraxis.

Einen Großteil der immer wiederkehrenden Aufgaben von Management und Unternehmensführung nimmt das Ressourcen-Management ein. Abweichungen vom Budget sind selten positiv, und der Umgang mit den Folgen negativer Abweichungen kostet viel Zeit, ist aber lebenswichtig.

Nur selten verlassen sich Unternehmensleiter beim Ressourcen-Management voll und ganz auf die formellen Systeme. Berichte und Kalkulationstabellen liefern nur eine Version der Wahrheit, und zwar meistens nicht die, die der Leiter kennen muss, sondern diejenige, die ihrem Verfasser genehm ist. Kalkulationstabellen garantieren nur, dass richtig gerechnet wurde. Über die zugrunde liegende Logik und die Voraussetzungen sagen sie nichts aus. Diese Mängel im offiziellen Berichtssystem gleichen Führungskräfte auf zwei Arten aus.

Sie erwerben mit der Zeit eine genaue Kenntnis der wichtigsten Zahlen und entwickeln so ein hellhöriges Alarmsystem. Der Leader kennt die Zahlen und Trends so gut, dass ihm eine unpassende Zahl sofort auffällt. Diese wird dann mit Hilfe des persönlichen Alarmsystems genauer untersucht.

Führungskräfte gehen in der Organisation herum und sprechen mit Mitarbeitern aus allen Bereichen und auf allen Ebenen. Sie verschaffen sich einen Blick hinter die formellen Berichte und Zahlen. Sie haben einen unstillbaren Hunger – man könnte es auch Paranoia nennen – herauszufinden, was in der Organisation wirklich vorgeht.

Mess- und Belohnungssysteme

Dies ist die zweite wesentliche Ausdrucksform der Strategie. Oft jedoch dienen sie nicht ihrem Zweck. Es gibt zwei hauptsächliche Probleme:

- Sie geben die falschen Anreize.
- Die Anreize sind nicht gleich-, sondern gegeneinander gerichtet.

Falsche Anreize gibt es im Überfluss. In einigen Banken werden die Kreditsachbearbeiter immer noch nach der Anzahl der vergebenen Kredite belohnt, nicht nach ihrer Qualität. In guten Zeiten ist das nicht besonders wichtig. Bei beginnenden Rezessionen dagegen kann man darauf warten, dass händeringende CEO nicht einforderbare Schulden in Milliardenhöhe abschreiben müssen. Natürlich machen sie dafür nicht ihre eigenen Kreditvergabe- und Belohnungssysteme, sondern die schlechte Wirtschaftslage verantwortlich. Es ist leicht, Geld zu verleihen, aber schwer, es zurückzubekommen.

Einander widersprechende Anreize sind noch weiter verbreitet, weil es wirklich schwierig ist, sie zu vermeiden. Es ist ganz natürlich, dass Vertrieb, IT, Operations und Human Resources unterschiedliche Ziele haben. Dies führt zu unterschiedlichen Prioritäten und zu Konflikten, bei denen objektiv betrachtet niemand Recht oder Unrecht hat. Jeder versucht nur, seine Ziele bestmöglich durchzusetzen. Theoretisch müsste es möglich sein, Ziele zu entwerfen, die durch die gesamte Organisation hindurch genau gleich ausgerichtet sind. Theoretisch kann aber auch jeder Teilnehmer im Lotto gewinnen. In der Praxis kommen die Prioritäten einer Organisation durch Konflikte und Meinungsverschiedenheiten erst zustande. Im Falle eines solchen Konflikts zwischen mehreren Gruppen darf man nicht zu viel Gewicht auf die rationalen Argumente legen. Untersuchen Sie statt dessen, woran jede Gruppe gemessen wird und wofür sie belohnt wird. Oft werden mit ausführlichen, rationalen Argumenten völlig irrationale Ziele verteidigt. Wenn Sie unversöhnliche Differenzen zwischen zwei Abteilungen lösen müssen, ist es oft das beste, die Ziele und Maßstäbe zu verändern.

> »In der Praxis kommen die Prioritäten einer Organisation durch Konflikte und Meinungsverschiedenheiten erst zustande.«

Mitarbeiter: Teambildung

Während einer Sommertagung führten die Partner einer Beratungsfirma einen Test durch. Die brasilianische Zweigstelle des Unternehmens sollte für einen Klienten ein Problem lösen, und jeder Partner stellte ein Team zusammen, das mit ihm eine Lösung erarbeiten sollte. Jeder kannte nur die Einzelheiten, die in der Problembeschreibung aufgeführt waren. Insgesamt waren es fünf Teams, und sie kamen auf fünf verschiedene Ergebnisse. Ihnen zufolge sollte der Klient:

- Kosten reduzieren,
- von einem anderen Unternehmen übernommen werden,
- ein anderes Unternehmen übernehmen,
- neue Distributionskanäle eröffnen oder
- das Führungsteam restrukturieren.

Jede der Antworten spiegelte genau die Stärken und Interessen des jeweiligen Partners wider: Der Kostenkürzungs-Spezialist schlug Kostenkürzungen vor, der Marketing-Spezialist dagegen neue Distributionskanäle.

Die Lösung ergab sich also nicht aus dem Problem, sondern aus der Person, die das Problem betrachtete. Daraus lassen sich mehrere potenzielle Lektionen lernen, beispielsweise dass man sich besser von Beratungsfirmen und unbekannten brasilianischen Organisationen fernhalten sollte. Die wichtigste Lektion lautet aber, dass die Strategie für eine Organisation immer von dem Führungsteam abhängt, das Sie einsetzen. Wenn Sie ein Team aus Restrukturierern und Kostensenkern bilden, dürfen Sie keine Strategie für ein großartiges, am Markt orientiertes Wachstum erwarten.

Führung ist Teamarbeit. Keine Führungskraft kann eine große Organisation alleine kontrollieren. Es ist das Markenzeichen guter Führungskräfte, dass sie gute Teams um sich versammeln, mit deren Hilfe sie ihre Vision und Strategie in der Organisation durchsetzen. Wie wir jedoch gesehen haben, ist *gut* kein absoluter Begriff. *Gut* bedeutet in diesem Fall passend, nicht perfekt. Eine krisengeschüttelte Organisation kann ein Team aus erfahrenen Kostensenkern vielleicht gut gebrauchen. Eine Organisation, die auf schnelles Wachstum abzielt, sollte dagegen dafür sorgen, dass ihr Führungsteam professionell erweitert wird und disziplinierte, auf den Markt fokussierte Fachkräfte aufnimmt.

Struktur

Restrukturierung ist der Liebling des Managements. Es geht recht leicht – man schiebt auf dem Papier ein paar Felder hin und her. Es fällt auf. Es zeigt, dass man etwas tut. In der Praxis gibt es zwei Arten der Restrukturierung mit völlig unterschiedlichen Beweggründen und Wirkungen.

Restrukturierung des Führungsteams

Dabei handelt es sich um einen politisch motivierten Akt eines neuen Unternehmensleiters. Es ist eine Methode, Macht über die Organisation auszuüben: Er entfernt die Fürsten, und schafft Positionen für die Personen, die er selbst im Team haben will. Bei dieser Art von Restrukturierung geht es also mehr um Personen als um Strukturen. Das nimmt ihr aber nichts von ihrer Bedeutung – außer in den Augen des mittleren Managements. Die mittleren Manager haben das alles schon oft erlebt – das Karussell dreht sich weiter. Zentralisierung und Dezentralisierung, die Verschiebung der Matrix von der Geographie zu den Kunden, zu den Funktionen und wieder zurück. Alles dreht sich, alles kommt wieder. Eine Restrukturierung allein ändert in den seltensten Fällen etwas an den Zukunftsaussichten einer Organisation, gleichgültig wie viel heiße Luft bei der Anpreisung der Vorteile der neuen Struktur erzeugt wird. Wenn sie jedoch der Zusammenstellung des richtigen Führungsteams dient, ist Restrukturierung sehr wichtig.

Restrukturierung des Unternehmens

Auch dies ist eine sehr auffällige Aktion, die zeigt, dass der Unternehmensleiter aktiv ist. Restrukturierungen werden sehr gerne von Investment-Bankern (Honorare), Beratern (Honorare), Anwälten (Honorare), Buchhaltungsfirmen (Honorare) und PR-Leuten (Honorare) gesehen. Sobald sie Ihnen geholfen haben, ein Imperium zu errichten, und Ihnen dabei hohe Schulden aufgebürdet haben, werden sie Ihrem Nachfolger wiederum helfen, dieses Imperium zu zerstückeln, und erneut ihre Honorare kassieren.

Restrukturierungen haben manchmal eine dramatische Wirkung auf das Schicksal eines Unternehmens, sei es zum Guten oder zum Schlechten. In jedem Fall kommt es darauf an, dass die Restrukturierung nicht von den Ratgebern, sondern allein von der Strategie bestimmt wird. Studien zeigen, dass bei Übernahmen in etwa 80 Prozent der Fälle die Aktionäre einen Wertverlust hinnehmen müssen. Der gesamte Wert geht an die Aktionäre des übernommenen Unternehmens über. Diese Studien gehen jedoch an der politischen Wirklichkeit von Übernahmen vorbei: Der Käufer bekommt das größere Spielzeug, der Übernommene ist der Verlierer.

> »Die politische Realität von Übernahmen:
> Der Käufer bekommt das größere Spielzeug.«

Das Prinzip der maximalen Wirkung

Zusätzlich zu diesen allgemeinen Machtinstrumenten sucht sich jede Führungskraft in der Regel zwei oder drei Initiativen aus, die sie persönlich leitet. An diesen zeigen sich die Prioritäten der Organisation. In vielen Fällen ist dies ein Programm zur Veränderung in irgendeiner Richtung. Manche Führungskräfte haben jedoch auch größere Pläne – hier einige Beispiele:

- Die Versicherungsgesellschaft (Marke, Technologie, Mitarbeiter),
- das Systemhaus (Akquisitionen),
- die Beraterfirma (Key-Klienten und IP),
- die Non-Profit-Organisation (externe Interessenparteien) und
- die Bank (Mitarbeiter, Systeme, Eigentum).

Die Versicherungsgesellschaft

Die Versicherungsbranche ist ein technischer Industriezweig: Versicherungsmathematiker lassen äußerst komplizierte Sachverhalte in einfachem Licht erscheinen. Aus diesem Grund wurde die Branche lange Zeit von den Aktuaren geleitet und geriet so zu einem Museum schlechter Management-Praktiken – hohe Kosten, interner Fokus, Kunden kamen an letzter Stelle, undurchsichtige Gewinne und Berichtssysteme. Da Lebensversicherungskunden ohnehin einen Vertrag über 25 Jahre abschlossen, musste danach nicht mehr viel Druck ausgeübt werden. Der Weg war also frei für neue Versicherungsgesellschaften mit neuen Methoden. Sie brauchten nicht einmal besonders gut zu sein, es genügte schon, besser zu sein als die traditionellen Gesellschaften. Direktversicherer wie Allied Dunbar (Lebensversicherungen) und Direct Line (allgemeine Versicherungen) übernahmen in größerem Stil Marktanteile von den alteingesessenen Versicherern.

Diese mussten daher sehen, wie sie ihr Management möglichst schnell auf den Stand des 20. Jahrhunderts brachten. Eine stark angegriffene Versicherungsgesellschaft bekam einen neuen Unternehmensleiter, der sich auf nur drei Dinge konzentrierte: Marke, Technologie und Mitarbeiter.

Die Versicherungsmathematik, komplexe Produktentwicklungen und all die traditionellen Sorgen der Versicherungsbranche interessierten ihn nicht im geringsten. Er konzentrierte sich auf Effizienz, die Wirkung nach außen und Marktpräsenz. Branding war für das Unternehmen bisher ein Fremdwort gewesen. Er ließ es nicht dabei bewenden, einfach ein paar Marketing-Leute in ein abgelegenes Büro zu setzen – er verlagerte das Machtzentrum von den Aktuaren weg und hin zum Markt. Dazu brauchte er selbstverständlich neues Personal, neue Fähigkeiten und neue Prozesse. Der Bedarf an neuen Technologien wurde bedingt durch den Wunsch, Kosten zu senken und sich ganz und gar auf die Kunden zu konzentrieren. Alles lief darauf hinaus, die Prozesse so umzugestalten, dass sie die neue Marke und die Dienstleistungsorientierung unterstützten.

Bei einer derartigen Revolution treten zahllose Probleme auf. Der neue Chef erkannte, dass ihm nur 24 Stunden am Tag zur Verfügung standen. Er suchte sich die Kämpfe aus, bei denen er die größte Wirkung erzielen konnte, und delegierte ansonsten so viel wie möglich an andere.

Das Systemhaus

Das Geschäft von Systemhäusern ist es, Systeme möglichst problemlos miteinander zu integrieren und Outsourcing für die technische Infrastruktur von Organisationen anzubieten. Daher liegt es nahe zu vermuten, dass Unternehmensleiter in diesem Bereich die Aufgabe haben, sich um den einen oder anderen Mega-Deal mit großen Kunden zu kümmern und ansonsten technisch fokussiert zu sein.

Ein Unternehmensleiter jedoch erkannte, dass er auf anderem Gebiet weitaus mehr bewegen konnte. Er konzentrierte sich weder auf die Kunden noch auf die Technologie, sondern auf Akquisitionen. Er wusste, dass es zahlreiche kleinere Systemhäuser gab, die sehr gute Arbeit leisteten, deren Kapazität aber nur zur Betreuung kleiner, lokaler oder regionaler Kunden ausreichte. Diese Kunden aber konnten oder wollten keine Höchstpreise bezahlen. Daher lagen ihre Preise nur etwa bei der Hälfte dessen, was die größten Unternehmen der Branche, wie IBM oder EDS für die gleiche Arbeit berechneten. Der Unternehmensleiter plante, die kleineren Systemhäuser in ein umfassendes internationales Netzwerk einzubinden und ihnen dadurch Markenmacht und Preismacht zu verleihen. Sich selbst wollte er dadurch mehr Zugriff auf fähiges Personal und Technologien verschaffen.

Also ging der CEO auf Einkaufstour. Er erwarb sich einen schwarzen Gürtel im Einkauf von Systemhäusern und in ihrer Integrierung in sein Netzwerk. Er stellte ein Einkaufsteam zusammen, das bei Preisverhandlungen unschlagbar war. Der Fokus lag ganz klar auf dem Gewinn: Kaufe eine Firma, die ihre Mitarbeiter für 100 Dollar pro Stunde vermietet, und steigere dieses Honorar im Lauf von drei Jahren auf 150 Dollar, was immer noch billiger ist als die 200 Dollar pro Stunde, die die Konkurrenz berechnet.

Diese Strategie wurde und wird mit wechselndem Erfolg auch von Steuer- und Anwaltskanzleien kopiert. Der Erfolg hängt direkt davon ab, wie gut und konzentriert der Leiter bei Geschäften verhandelt und wie gut er das Unternehmen managt. Er muss in diesem Fall kein Anwalt, Techniker oder Steuerberater sein, sondern er muss sich auf die Aktivitäten konzentrieren, mit denen er am meisten Wert für das Unternehmen schafft.

Die Beraterfirma

Sollten Sie je das Angebot erhalten, eine Unternehmensberatung zu leiten, lehnen Sie ab. Diese Firmen sind eine Ansammlung von Primadonnen, die genau wissen, wie gut sie sind. Sie lassen sich nicht gerne managen. Sie wissen genau, wie viel wirtschaftlichen Wert sie für die Partnerschaft erarbeitet haben, und sie sind sehr erpicht darauf, mindestens ebenso viel Wert zurückzuerhalten. Eine Führungskraft in dieser Branche ist immer gleichzeitig ein Dompteur, der seine Raubkatzen bei Laune halten muss. Das hängt schon allein mit der Verteidigung seines Territoriums zusammen. Ein effektiver Leader muss jedoch noch mehr tun.

Die meisten Führungskräfte in derartigen Sozietäten üben ihren Beruf so gerne aus, dass sie gar keine Management-Funktionen übernehmen wollen. Sie führen lieber durch ihr Vorbild. Ein Leader tat dies ganz explizit. Er beschloss, außerhalb der USA eine globale Präsenz aufzubauen, und ging dabei als Erster voran. Er ließ die Sicherheit seines etablierten Büros und der Kunden in den USA zurück, kaufte sich ein Flugticket nach Europa und baute dort eine neue Kanzlei auf. Seine Partner sagten ihm »Lebwohl«, nicht »Auf Wiedersehen«, denn sie rechneten nicht damit, dass er je zurückkommen würde.

Er konzentrierte sich auf drei Dinge:

- *Key-Klienten:* Er kümmerte sich persönlich darum, Key-Klienten zu akquirieren und zu bedienen. Keine Klienten, kein Einkommen, kein Büro. Zu Beginn war jeder ein Key-Klient, der Geld für eine warme Mahlzeit einbrachte. Bald jedoch waren es nur noch die, die über 100 000, dann 500 000 und schließlich eine Million oder noch mehr Dollar bezahlten.
- *Einstellung hervorragender Mitarbeiter:* Er stellte Mitarbeiter immer vorsorglich ein, schon bevor sie ausgelastet waren. Das war sehr gefährlich, weil dadurch Kosten entstanden, bevor überhaupt genügend Einnahmen vorhanden waren. Aber er rechnete folgendermaßen: Wenn es mir gelingt, hervorragende Mitarbeiter zu gewinnen und zu halten, dann werden sie dafür sorgen, dass wir hervorragende Klienten gewinnen und halten.
- *Geistiges Eigentum:* Das entscheidende Merkmal des Unternehmens war seine Vernetzung mit mehreren Wirtschaftsfakultäten und Business Schools. Mit deren Hilfe konnte man den Klienten immer Management-Wissen und Management-

Praxis auf dem neusten Stand bieten. Dieses Netzwerk baute er außerhalb der USA auf.

Nach fünf Jahren war das internationale Unternehmen bereits größer als das, das er in den USA zurückgelassen hatte.

Die Non-Profit-Organisation

Non-Profit-Management ist mindestens so anspruchsvoll wie auf Gewinn ausgerichtetes Management. Man hat genau die gleichen Aufgaben zu bewältigen, aber weitaus weniger Ressourcen. Man kann sich nie mit Geld aus Schwierigkeiten befreien, sondern muss die eigene Kreativität und die eigenen Fähigkeiten einsetzen. Mit Ausnahme der am besten ausgestatteten Non-Profit-Organisationen operieren diese Organisationen immer am Rande des Abgrunds, und Brandbekämpfung ist normales Tagesgeschäft. Der CEO ist routinemäßig damit beschäftigt, die Mannschaften für den Betrieb der Pumpen am Hydranten einzuteilen. Diese Erfahrung kennen auch CEO von profitorientierten Unternehmen, aber diese Tätigkeit bringt das Unternehmen nicht voran.

Der entscheidende Beitrag eines CEO bestand letztendlich darin, dass er es hervorragend verstand, externe Kräfte für seine Organisation einzuspannen. Er knüpfte ein Netzwerk aus finanziellen Sponsoren, freiwilligen Helfern, politischen Kräften und Helfern für die Auslieferung der Hilfsgüter und schuf so die Rahmenbedingungen und Stabilität, innerhalb derer die Organisation überleben und gedeihen konnte. Besonders gute Mitarbeiter können den Weg für die Entwicklung und Aufrechterhaltung guter Beziehungen zu externen Kräften bereiten. Für den letztendlichen Erfolg ist es jedoch nötig, dass der CEO selbst die Beziehungen auf höchster Ebene unterstützt und festigt.

Die Bank

Alle Banken bemühen sich um das richtige Bilanz-Management – sie akquirieren Kunden und Spareinlagen, vergeben Kredite und hoffen, dass sie diese irgendwann wieder zurückbekommen. Meist haben sie zahlreiche Mitarbeiter, die auf dieses Gebiet spezialisiert sind. Es ist daher eine gute Frage, worauf der Leiter der Bank seine Aktivitäten konzentrieren sollte. Die meisten Bankdirektoren kennen sich im Bilanz-Management sehr gut aus. Man könnte jedoch argumentieren, dass dies der letzte Bereich ist, auf den sie ihre besonderen Anstrengungen konzentrieren sollten, denn es gibt so viele andere, die es ebenso gut können. Ein Leiter einer Bank musste entscheiden, in welchem Bereich er von besonderem Nutzen sein konnte.

Ihm wurde klar, dass der Weg zu höheren Gewinnen darüber führte, der Wettbewerber mit den niedrigsten Kosten auf dem Markt zu sein. Dazu war interne Kostenkontrolle notwendig, aber damit allein war das Ziel nicht zu erreichen. Außerdem gab es in seiner Bank viele fähige Mitarbeiter, die die Kosten unter Kontrolle hielten. Eine signifikante Kostensenkung war nur durch Merger zu erreichen, denn dabei ergeben sich weitaus größere Kostenersparnisse durch Größenvorteile.

Diese Kostenersparnisse wurden in drei Bereichen realisiert:

- *Technologie:* Nach einer Fusion werden nicht mehr zwei, sondern nur noch ein Set von Systemen benötigt. Allerdings muss man zuerst Zeit und Geld investieren, bevor man von diesen Ersparnissen profitieren kann.
- *Personal:* Mitarbeiter sind teuer, und nach einer Fusion braucht man nicht mehr so viele.
- *Eigentum:* Die meisten Banken sind gleichzeitig Immobilieneigentümer; ihnen gehört ein großer Teil der Gebäude entlang der Hauptstraße. Nach einer Fusion besteht kein Grund, zwei Banken mit verschiedenen Namen nebeneinander stehen zu lassen. Eines der Gebäude wird also verkauft und in eine Weinbar oder einen Coffee Shop umgewandelt.

Nichts davon gehört zu den traditionellen Aktivitäten eines Bankers, aber alle drei sind entscheidend für die Vision, der Wettbewerber mit den niedrigsten Kosten zu werden. Der Leiter konzentrierte sich auf die Bereiche, in denen er am meisten Wert schöpfen konnte, und überließ die traditionellen Bankgeschäfte den zahlreichen fähigen Bankern in seiner Organisation.

Diese fünf Fallstudien haben zwei gemeinsame Merkmale mit großer Bedeutung für alle Führungskräfte. In allen Fällen konzentrierten sich die Unternehmensführer auf Aktivitäten, die die einmalige Vision des Unternehmens unterstützten. Es handelte sich nicht um »Business as usual«. Außerdem gaben sie dem Unternehmensführer die Möglichkeit, auf seine Art Wert für das Unternehmen zu schöpfen. Die Leiter taten nichts von dem, was andere ebenso gut erledigen können.

Letztendlich liegt es an der Führungskraft selbst, eine eigene Rolle für sich zu erfinden. Diese Freiheit ist manchmal beängstigend. Die

Versuchung ist groß, einfach das gleiche zu machen wie vorher, nur auf einer höheren Ebene, doch das bedeutet meist, dass Sie einfach die gleichen Fähigkeiten einsetzen wie zahlreiche andere Mitarbeiter innerhalb der Organisation. Wenn andere etwas genauso gut können wie Sie, dann lassen Sie es von ihnen erledigen. Wenn Sie dasselbe tun wie alle anderen, schaffen Sie keinen neuen Wert.

Die Freiheit stellt den Unternehmensführer vor die ultimative Herausforderung zu zeigen, auf welchem Gebiet er besonderen Wert für das Unternehmen schaffen kann.

11
Professionalität

Nur äußerst mutige Menschen würden es wagen, eine Führungspersönlichkeit der Unprofessionalität zu beschuldigen. Im Extremfall ist der mutige Mensch ein Staatsanwalt, der bestimmten Führungskräften die eine oder andere Form von Kleptokratie vorwirft.

Abgesehen von solchen Ausnahmefällen sind die meisten Führungskräfte jedoch durchaus professionell, wobei die Professionalität viele Formen annehmen kann. Die persönliche Form der Professionalität eines Unternehmensleiters ist sehr wichtig, denn sie prägt die Kultur der gesamten Organisation. In diesem Kapitel nehmen wir vier Aspekte des professionellen Leaders in Augenschein:

- die unerlässlichen persönlichen und beruflichen Werte.
- alternative Führungsstile.
- Schaffung von Werten für die Organisation als Ganzes.
- Umsetzung der Werte in die Praxis.

Professionalität bedeutete bei Führungskräften auf den mittleren Management-Ebenen hauptsächlich, dass sie die grundsätzlichen Fähigkeiten, und darunter wiederum hauptsächlich die Kommunikation, gut beherrschten. An der Spitze zeigt sich dagegen die Professionalität in den Werten und dem Stil des Unternehmensführers und seiner Organisation.

Die unerlässlichen persönlichen und beruflichen Werte

Nach den Interviews mit den Führungspersönlichkeiten war uns klar geworden, dass es ebenso viele verschiedene Führungsstile wie Führungskräfte gibt. Jede hat ihre eigene, einmalige Führungs-DNS entwickelt, die in ihrer gegenwärtigen Situation funktioniert. Diese DNS einfach zu kopieren wäre sinnlos: Erstens ist es unmöglich und zweitens irrelevant. Das, was für die eine Führungskraft in einer bestimmten Situation gut ist, ist für die andere in einer anderen Situation womöglich genau das Falsche.

Alle Führungskräfte sprachen in den Interviews über verschiedene Werte. Begriffe wie *Mut, Empathie, Entschiedenheit, Respekt vor dem Individuum* und *Entschlossenheit* wurden genannt. Aber nur zwei Eigenschaften tauchten regelmäßig auf, sowohl bei den Führungskräften als auch bei weiter unten angesiedelten Mitarbeitern, und beide waren für uns sehr überraschend. Es handelt sich um die beiden Schlüsselbegriffe der *Ehrlichkeit* und der *Bescheidenheit.*

Ehrlichkeit

Die immer wiederkehrenden Aufrufe der Führungskräfte zur Ehrlichkeit legen nahe, dass sie mit dem Grad an Ehrlichkeit bei anderen Führungskräften nicht sehr zufrieden waren. Diese implizite Kritik fand expliziten Widerhall bei den Mitarbeitern, die darüber klagten, dass es ihren Vorgesetzten häufig an Ehrlichkeit mangelt. Nur 54 Prozent gaben an, sie seien mit der Ehrlichkeit ihrer Vorgesetzten zufrieden. Das sollte die Führungskräfte aufrütteln, die anscheinend ein eher selbstzufriedenes Völkchen sind: 72 Prozent der Mitarbeiter waren der Meinung, ihre Vorgesetzten seien äußerst selbstsicher.

Mangelnde Ehrlichkeit bedeutet jedoch nicht, dass die Mitarbeiter ihre Führungskräfte häufig mit der Hand in der Kasse oder an anderen unerwünschten Orten antreffen. Die Erwartungen gehen vielmehr in eine ganz andere Richtung und sind wesentlich anspruchsvoller.

> »Die Mitarbeiter wünschten sich Führungskräfte, denen sie vertrauen können.«

Die Mitarbeiter wünschten sich Führungskräfte, denen sie vertrauen können. Und sie können nur den Vorgesetzten vertrauen, die ihnen die ganze Wahrheit sagen. Diese starke Form der Ehrlichkeit (den Mut zu haben, die Wahrheit zu sagen, selbst wenn sie schmerzhaft ist) ist mehr als nur die Abwesenheit von Lüge. Beispiele für diese Form der Ehrlichkeit sind:

- *Unzufriedenheit mit der Leistung von Mitarbeitern offen aussprechen:* Mitarbeiter, deren Leistung als unzureichend betrachtet wird, wollen dies frühzeitig erfahren, damit sie sich entsprechend ändern können. Böse Überraschungen, etwa in Form eines gestrichenen Jahresbonus, kommen nicht gut an.

- *Informationen weitergeben:* Wenn der CEO plötzlich alle Meetings für die kommende Woche absagt und nur noch hinter verschlossenen Türen mit Beratern tagt, werden die Mitarbeiter nervös. Sie wollen wissen, was vor sich geht.
- *Fehler zugeben:* Mitarbeiter hassen es, wenn der CEO die Schuld immer nach unten abschiebt. Auf diese Weise begründet er eine Kultur der Schuldzuweisung. Jeder gibt den Kelch an den nächsten weiter. So werden in der ganzen Organisation Fehler zu spät offenbar und können oft erst korrigiert werden, wenn sie schon viel Schaden angerichtet haben.

Für diese starke Form der Ehrlichkeit braucht man viel Mut und Selbstvertrauen. Ein Anführer, der Gefolgsleute haben will, muss sich jedoch deren Vertrauen verdienen. Wenn sie dem Anführer nicht vertrauen, werden sie ihm auch nicht folgen.

Ab sofort wird das Thema Ehrlichkeit aus dem Lehrplan des freiwilligen Ethikkurses an der Wirtschaftsfakultät gestrichen und statt dessen in den verpflichtenden Überlebenskurs für Führungskräfte aufgenommen.

Bescheidenheit

Bescheidene Führungskräfte führen uns wieder zurück in die seltsame Welt der Oxymora. Alle Führungskräfte hatten dasselbe im Sinn, als sie den Begriff nannten. Sie meinten weder, dass eine Führungskraft ein gebrauchtes Auto fahren noch dass sie abgetragene Kleidung tragen und niedrige Arbeiten verrichten solle. Sie wollten damit sagen, dass eine Führungskraft sich selbst sehr gut beobachten muss.

Gute Führungspersönlichkeiten müssen wissen, was sie nicht wissen. Sie müssen ihre eigenen Grenzen kennen und sich ihrer Schwächen und Fehler bewusst sein. Besitzt eine Führungskraft genügend Selbsterkenntnis und Selbstvertrauen dazu, ergeben sich daraus eine ganze Reihe von Vorteilen.

- Die Führungskraft kann ein effektives Führungsteam zusammenstellen, das ihre eigenen Stärken und Schwächen ausgleicht. Arrogante Führungskräfte meinen, sie könnten alles alleine schaffen und laden sich damit eine nicht zu bewältigende Last auf die Schultern. Gruppen sind klüger als Individuen. Bei *Wer wird Millionär* weiß der Telefon-Joker in 67 Prozent der Fälle die richtige Antwort, der Publikums-Joker dagegen (das heißt die Befragung einer Gruppe von unbekannten Amateuren) liefert in 91 Prozent der Fälle die richtige Antwort. Ein altes chinesisches Sprichwort lautet: »Wer in der Hälfte der Fälle Recht hat, ist klug. Wer in drei Vierteln aller Fälle Recht hat, ist klug und hat Glück. Wer immer Recht hat, ist ein Narr.« Der bescheidene Leader ist nicht so dumm, dem Glauben an die eigene Unfehlbarkeit zu erliegen. Er baut nicht sein Ego, sondern ein gutes Team auf.

- Die Führungskraft kann Fehler schnell berichtigen, noch bevor sie zu hohen Schaden angerichtet haben. Man muss bescheiden genug sein, um eigene Fehler zu erkennen und sofort die geeigneten Maßnahmen zu ergreifen.
- Die Führungskraft schafft eine Umgebung, in der Fortschritt gefördert wird. Unfehlbare Unternehmensleiter schieben Rückschläge ganz selbstverständlich auf angeblich unfähige Mitarbeiter und Manager ab, die damit dann das Spiel »Reise nach Jerusalem« spielen. Sobald die Musik aufhört, suchen alle einen freien Stuhl, wer stehen bleibt, muss ausscheiden. Jeder zeigt mit dem Finger auf die anderen, es geht nur noch um Politik und Schuldzuweisungen, keiner will Verantwortung übernehmen. Die Lösung des Problems tritt demgegenüber weit in den Hintergrund.

Alternative Führungsstile

Über verschiedene Führungsstile ist schon viel geschrieben worden. Dieses Buch kommt zu dem Schluss, dass jede Führungskraft ihre eigene Führungs-DNS entwickelt, und zwar zusammengestückelt aus vielen kleinen Abschnitten der DNS von zahlreichen Vorgesetzten und Vorbildern, die sie im Lauf der Jahre beobachtet. Wir können Ihnen nur helfen, die Entdeckungsreise zu beschleunigen, indem wir verschiedene Methoden vorstellen, die Führungskräfte zum Erfolg führen können, und indem wir Sie zu eigenen Überlegungen anregen. Wenn Sie jetzt denken, dass dies nur eine langatmige Entschuldigung dafür ist, dass wir Ihnen nicht die eine, brillante Leadership-Theorie an die Hand geben können, haben Sie Recht.

Tab. 4: Die viereinhalb Führungstypen

	wichtigster Antrieb	bevorzugter Lebensraum	Stärken	Kryptonit/ Schwächen
Autokrat	Erfolg, Leistung, Anerkennung	Unternehmer, Krisen	Entscheidungsfreudig, voller Energie und Antrieb	Unüberschaubare und komplexe Situationen, Nachfolge
Bürokrat/ Technokrat	Kontrolle, Genauigkeit, Perfektion	Große, komplexe Organisationen	Gerecht, gründlich, sichere Hand, gute Prozesse	Schnelle Veränderungen, Unsicherheit
Aristokrat	Titel, Status	Nicht-hauptamtliche Funktionen	Formbar, leistet wenig Widerstand	Harmlosigkeit, beinahe schon Nutzlosigkeit
Demokrat/ Meritokrat	Hervorragende Qualität, Leistung	Überall, wo die anderen Herrschaftsformen nicht sind	Flexibel, ausgeglichen, fortschrittlich	Braucht das richtige Habitat zum Überleben
Kleptokrat	Geld, Vergünstigungen, Privilegien	Wo es Geld gibt	Geld	Katastrophe für die ganze Umgebung

Nach dieser Entschuldigung können wir nun viereinhalb allgemeine Führungstypen identifizieren. Die meisten Führungskräfte schwanken zwischen den vier grundsätzlichen Typen, einige wenige konzentrieren sich ausschließlich auf den halben.

Hier sind die viereinhalb Führungstypen:

1. Autokrat
2. Bürokrat/Technokrat
3. Aristokrat
4. Demokrat/Meritokrat

4½. Kleptokrat

Betrachten Sie nun kurz die Zusammenstellung und entscheiden Sie, wo Sie selbst und Ihre Kollegen und Vorgesetzten sich jeweils wiederfinden.

Nun betrachten wir sie der Reihe nach. Sie dürfen sich ruhig die Nase zuhalten, während wir kurz den halben Führungstypen abfertigen, den Kleptokraten.

Der Kleptokrat

Den großen Kleptokratien auf der Welt geht es so gut wie eh und je. Sie zerstören Unternehmen ebenso wie ganze Nationen, und sie haben viele Gemeinsamkeiten. In beiden Fällen organisiert eine kleine Elite eine Übernahme von innen und behandelt anschließend das Eigentum des Unternehmens oder des Staates als ihr Eigentum. Während des Booms der Internetfirmen haben 25 leitende Manager aus sechs der spektakulärsten Pleiteunternehmen sich selbst für ihr kollektives Scheitern einen Bonus von insgesamt 2,6 Milliarden Dollar zuerkannt. Das macht pro Nase mehr als 100 Millionen Dollar als Belohnung dafür, dass sie ihr Unternehmen in den Ruin führten und damit das Geld anderer Leute verpulverten.

In abgemilderter Form existieren kleptokratische Tendenzen in vielen Organisationen. Die »Golden Handshakes« zur Begrüßung oder beim Abschied, der eigentlich leistungsabhängige Bonus, der praktisch garantiert ausbezahlt wird, die neu bewerteten Optionen, die Vergünstigungen und Privilegien des Amtes sind äußerst verlockend. Wenn sie wirklich verdient sind, nimmt sie niemand übel. Wenn es allerdings so aussieht, als bediene sich jemand mit vollen Händen aus dem Trog der Privilegien, untergräbt er dadurch sowohl das Vertrauen als auch den Respekt. Der Unternehmensleiter blickt letztendlich in die falsche Richtung – auf sein Bankkonto, statt auf das Unternehmen.

Für die explosionsartig steigenden Gehälter der CEO werden zwei Scheinargumente ins Feld geführt. Das eine lautet, dass der CEO sonst weggeschnappt werden könnte. Nur wenige CEO werden wegge-

schnappt – die meisten werden gefeuert und verschwinden dann in der Versenkung einiger nicht-hauptamtlicher Posten und Regierungskommissionen. Das andere ist der Benchmark-Steigerungsfaktor, der folgendermaßen zustande kommt:

- Die Vergütungsberater zeigen, wie hoch die durchschnittliche Vergütung des Spitzenpostens ist.
- Der Aufsichtsrat ist natürlich der Meinung, sein neuer Vorstandschef müsse überdurchschnittlich gut sein, also bezahlt er ihn auch überdurchschnittlich gut.
- Die Berater stellen daraufhin fest, dass der Durchschnittswert gestiegen ist, also erzählen sie es allen anderen Aufsichtsräten, die daraufhin die Vergütungen in ihren Unternehmen anheben – in einer unendlichen Spirale.

Es wäre einmal interessant zu beobachten, wie es wäre, wenn stattdessen die angehenden CEO in ihrer Eigenschaft als Anbieter von Arbeitsleistung Angebote für die gewünschte Position abgeben müssten. Sie würden sich mit ihren Angeboten sicher stärker an der Leistung orientieren und nur Belohnungen vorsehen, die tatsächlich an eine zu erbringende Leistung geknüpft sind.

Es ist leicht, angesichts der Kleptokraten die eigene moralische Entrüstung auszudrücken, gepaart mit ein wenig Neid. Als Führungskräfte müssen wir eine Entscheidung darüber treffen, wie wir im Gedächtnis bleiben wollen. Als Mitarbeiter müssen wir uns überlegen, für wen wir zu arbeiten bereit sind.

»Als Führungskräfte müssen wir eine Entscheidung darüber treffen, wie wir im Gedächtnis bleiben wollen.«

Der Autokrat

Autokraten können großartige und gute Dinge bewirken, sie können ein Unternehmen aber auch in die Katastrophe führen. Oft werden sie als das ideale Modell einer Führungskraft bezeichnet. Der Autokrat wird als der allmächtige, weise Anführer betrachtet, der eine Organisation im Alleingang ins Gelobte Land führt. Dies ist ein bei den Medien sehr beliebter Mythos: Es ist viel leichter, über interessante Persönlichkeiten zu schreiben, die großartige Dinge leisten, als über

ein Führungsteam, das still und stetig vor sich hinarbeitet, um eine Organisation zum Erfolg zu führen.

Viele Unternehmer sind instinktiv Autokraten. Da sie für ihre Schöpfung eine tiefe Leidenschaft entwickelt haben, kennen sie sie in- und auswendig. Sie wollen immer über jede Kleinigkeit informiert werden. Ihre Erfahrung zeigt ihnen, dass ihre Art zu führen erfolgreich ist. Die meisten Unternehmer können ein Lied von den folgenden Dinge singen:

- Zu Beginn wird ihnen erzählt, dass ihre Geschäftsidee ganz und gar unmöglich und ihr Scheitern bereits vorprogrammiert sei.
- Wenn sie dann die ersten Erfolge verbuchen können, versuchen alle möglichen Schmarotzer, an Bord zu klettern und sich ein Stück des Kuchens abzuschneiden.
- Nachdem sie Erfolg hatten, sagen alle, dass sie einfach Glück hatten.

Nach solchen Erfahrungen kann man es erfolgreichen Unternehmern nicht verdenken, dass sie sich ein wenig überlegen fühlen und ihrer eigenen Urteilsfähigkeit mehr trauen als allen Experten und Trittbrettfahrern. Menschen, die innerhalb bestehender Organisationen gegen jede Wahrscheinlichkeit Erfolge erzielt haben, zeigen oft ähnliche Züge. Und manche Menschen sind einfach von Natur aus arrogant und rechthaberisch.

Der autokratische Führungsstil funktioniert, wenn die Organisation klein genug ist, dass eine Person sie mit ihren Armen und ihrem Gehirn umfassen kann. Außerdem funktioniert er, wenn die Organisation in der Krise steckt und schnelle Entscheidungen getroffen werden müssen.

Angesichts zu hoher Komplexität und Größe ist der Autokrat dagegen wirklich zum Scheitern verurteilt. Es fällt ihm schwer, ein effektives Führungsteam zu bilden, weil ihm in seinen Augen in puncto Weisheit, Leistung, Begeisterung und Perfektion niemand auch nur annähernd das Wasser reichen kann. Dennoch wird die Organisation zu groß, um von einer Person verwaltet zu werden. So verliert der Autokrat langsam den Boden unter den Füßen, die Organisation entgleitet seiner Kontrolle und kommt vom Kurs ab. Manche Unternehmer umgehen dieses Problem, indem sie das Unternehmen in eine Art Konglomerat umwandeln. Sie herrschen durch Zahlen, Ergebnisse und oft durch Angst: »Wenn Sie die Zahlen nicht erreichen, dann ...!« Die Autokratie wird einfach im ganzen Konglomerat repliziert.

Es ist typisch für autokratische Führungskräfte, dass sie es nicht schaffen, ein starkes Führungsteam und einen starken Nachfolger aufzubauen. Da der Autokrat alles persönlich kontrolliert, dürfen die Mitarbeiter weder eigene Entscheidungen treffen noch selbstständig arbeiten. Sie erhalten keine Gelegenheit, ihre Fähigkeiten zu entwickeln oder Führungserfahrung zu sammeln. Beim Ausscheiden des Autokraten entsteht ein Vakuum. Dies bestätigt natürlich seine Ansicht, dass er allein fähig war, die Organisation zu führen – niemand schafft es, seine Position auszufüllen. Darin besteht seine dauerhafte Hinterlassenschaft, und er ist der Letzte, der erkennen würde, dass er selbst diesen Mangel verursacht hat.

Der Bürokrat oder Technokrat

Über Bürokraten wird viel gelästert, manchmal sogar zu Recht. Eine gute bürokratische Maschinerie bewältigt äußerst komplexe Abläufe gerecht und effizient. Sie hat etwas von einer Technokratie – eine vernunftbestimmte Welt, in der nach den beiden Leitlinien Effizienz und Gerechtigkeit vernünftige Entscheidungen getroffen werden.

Die technokratische Führungskraft ist oft sehr unauffällig. Ihr ist klar, dass der Erfolg auf der Stärke der Maschinerie beruht, und nicht auf der Person, die sie am Laufen hält. Oft sind Bürokraten sehr vertrauenswürdige Menschen, die in der Regel mehr Gewicht auf gerechte und effiziente Prozesse legen als auf hervorragende Ergebnisse.

Als Führungskräfte sind Bürokraten am besten geeignet, um eine Hinterlassenschaft zu erhalten und zu vermehren. Verlangen Sie nicht von ihnen, ein eigenes Erbe zu schaffen. Schnelle Veränderungen, Unsicherheit, Risiko und Mehrdeutigkeit scheuen sie wie Superman das Kryptonit. In Start-up-Unternehmen oder in Krisen, die sich schnell entwickeln, fühlen sie sich nicht wohl. Ihnen gefällt es besser im öffentlichen Dienst oder in den ruhigeren, traditionellen Branchen wie dem Einzelkundengeschäft der Banken oder in Versicherungen.

Technokraten werden die Welt nicht verändern, aber sie werden sie wahrscheinlich am Laufen halten, bevor und nachdem sie verändert wurde.

Der Aristokrat

Aristokraten und Möchtegern-Aristokraten gibt es überall. Fragen Sie einmal jemanden, was er macht. Antwortet er: »Ich bin Gesellschafter/Vizepräsident/leitender Manager/Direktor bei ...«, dann erzählt er nicht, was er macht, sondern welchen Titel und welche Position er innehat, weil genau das wichtig für ihn ist. Arbeit und Leistung sind ungeliebte und lästige Hindernisse, die die Aristokraten auf dem Weg zu Titeln und Status überwinden müssen. Junge Möchtegern-Aristokraten zeigen stolz ihre Goldkarten von Fluggesellschaften herum. In Gesprächen streuen sie die Bemerkung ein, dass sie gerade in LA/beim Angeln/auf der Jagd/beim Skifahren/beim Grand Prix/beim Präsidenten waren. Ein solcher »Möchtegern« explodierte einmal förmlich vor Wut, als ich ihn wegen seiner Platinkarte von British Airways aufzog: Häufige Flüge Erster Klasse bildeten den Sinn seines Lebens – durch sie fühlte er sich bedeutend. Dabei flog er nur zu unwichtigen internen Meetings und gab dafür Unsummen aus, nur um sein Ego zu befriedigen. Die Platinkarte war ein Maß dafür, wie viel Geld er verschwendet hatte.

Das große Ziel des Aristokraten ist eine Aufsichtsratsposition oder der Vorsitz in einer Regierungskommission, der in Großbritannien zusätzlich mit der Aussicht auf die Erhebung in den Adelsstand verbunden ist. Beide Rollen bringen viel Prestige und wenig Verantwortung mit sich. In ihrem Streben nach Status richten sich Aristokraten häufig nach dem Wind. Ihre Kommission kommt zu dem von der Regierung gewünschten Ergebnis; sie nicken das skandalöse Vergütungspaket des CEO ohne Protest ab. Man muss sie nicht einmal bestechen, denn sie sind so gierig nach Status, dass sie ihre Urteilskraft gerne vorübergehend beurlauben.

Das Beste, was sich über Aristokraten sagen lässt, ist, dass sie im Großen und Ganzen harmlos sind. Wie die französische Aristokratie kurz vor der Revolution sind sie aber auch völlig nutzlos. Sie korrumpieren beinahe unmerklich die Werte der Organisation; sie repräsentieren den Sieg des Scheins über das Sein und schaffen eine »Wir-gegen-die-anderen«-Kultur. Die Aristokraten gehen beim Einstieg ins Flugzeug nach links, das gemeine Volk nach rechts. Sie haben separate Aufzüge, Speisezimmer und Parkplätze. Ein derartiges Klassensystem wirkt zersetzend auf das gesamte Unternehmen.

Viele gute Führungskräfte sind Schmalspur-Führungskräfte: Sie haben in einem bestimmten Kontext Erfolg. Der Erfolg steigt ihnen zu Kopf und sie fangen an, an ihre eigene Größe zu glauben. Sie werden als Aufsichtsratsmitglieder in Organisationen berufen, von deren Geschäft sie nichts verstehen, in dem falschen Glauben, dass sie ihren Schmalspur-Erfolg überall wiederholen können, nur indem sie ein bis zwei Tage pro Monat anwesend sind. Schmalspur-Führungskräfte sollten sich an das halten, was sie gut können. Doch die Versuchung, eine breitere Straße zu befahren, in die Aristokratie aufzusteigen, ist überwältigend. Nur wenige können diesem letzten Karriereaufschwung widerstehen.

Der Demokrat oder Meritokrat

Der Begriff demokratische Führungskraft klingt ein wenig wie schwache Führungskraft. Aber versuchen Sie einmal, Perikles, Washington, Lincoln, Churchill oder Thatcher zu erzählen, dass sie entweder schwach oder nicht demokratisch waren. Die Geschichte lehrt, dass die Demokratie überall dort gedeiht, wo die anderen Herrschaftsformen entweder beseitigt oder vermieden werden können. Außerdem lehrt die Geschichte, dass die Demokratie auf dem Vormarsch ist. Je wohlhabender und gebildeter die Menschen werden, desto mehr Wahlmöglichkeiten haben sie auch, und sie erwarten mehr Mitspracherecht in allen Belangen, die ihr Leben betreffen.

Die demokratische Führungskraft braucht drei Dinge für den Erfolg:

- *Fähigkeit:* Die Führungskraft muss auf berufliche Leistungen und Fähigkeiten verweisen können.

- *Unterstützung:* Die Führungskraft muss von gleichrangigen Kollegen anerkannt werden sowie ihr Vertrauen und ihre Unterstützung genießen.
- *Umstände:* In der Geschichte gibt es viele Personen, die beinahe zu Anführern geworden wären. Sie mögen außerordentliche Persönlichkeiten gewesen sein, aber die Umstände waren gegen sie. Sogar Churchill musste zuerst seine »Wilderness Years« durchleben. Erst der Krieg machte ihn zu einem großen Staatsmann.

Demokratische Führungskräfte versuchen, das Streben nach hervorragender Leistung und Gerechtigkeit (Bürokrat) und die Notwendigkeit schneller Reaktionen und Entscheidungen (Autokrat) auszubalancieren. Sie versuchen, den Einsatz und das Engagement der Mitarbeiter zu gewinnen, indem sie sie um Rat fragen und mit einbeziehen. Dies gleichen sie wiederum durch Klarheit und Verantwortung aus, und sie legen regelmäßig Rechenschaft ab. Sie wissen, dass es keine einfache Formel für Führungskräfte gibt, sondern nur endlose Kompromisse und Balanceakte, die jeden Tag aufs Neue ausgehandelt werden müssen.

Viele demokratische Führungskräfte sind nur auf einem ganz speziellen Gebiet erfolgreich – in einer Branche, Organisation oder in bestimmten Umständen. Eine Führungskraft, die im Lauf ihrer Karriere immer nur Organisationen nach oben hin ausgebaut und erweitert hat, hat keine Ahnung, wie sie im Fall einer ernsthaften finanziellen Krise reagieren soll, die radikale Kostensenkungen verlangen würde. Große Banker sind noch lange keine großen Einzelhändler.

Dieses Problem muss der Aufsichtsrat bedenken, wenn er die Stelle des Vorstandsvorsitzenden besetzt. Der neue Vorstandsvorsitzende ist nicht nur eine Führungskraft. Jeder Kandidat ist eine andere Lösung auf der Suche nach dem richtigen Problem. Der auf Finanzen fokussierte Kandidat wird sich nicht plötzlich in einen vor allem am Kunden orientierten Vorstandschef verwandeln, wenn er sein neues Büro betritt. Der Aufsichtsrat muss sich darüber im Klaren sein, welches Problem es zu lösen gilt. Erst dann kann er nach dem richtigen Kandidaten suchen.

Was folgt daraus?

Zu dem Zeitpunkt, an dem eine Führungskraft aus der Mitte der Organisation an die Spitzenposition aufsteigt, ist der Würfel bereits gefallen. Die Führungskraft hat bestimmte Fähigkeiten und einen Stil entwickelt, der sich nicht mehr verändern wird. Wie Shakespeare es formulierte:

»Dass eine Gottheit unsre Zwecke formt,
Wie wir sie auch entwerfen.«

(*Hamlet*)

Ab diesem Punkt verläuft die Karriere der Führungskraft wie ein Theaterstück von Shakespeare. Sie erweist sich als Komödie oder Tragödie, bevor sie in die Geschichte eingeht. Alle Führungskräfte hoffen natürlich, dass ihr Stück *Ende gut, alles gut* heißen möge.

Akzeptieren wir die Tatsache, dass der Würfel gefallen ist, bevor die Führungskraft ganz oben ankommt, folgen daraus zwei wichtige Lehren.

Erstens folgt daraus, dass angehende Führungskräfte schon in einem sehr frühen Stadium ihrer Karriere damit beginnen müssen, ihre Werte und ihren Stil zu managen. Frühe Vorbilder sind entscheidend. Es ist ganz natürlich, jemanden nachzuahmen, der erfolgreich ist. In diesem Buch steht, dass es viele Möglichkeiten gibt, erfolgreich zu sein. Sie müssen entscheiden, welche Art von Mensch und welche Art von Führungskraft Sie werden wollen. Diese Möglichkeit der Wahl müssen Sie sich immer vor Augen halten. Sie dürfen nicht blind irgendwelchen Vorbildern hinterherlaufen. Die meisten Leute treffen nie bewusst eine Entscheidung darüber, welche Art von Mensch sie als Führungskraft sein wollen; sie geraten eher zufällig an einen

Stil und behalten ihn dann bei. Manchmal haben sie damit Glück, manchmal nicht. Dieses Buch überlässt Ihnen die Wahl.

Zweitens folgt daraus, dass die gegenwärtigen Unternehmensleiter einen großen Einfluss auf kommende Führungsgenerationen ausüben können. Angehende Führungskräfte beobachten Sie: sie sehen, was Sie machen, wen Sie belohnen und aus welchem Grund, und sie sehen, wie Sie arbeiten. Sie hinterlassen nicht nur ein Unternehmen, sondern vor allem auch Werte.

Schaffung von Werten für die Organisation als Ganzes

Führungskräfte hinterlassen ein Erbe, auf dem zukünftige Generationen von Führungskräften aufbauen können. Einen Teil des Erbes bilden sichtbare Ergebnisse – die Größe, der Umfang und die Stärke der Organisation. Den anderen Teil bilden die Werte, die die Führungskraft hinterlässt. Diese bleiben wahrscheinlich sogar länger erhalten als die Ergebnisse. Jeder, der einmal an einer Fusion beteiligt war, weiß, wie lange es dauert, bis sich Werte und Unternehmenskulturen verändern. Selbst zehn Jahre nach dem Ereignis identifizieren sich die einzelnen Mitarbeiter noch mit Seite A oder B. Das verschmolzene Unternehmen C ist nur ein Lack, der auf die darunter liegenden Kulturen der beiden früheren Organisationen aufgetragen wurde.

»Führungskräfte hinterlassen ein Erbe, auf dem zukünftige Generationen von Führungskräften aufbauen können.«

In diesem Abschnitt befassen wir uns mit der Frage, was effektive Werte sind und wie man sie einführen kann. Zunächst sehen wir uns an, welche Werte effektiv sind und welche nicht.

Betrachten Sie das »Werte-Statement« eines Unternehmens (vgl. Kasten) – aber nicht zu lange, denn es ist ebenso langweilig wie ärgerlich. Es ist eine typische Aneinanderreihung pompöser Wörter. Kurz zusammengefasst bedeutet es, dass das Unternehmen die Heiligsprechung anstrebt. Sie müssen ein Genie sein, wenn Sie daraus erkennen, um welche Organisation es sich handelt und in welcher Branche sie tätig ist. Gerechterweise muss man allerdings sagen, dass dieses Werte-Statement nicht besser oder schlechter ist als die meisten anderen derartigen Statements von anderen Organisationen.

Typisches Werte-Statement

Erfüllung unserer Mission

Die zentralen Grundsätze zur Verwirklichung unserer Mission leiten sich aus den zentralen Werten unseres Unternehmens ab.

Ein globaler, umfassender Ansatz

Wir denken und handeln global. Wir aktivieren sehr unterschiedliche Arbeitskräfte, die innovative Entscheidungen für ein breites Spektrum an Kunden und Partnern hervorbringen. Wir demonstrieren unsere Führungsstärke, indem wir die Gemeinden, in denen wir wohnen und arbeiten, unterstützen.

Hervorragende Leistung

Bei allem, was wir tun.

Zuverlässigkeit

Wir vertiefen das Vertrauen unserer Kunden durch die Qualität unserer Produkte und Dienstleistungen, unsere schnelle Reaktionszeit und unser Verantwortungsbewusstsein sowie durch die Vorhersehbarkeit unserer Handlungen.

Großartige Mitarbeiter mit großartigen Werten

Zur Erfüllung unserer Mission brauchen wir großartige Mitarbeiter, die klug, kreativ und energiegeladen sind und den folgenden Werten zustimmen:

- Integrität und Ehrlichkeit,
- leidenschaftlicher Einsatz für Kunden, Partner und Technologien,
- Offenheit und Respekt gegenüber anderen und eifriges Bemühen um Verbesserung,
- Bereitschaft, große Herausforderungen anzunehmen und zu bewältigen,
- Selbstkritik, Selbsterkenntnis und Verpflichtung zu persönlicher Höchstleistung und laufender Verbesserung sowie
- Verantwortlichkeit für Verpflichtungen, Ergebnisse und für Qualität gegenüber den Kunden, Aktionären, Partnern und Mitarbeitern.

Ein gutes Werte-Statement erreicht folgende Ziele:

- Alle können es im Kopf behalten. Wenn sich die Leute nicht an die Werte erinnern, können sie sich auch nicht daran halten. Maximal zwölf Wörter.
- Es dient den Mitarbeitern als Entscheidungshilfe in mehrdeutigen Situationen. Soll ich den Umtausch akzeptieren und dem Kunden sein Geld zurückgeben, oder ist der Gewinn für das Unternehmen wichtiger? Soll ich mir Unhöflichkeiten verbitten oder sehe ich darüber hinweg?
- Es bezieht sich auf die speziellen Bedürfnisse der betreffenden Organisation – besserer Service, Aufmerksamkeit auf Details, Gerechtigkeit, Innovation, was auch immer.
- Es ist dauerhaft. Werte – ebenso wie Hunde – sind nicht nur etwas für Weihnachten.
- Es lässt sich durchsetzen und man kann danach handeln. Für die Reinigungskräfte ist es schwer, global zu denken.

»Werte – ebenso wie Hunde – sind nicht nur etwas für Weihnachten.«

Bewerten Sie nun das weiter oben gezeigte Werte-Statement anhand dieser Kriterien.

Nun vergleichen Sie dieses perfekt ausgefeilte Werte-Statement mit den Werten von Timpson's Schuhreparatur-Ladenkette. Der Eigentümer, John Timpson, hat kein Werte-Statement ausgearbeitet, das man in Bronze gravieren könnte. Er hat statt dessen ein Bild mit lauter »Mr. Männern« gezeichnet. Es sind Bilder von den neun Männern, die er sich als Mitarbeiter in seinen Läden vorstellt: Mr. Glücklich, Mr. Freundlich, Mr. Eifrig, Mr. Treu, Mr. Pünktlich, Mr. Zuverlässig, Mr. Ordentlich, Mr. Klug und Mr. Geschickt.

Zudem hat er eine Reihe von Bildern der Männer gezeichnet, die er nicht beschäftigen will, was ebenso wichtig ist: Mr. Kannichnicht, Mr. Schlampig, Mr. Unehrlich, Mr. Langweilig, Mr. Mürrisch, Mr. Faul, Mr. Schwindler, Mr. Zuspät und Mr. Schmutzig.

Ich gebe zu, in puncto Diversifizierung ist das nicht besonders einfallsreich, aber die Bilder vermitteln den Mitarbeitern eine sehr genaue Vorstellung davon, wie sie sich verhalten sollen. Sie brauchen sich nicht in Heilige zu verwandeln, denn die betreffenden Werte lassen sich von ganz normalen Menschen verwirklichen. Diese Verhaltensweisen würden sich Kunden in einer Schuhreparaturwerkstatt wünschen. Auch die Gebietsleiter erhalten so ein klares Bild von der Art der Bewerber, die sie einstellen sollen. Sie suchen nicht mehr in erster Linie nach ausgebildeten Schustern, denn die handwerklichen Fähigkeiten kann man guten Bewerbern auch nachträglich noch beibringen. Sie suchen gezielt nach bestimmten Verhaltensweisen, denn auf diese Werte kommt es an. Sie sind nachhaltig, nach ihnen kann man sich richten und an sie kann man sich erinnern.

Auf den Aufbau der richtigen Werte innerhalb einer Organisation muss große Sorgfalt verwandt werden. Es gibt so viele Modewörter, die gedankenlos in alle Werte-Statements aufgenommen werden. Leidenschaft ist zurzeit besonders angesagt – Pizza-Lieferanten sollen eine Leidenschaft für Pizzas entwickeln und Reinigungskräfte sollen sich leidenschaftlich um Toilettenschüsseln kümmern. Für den Gründer oder Leiter einer Organisation ist es relativ leicht, sich leidenschaftlich für sein »Baby« zu interessieren. Er sollte sich aber davor hüten, seine eigene Leidenschaft auf alle anderen übertragen zu wollen. Es ist nicht hilfreich, Leidenschaft zu verlangen, wie ein Unternehmensleiter es formulierte: »Ich will unser Logo im Herzen aller Mitarbeiter eingebrannt sehen!« Derselbe Unternehmensleiter wunderte sich später, warum in der Mehrzahl Frauen eingestellt wurden, von denen aber keine bis in die Führungsetage aufrückte. Nicht jeder will unbedingt eingetragenes Mitglied eines Kultes werden. Manche Menschen haben ein Leben außerhalb der Firma.

Umsetzung der Werte in die Praxis

Sie haben ein Werte-Statement. Sie haben die Bronzeplaketten und dazu passende motivierende Poster. Sie haben sogar einen kurzen Film gedreht, den Sie auf der jährlichen Mitarbeiterversammlung vorführen und allen neuen Mitarbeitern zeigen können. Nichts geschieht. Die Arbeit zahlloser Stunden, in denen Sie mit Ihrem Team an jedem einzelnen Wort feilten, war vergebens.

Die Hoffnung auf die offiziellen Werte und die tatsächlich vorhandenen, inoffiziellen Werte in der Organisation sind durch einen riesigen Ozean voneinander getrennt. Sie können zwei Schritte unternehmen, um den großen Spalt zwischen Hoffnung und Realität zu überbrücken: Kommunikation und eigenes Handeln.

Kommunikation der Werte

Endlose Kommunikation der Werte ist eine unvermeidliche, aber anstrengende Notwendigkeit, um die Werte innerhalb der Organisation zu verbreiten. Sie ist außerdem sehr gefährlich.

Gerade haben Sie sich ein paar tolle neue Werte für die Organisation ausgedacht. Sie wollen ein neues Set von Verhaltensweisen einführen, das die Organisation vorwärts bringen wird. Sie steigen auf die Bühne, wedeln mit den Armen und teilen die neue Vision begeistert den Mitarbeitern mit. Deren Reaktion klingt aber eher nach Meuterei als nach Bewunderung. Was ist schief gelaufen?

Wenn Sie erzählen, dass Sie die Kultur der Organisation verändern wollen, wirkt das auf die Leute wie Gift:

- Kulturrevolutionen haben keinen guten Ruf. Denken Sie an Mao und an Dutzende von Millionen Tote.
- Es klingt für die Mitarbeiter, als wollten sie sich an ihren Köpfen zu schaffen machen und ihr Denken und Verhalten verändern. Nicht jeder ist begeistert von dieser Aussicht.
- Es bedeutet implizit einen Angriff auf die Vergangenheit. Es klingt, als ob Sie sagen wollten, dass ihr bisheriges Verhalten schlecht war. Nicht viele Menschen nehmen es gut auf, wenn man ihnen plötzlich sagt, dass sie zwanzig Jahre lang alles falsch gemacht haben.
- Die schöne neue Welt ist aufregend für Sie, aber gefährlich für die Mitarbeiter. Werden sie in der von Ihnen beschriebenen fremden Welt erfolgreich sein?

Wenn Sie eine neue Kultur aufbauen wollen, greifen Sie die alte nicht an. Dadurch lösen Sie nur einen Kampf aus. Machen Sie es lieber wie ein Krebs und gehen Sie die Kultur von der Seite her an. Feiern und verstärken Sie weiterhin die Bestandteile der alten Kultur, die ungebrochen nützlich sind, betonen Sie ein oder zwei neue Punkte, die in Zukunft wichtig sein werden, und ignorieren Sie diejenigen alten Werte, die Sie abschaffen wollen. Lassen Sie diese einfach langsam verkümmern.

»Wenn Sie eine neue Kultur aufbauen wollen, greifen Sie die alte nicht an. Dadurch lösen Sie nur einen Kampf aus.«

Wenn Sie einmal die richtige Botschaft gefunden haben, werden Sie feststellen, dass Sie sie über Jahre hinweg immer und immer wieder kommunizieren müssen. Sie muss ständig in allen möglichen Medien wiederholt werden. Es ist ein Zermürbungskrieg. Aber weit mehr als auf Ihre Worte achten die Mitarbeiter auf Ihre Taten.

Vorleben der Werte

In der Praxis erlernen Gefolgsleute die richtigen Verhaltensweisen durch drei wichtige Einflüsse:

- Bezahlung, Leistungs- und Beförderungssysteme,
- harte Entscheidungen sowie
- persönliches Verhalten des Vorstandschefs und symbolische Akte.

Bezahlung, Leistungs- und Beförderungssysteme

In vielen Organisationen stimmen diese Systeme noch nicht wirklich mit den Werten überein. Das Telekommunikationsunternehmen tönt nach außen hin, wie wichtig guter Service ist, intern jedoch werden die Callcenter-Mitarbeiter für die Anzahl ihrer Telefonate belohnt. Das Ergebnis sind nicht zu Ende geführte, abgebrochene Anrufe und eilige Abfertigung der Kunden, weil die Mitarbeiter versuchen müssen, ihre festgelegte Zahl von Anrufen pro Stunde abzuarbeiten. Eine Beraterfirma schätzt angeblich berufliche Integrität und Teamarbeit. Als neuer Partner ausgewählt wird aber der Manager, der mehrere große Kunden akquiriert hatte. Derselbe Manager hatte auch die Grenzen der Spesenvergütung ausgetestet und sich sehr politisch verhalten. So wurden jedem Mitarbeiter die wahren Regeln der Firma deutlich: Verkaufe in großem Maßstab oder stirb.

Die Bezahlungs- und Beförderungssysteme sind deutliche Signale für die Werte, an die der Unternehmensleiter wirklich glaubt.

Harte Entscheidungen

Ein Schulleiter kam zusammen mit den Lehrern zu der Entscheidung, dass Respekt vor dem Einzelnen der zentrale Wert der Schule sein sollte. Die Lehrer hatten eine vage Vorstellung davon, was das bedeuten könnte, waren sich aber nicht ganz sicher.

Eines Tages erwähnte ein Lehrer, dass er seine Klasse geschlossen nachsitzen lasse. Bei einer Schulaufgabe war es zu Betrug gekommen, und der Lehrer wollte den Schülern klarmachen, dass Betrug nicht akzeptabel war. Der Schulleiter war entsetzt: »Sie dürfen nicht die Unschuldigen zusammen mit den Schuldigen bestrafen, Sie müssen Respekt vor jedem Einzelnen zeigen.« Der Lehrer musste sich also zuerst bemühen, die Schuldigen von den Unschuldigen zu trennen.

Der Sportlehrer an der Schule war Traditionalist. Er war der Meinung, dass jeder sich anstrengen müsse, möglichst fit zu werden. Wer nicht fit war und sich ungeschickt anstellte, hatte bei ihm viel zu leiden. Der Lehrer glaubte anscheinend an die Wirkung öffentlicher Demütigung der Dicken, Kraftlosen und Kurzatmigen. Der Schulleiter machte ihn darauf aufmerksam, dass diese Haltung nicht viel Respekt vor dem Einzelnen bewies. Er stellte ihn vor die Wahl, sich zu ändern oder die Schule zu wechseln. Der Lehrer ging an eine andere Schule.

Die Lehrer erfuhren nicht nur durch Worte, sondern durch harte, praktische Entscheidungen, was »Respekt vor dem Einzelnen« bedeutete. Als Führungskraft müssen Sie Ihre schönen Worte bis zur letzten Konsequenz durchdenken und dann auch durchsetzen.

Persönliches Verhalten des CEO und symbolische Akte

Neue CEO sind oft überrascht, wie viel Macht sie tatsächlich haben. Sie erwarteten und kannten auch das Wesen der formellen Autorität, die sie erben würden, aber dass sie auch über so viel informelle Autorität verfügen würden, war ihnen nicht klar. Die Menschen richten sich nach dem Unternehmensleiter, der ihr oberstes Vorbild ist. Ein Leiter einer Organisation, die viele niedrig bezahlte Mitarbeiter beschäftigte, erkannte, dass er die Kosten dramatisch senken musste, um die Gewinnziele zu erreichen. Er kündigte den entsprechenden Plan bei einem internen Meeting der Gebiets- und Regional-Manager an. Er sagte, sie müssten sich auf harte Entscheidungen bezüglich der Bezahlung und doppelt besetzter Funktionen gefasst machen. Jeder würde Opfer bringen müssen. Er hatte persönlich dafür gesorgt, dass die Klimaanlage des Tagungsraumes abgeschaltet worden war. Das klang alles sehr großartig. Nach dem Meeting aber fuhr er in seinem Bentley mit Chauffeur davon, um an einer großen Veranstaltung des Unternehmens teilzunehmen, bei der er als Gastgeber fungierte. Mit der Zeit verlor er jede Glaubwürdigkeit und wurde später entlassen.

Ein anderer CEO beschloss eine Kultur größerer Offenheit zu schaffen. Er kündigte eine neue Politik der offenen Tür an. Seine Tür war auch geöffnet, allerdings befand sie sich im 13. Stockwerk, das nur über den speziell für Führungskräfte reservierten Lift zugänglich war. Er wusste, dass die Mitarbeiter den 13. Stock den Todestrakt nannten. Manchmal wurden sie dorthin beordert, weil sie befördert wurden, meistens war allerdings ihre Entlassung der Grund.

Dem CEO war klar, dass eine offene Tür hinter einem verschlossenen Aufzug ziemlich sinnlos war. Er beschloss zu zeigen, dass er offener war. Er nahm seinen ganzen Mut zusammen und stieg hinab in die fremde Welt der siebten Etage. Die Mitarbeiter erlitten einen Schock. Sie hatten noch niemals einen leitenden Manager gesehen, und den ehemaligen CEO schon gar nicht. Sie taten sehr beschäftigt und vermieden jeden direkten Augenkontakt. Endlich erwischte der CEO einen unglücklichen Sachbearbeiter, mit dem er ein Gespräch begann, doch es gab keinen Sitzplatz für ihn. Instinktiv drehte er einen Papierkorb um und setzte sich darauf, um sich mit dem Sachbearbeiter auf gleiche Augenhöhe zu begeben. Sie redeten über nichts besonderes, doch die Nachricht dieser Revolution verbreitete sich wie ein Lauffeuer: Er war ein Chef, mit dem sich jeder einfach so unterhalten konnte.

Wenn von jemandem verlangt wird, seine Werte vorzuleben, ist das ärgerlich und nutzlos. Man weiß gar nicht genau, was man tun und wie man das machen soll. In der Praxis werden Sie es jedoch schaffen, Ihre Werte vorzuleben, wenn Sie sich auf die drei grundlegenden Gedanken konzentrieren, die wir soeben ausgeführt haben.

Teil 4
Die Reise

12
Der Weg zur Führungsposition und die 3 ½ P der Führung

Wir haben eine weite Reise zurückgelegt. Unterwegs besichtigten wir die zahlreichen Fähigkeiten und Verhaltensweisen, die ein jeder sich aneignen kann und die das Handwerkszeug einer erfolgreichen Führungspersönlichkeit darstellen.

Doch etwas fehlt noch. Alle von mir interviewten Führungskräfte betonten die Wichtigkeit der positiven Einstellung, der Professionalität und des richtigen Personal-Managements. Nur eine Führungskraft konzentrierte sich wirklich auf das eine verbleibende P – die Performance. Leistung wurde von anderen zwar flüchtig erwähnt, aber sie bildete sonst nie das Zentrum der Diskussionen.

Führung ohne Leistung ist eine seltsame Vorstellung. Nach allem, was man von Top-Führungskräften hört, werden die Leistungserwartungen immer höher und die Toleranz gegenüber Fehlern immer niedriger. Die Karriereerwartung eines CEO in einem FTSE-100-Unternehmen beträgt nicht einmal mehr fünf Jahre. Es heißt, dass Politikerkarrieren letztendlich immer zum Scheitern verdammt sind. Für Unternehmensführer gilt anscheinend mehr und mehr dasselbe.

Es gibt mindestens vier Gründe, warum die meisten unserer befragten Führungskräfte Leistung nicht als zentralen Punkt betrachteten:

- Leistung zu erbringen ist für Führungskräfte möglicherweise ebenso selbstverständlich wie das Atmen. Man muss die Menschen nicht ans Atmen erinnern, wenn sie morgens aufwachen.
- Vielleicht halten sie Leistung auch für eine ganz natürliche Konsequenz von positiver Einstellung, Professionalität und des richtigen Personal-Managements.
- Leistung hat in unterschiedlichen Organisationen so viele verschiedene Bedeutungen, dass sie es vielleicht schwierig fanden, daraus allgemeine Grundprinzipien des Wesens von Leistung abzuleiten.

- Sie hielten Leistung im Zusammenhang mit effektiver Führung vielleicht nicht für wichtig.

Aus all diesen Gründen können wir die Performance nicht als viertes P unserer Reise bezeichnen. Wir können höchstens ein halbes P daraus machen. So erhalten wir also die 3½-P-Theorie der Leadership. Das läuft potenziell allen Regeln der Unternehmenstheorie zuwider, denn diese gibt es nur in ganzen Zahlen:

- eine Kernkompetenz und eine strategische Absicht,
- jede beliebige Zwei-mal-zwei-Matrix, die Sie sich ausdenken wollen,
- drei C oder K des Marketing (Customers, Channels und Competition – Kunden, (Vertriebs-)Kanäle und Konkurrenz). An Kosten denken Marketing-Leute nicht ...,
- vier P des Marketing, nur zur Verwirrung (Produkt, Preis, Promotion, Platzierung),
- Management in Fünfergruppen (Henry Mintzberg),
- Six-Sigma-Qualität und
- Sieben-S-Modell (McKinsey). Nein, ich kann mich auch nicht an alle erinnern.

Aber 3½-P? Nennen wir es Innovation.

Performance und die Reise zur Führungsposition

In der Performance spiegelt sich die gesamte Reise zur Führungsposition wider. Ihre Bedeutung ändert sich jeweils auf den verschiedenen Ebenen der Organisationen, und sie hat auch in jeder Organisation eine jeweils andere Bedeutung. Performance ist kontextabhängig.

> »Die Bedeutung von Leistung ändert sich jeweils auf den verschiedenen Ebenen der Organisationen, und sie hat auch in jeder Organisation eine jeweils andere Bedeutung.«

Es gibt aber dennoch auf jeder Ebene einige Gemeinsamkeiten bei den Leistungserwartungen, die an bestehende und potenzielle Führungskräfte gerichtet werden.

Leistung bei angehenden Führungskräften – das Führen erlernen

Angehende Führungskräfte sehen sich relativ eindeutigen Leistungsanforderungen gegenüber. Es gibt nicht viel Ermessensspielraum bei der Definition guter Leistung, denn sie bekommen die Definition vorgesetzt. Die Erwartungen mögen hoch und anspruchsvoll sein, aber immerhin sind sie klar und eindeutig.

Für eine gute Führungskraft genügt es jedoch nicht, Ziele gut zu erfüllen. Der beste Sportler ist nicht unbedingt auch der beste Teamchef oder Teamcoach. Hervorragende technische Fähigkeiten lassen nicht automatisch auf Führungsqualitäten schließen.

Wenn gegenwärtige Führungskräfte neue Talente heranwachsen sehen (soweit sie es eben beurteilen können), achten sie nicht nur auf Leistung. Sie achten darauf, wie die Leistung erzielt wurde.

Die folgende Aussage ist typisch für die Sichtweise aus der Führungsetage:

»Ich erwarte, dass Mitarbeiter unsere Organisation, ihre Arbeit und sich selbst kennen lernen. Ich will, dass sie sich ganz auf das einlassen, was wir hier tun. Sie müssen nicht gleich nach ihrem Einstieg die Welt verändern. Es ist schon ein positiver Anfang, wenn sie gute Fragen stellen und Selbstvertrauen haben. Ich will, dass sie nicht für sich allein, sondern mit anderen zusammenarbeiten.«

In diesen einfachen Sätzen verbirgt sich eine Falle für aufstrebende Führungspersönlichkeiten. Jeder, der neu in die Arbeitswelt einsteigt, will zunächst einmal gute Leistungen erbringen. In unserem Bildungssystem lernen wir, dass Leistung durch harte, selbstständige Arbeit erzielt wird. Angehende Führungskräfte sind jedoch keine isolierten Individuen; sie können nur in Zusammenarbeit mit anderen oder durch andere Menschen etwas erreichen. Dazu benötigt man viel Selbsterkenntnis. Mit den Worten einer anderen Führungskraft: »Selbsterkenntnis bedeutet, dass man weiß, wie die eigenen Handlungen auf andere wirken.« Es geht nicht um Nabelschau und die Ergründung der Frage, was für eine Art Mensch wir im tiefsten Inneren sind, sondern es geht darum zu wissen, wie wir mit anderen Personen interagieren.

Aus der Sicht von oben wird ganz klar, warum die Performance als Führungseigenschaft nur einen halben Punkt verdient. Die Spitzenkräfte erwarten von allen, dass sie gute Leistungen erbringen. Die Leistung ist demnach kein Differenzierungsfaktor, durch den sich angehende Führungskräfte von anderen Mitarbeitern absetzen. Von den zwanzig besten Fußballern in jedem Land wird vielleicht jeweils nur einer ein erfolgreicher Manager. Technische Leistungen sind kein Hinweis auf Führungspotenzial.

Leistung auf mittlerer Ebene

Das mittlere Management ist die Heimat der Mehrdeutigkeit. Auch wenn die Ziele eindeutig sind, steht es keineswegs fest, mit welchen Ressourcen man diese Ziele erreichen soll.

Einige der leistungsfähigsten Mitarbeiter finden im mittleren Management den Weg nach vorne nicht mehr. Sie wurden aufgrund ihrer hervorragenden fachlichen Leistungen befördert. Im Stillen haben sie eine Formel für ihren persönlichen Erfolg entwickelt, die auf ihrem Fachwissen beruht. Schnell finden sie jedoch heraus, dass diese Formel sie zwar aus der Ebene heraus ins Vorgebirge geführt hat, dass sie mit ihr aber nie den Gipfel erklimmen werden. Mit viel Anstrengung und Mühe können sie mit ihren hervorragenden Fähigkeiten im Vertrieb, im Wertpapierhandel, in der Forschung oder auf einem anderen Gebiet möglicherweise eine ganze Abteilung führen, aber niemals eine ganze Organisation. Diese Leute müssen lernen, wie man loslässt – wie man anderen hilft, etwas zu tun, was man vielleicht selbst gerne tun würde. Für diese Leute sind ihre Leistungen ein Hindernis auf dem Weg zur Führungsposition.

Führungspersönlichkeiten können die Gefahren der mittleren Management-Ebene nicht alleine überwinden. Sie müssen die persönlichen und politischen Fähigkeiten erwerben, mit denen sie andere Menschen und Abteilungen dazu bringen, für sie zu arbeiten. Sie müssen coachen, motivieren, Allianzen bilden, Netzwerke aufbauen und lernen, wie man die Machthebel der Organisation bedient.

In der Mitte hängen Leistung und Wahrnehmung sehr eng zusammen. Die meisten mittleren Manager kennen intuitiv die Erfolgsformel:

Erfolg = Leistung – Erwartungen

Sie wissen, dass man Erwartungen möglichst niedrig halten sollte. Ein Monat harter Budget-Verhandlungen erspart elf Monate verzweifelter Bemühungen und Drangsal. Bevor Sie dies als unangebrachten Zynismus abtun, beobachten Sie einmal was geschieht, wenn ein neuer CEO ernannt wird. In der Regel schafft er zuerst alle Leichen aus dem Keller und lässt die damit verbundenen Abschreibungen vornehmen. Auf diese Weise schraubt er die Erwartungen bezüglich der wahren Natur des übernommenen Unternehmens weit hinunter. Gute Leistungen zu erbringen ist bei niedrigen Erwartungen wesentlich leichter als bei hohen. Dieser Trick kommt den CEO auch nicht zufällig am Tag ihrer Ernennung in den Sinn. Er gehört zu den standardmäßigen Überlebensmaßnahmen, die sie sich im Lauf ihrer Karriere angeeignet haben.

Leistung ist selbstverständlich sehr wichtig. Niemand kommt bis ganz an die Spitze, wenn er sich nicht einen bestimmten Ruf erworben hat. Zunächst dürfen Sie zur Probe vielleicht einen »Limonadenstand« übernehmen – einen kleinen Bereich der Organisation, in dem Sie Ihr Führungspotenzial entwickeln und demonstrieren können. Doch Leistung, Politik und Wahrnehmung sind auf dieser Ebene so eng verflochten, dass die Performance in der Mitte maximal einen halben Punkt Wert ist.

Leistung an der Spitze

Gute Leistung und gute Führungsqualitäten sollten an der Spitze eigentlich untrennbar miteinander verknüpft sein. Zudem sollte klar sein, was *gut* für den Unternehmensleiter bedeutet. Bei Aktiengesellschaften sollte der Fokus klar auf einer Maximierung der Erträge für die Eigentümer des Unternehmens, die Aktionäre, liegen. Die geringe Karriereerwartung der CEO von Aktiengesellschaften legt nahe, dass viele von ihnen dem eisigen Wind solch klarer Erwartungen nicht standhalten können.

Es ist aber keineswegs alles so klar und eindeutig. Die verschiedenen Interessenparteien haben ganz unterschiedliche Vorstellungen davon, was eine »gute« Führungskraft leisten sollte. Kunden, Regulierungsbehörden, Umweltschützer und Verfechter von Moralkampagnen haben ihre eigenen Grundsätze. Die Maximierung der Aktiengewinne steht nicht auf ihrer Tagesordnung.

Den Gefolgsleuten des Leaders, den Mitarbeitern, kommt es überhaupt nicht auf seine Leistung an. Denken Sie an ihre Definition einer effektiven Führungskraft:

- Fähigkeit, andere zu motivieren,
- Vision,
- Ehrlichkeit und Integrität,
- Entschiedenheit sowie
- Fähigkeit, Krisen zu bewältigen.

Diese Eigenschaften haben nichts mit Leistung, ja nicht einmal etwas mit Gut und Böse zu tun. Die großen und bösen Diktatoren, die Männer mit den Schnauzbärten, haben diese fünf Tests alle bestanden. Sie erfüllten wahrscheinlich sogar die Anforderung der Ehrlichkeit, weil sie ihren Gefolgsleuten immer genau sagten, wo sie standen (und sie erschossen, wenn es der falsche Ort war).

Unser Ausgangspunkt war Klarheit und Sicherheit: Die gute Führungspersönlichkeit erbringt gute Leistungen. Am Ende stehen wir nun inmitten eines dichten Nebels aus miteinander konkurrierenden Forderungen und Erwartungen verschiedener Gruppen. Und auf dem Radarschirm der Gefolgsleute taucht Leistung nicht einmal auf. Für sie wird Leistung nur einmal relevant, und zwar wenn die Führungskraft ihre Erwartungen bezüglich Beförderungen, Boni und Aufgabenzuweisung erfüllen soll. Wir befinden uns also plötzlich an einem postmodernen Endpunkt, an dem das Wesen der Leistung in Unsicherheit und Relativität versinkt. Sie bedeutet anscheinend für jeden etwas anderes, und es gibt kein absolutes Maß für gute Leistung.

Glücklicherweise litten die Führungskräfte, mit denen wir sprachen, keineswegs unter postmodernem Blues. Sie verwandelten Verwirrung und Unsicherheit wieder in Einfachheit und Fokus und stellten einfache Leistungsziele auf, die jeder verstehen und befolgen konnte. Führungskräfte, die sich explizit auf den Shareholder Value konzentrierten, bilden die Ausnahme: Lloyds Bank in den achtziger und neunziger Jahren des vergangenen Jahrhunderts und Rentokil während der letzten fünfzehn Jahren etwa. Die meisten konzentrieren sich auf ein davor liegendes Ziel. Ryanair strebt mit ganzer Kraft danach, die Fluggesellschaft mit den niedrigsten Kosten zu sein. Dem liegt die Annahme zugrunde, dass sich durch die Konzentration auf dieses Zwischenziel die beiden Endziele höherer Passagierzahlen und höherer Aktiengewinne ebenfalls bestmöglich realisieren lassen.

Für einen immer größeren Teil der Wirtschaft ist Gewinn überhaupt kein Ziel mehr. Dass die Führung des National Health Service so schwierig ist, liegt zum Teil daran, dass niemand weiß, was genau erreicht werden soll. Es gibt tausende von kurz- und mittelfristigen Zielen und Maßstäben, aber kein einziges klares Endziel. Auch über das Endziel der Bildung wird weiterhin gestritten: Liegt es in akademischer Leistung, in verminderter sozialer Ungerechtigkeit und Ausgrenzung, in der Vorbereitung auf die Arbeitswelt oder in der Verankerung der wichtigsten sozialen Werte?

Effektive Top-Führungskräfte bahnen sich einen Weg durch diesen Nebel. Sie schaffen Sicherheit und Fokus, wo andere durch die vielen Auswahlmöglichkeiten wie gelähmt sind. Keine der Möglichkeiten ist perfekt und die einzig richtige.

Perfektion ist der Feind des Praktischen. Eine praktische Entscheidung fokussiert die Organisation und gibt eine klare Richtung vor.

Nachdem wir nun gesehen haben, wie schwer der Begriff »gute« Leistung in Bezug auf Führungskräfte zu definieren ist, ist es nicht mehr ganz so verwunderlich, dass unsere Führungskräfte sich stärker auf Fähigkeiten und Verhaltensweisen konzentrierten als auf Leistung.

Ebenso wie auf den beiden anderen Ebenen können wir der Leistung also auch hier maximal einen halben Punkt geben.

Das Ende der Reise

Die meisten Bücher und Gurus geben gerne eine möglichst einfache Antwort. Idealerweise umfasst diese Antwort drei Punkte und lässt sich in einem prägnanten Satz oder in einer Abkürzung zusammenfassen. Man liest das Buch, prägt sich *Die Antwort* ein und verwandelt sich in eine Führungskraft. Nur – im wirklichen Leben ist nichts so einfach.

Das Leben wird immer komplizierter, anstrengender und zeitintensiver. Wir sehnen uns nach einfachen Lösungen, und daher wirkt es auch so verlockend, wenn uns jemand *Die Antwort* verspricht. Nach ein paar Enttäuschungen gewinnt aber unser Zynismus die Oberhand, und wir müssen uns auf der Suche nach den richtigen Führungsqualitäten wieder alleine durch den Nebel tasten.

> »Die Antwort in diesem Buch lautet, dass Führung kein Zielpunkt ist, sondern eine Reise.«

Führung ist kein weit entfernter Zielort, an dem eine ganz seltene Art von Menschen lebt, die das Schicksal von Staaten und Organisationen lenken. Führung geschieht hier und jetzt. Wir alle können an der Reise teilnehmen. Vielleicht kommen wir nie dazu, einen Staat oder eine multinationale Organisation zu leiten, aber wir können ein Projekt-Team, einen Club, eine Expedition oder eine Abteilung leiten. Vom ersten Arbeitstag an können wir unsere Führungsqualitäten weiterentwickeln.

Weil die meisten Menschen ganz auf *Die Antwort* und das Ziel fokussiert sind, konzentrieren sie sich nicht auf die Reise.

Bei jedem verläuft die Reise anders. Wir fahren von unterschiedlichen Orten los und haben auch alle ein anderes Ziel. Wir werden verschiedene Arten von Organisationen in verschiedenen Situationen und in unterschiedlichem Stil leiten. Wenn Ausgangs- und Endpunkt einer Reise verschieden sind, nimmt auch die Reise selbst einen unterschiedlichen Verlauf.

Viele Menschen lassen die Reise zur Führungsposition vom Zufall bestimmen. Wie bei dem Spiel mit Leitern und Rutschen geraten sie manchmal auf das richtige Feld und steigen rasch auf. Dann treten sie auf das falsche Feld, begegnen einem bösen Manager und rutschen ebenso schnell wieder abwärts.

Die Reise muss aber nicht dem Zufallsprinzip gehorchen. Wir können hier zwar keine Regeln festlegen, nach dem Motto: »Nach sechs Monaten biegen Sie links ab und tun Folgendes«, aber wir können mit Sicherheit sagen, dass es bestimmte Sets von Verhaltensweisen und Fähigkeiten gibt, die bei den meisten Führungskräften in gleicher Form vorhanden sind. Diese Fähigkeiten und Verhaltensweisen kann man sich aneignen. Sie garantieren weder, dass jeder eine Führungskraft wird noch dass jeder als Führungskraft durchschlagenden Erfolg haben wird, aber sie beeinflussen die Würfel stark zugunsten des Erfolgs.

Wir wissen außerdem, dass Leader auf allen Organisationsebenen existieren. Sie brauchen nicht zu warten, bis Sie an die Spitze gelangen, um Ihre Führungsqualitäten unter Beweis zu stellen. Tatsächlich dürfen Sie gar nicht so lange warten. Führungspersönlichkeiten trainieren und beweisen ihre Fähigkeiten schon ab einem sehr frühen Stadium.

Dieses Buch zeigt vor allem, dass die von Führungskräften erwarteten Fähigkeiten und Verhaltensweisen sich von Ebene zu Ebene verändern und dass sie kumulativ sind. Früher sprach man diffus von der Bedeutung der »Erfahrung« für Führungskräfte. Das hilft jedoch nicht weiter. Ehrgeizige Menschen reagieren darauf sogar frustriert, weil es impliziert, dass sie noch dreißig Jahre auf ihren Erfolg warten müssen. Wir haben das Konzept der Führung von allen Geheimnissen befreit und zeigen, was Führungskräfte tun und was sie lernen müssen, und zwar in jeder Phase ihrer individuellen Reise.

Ausgestattet mit dieser Straßenkarte brauchen Sie sich nicht in einen heroischen oder berühmten Leader zu verwandeln, wie man sie in Geschichtsbüchern oder auf den Seiten der Wirtschaftsmagazine antrifft. Sie können gar nicht erfolgreich sein, wenn Sie versuchen, eine andere Person zu werden. Ebenso wenig nützt es jedoch, wenn Sie einfach so dahinspazieren und hoffen, dass die Welt von selbst auf Ihre angeborene Vortrefflichkeit aufmerksam wird. Wer als Führungspersönlichkeit erfolgreich sein will, muss aus sich selbst das Beste herausholen. Dieses Buch ist nicht nur eine Straßenkarte zu einer Führungsposition, sondern eine Karte, die Ihnen hilft, aus sich selbst das Beste zu machen.

»Wohin Ihre Reise Sie auch führen mag, genießen Sie sie.«

Danksagung

Die Arbeit an diesem Buch war für mich so etwas wie eine Entdeckungsreise, bei der ich zahlreiche alte und neue Reiseführer traf, die mir immer wieder den Weg wiesen. Ohne die Inspiration der Mitarbeiter und Teilnehmer von Teach First hätte ich mich erst gar nicht auf den Weg gemacht: Wenn so die zukünftigen Führungskräfte aussehen, dann ist die Zukunft in guten Händen. Ich hoffe, dieses Buch wird ihnen bei ihrer Entwicklung eine Hilfe sein. Ich hätte auch nicht den Mut gehabt, das Projekt zu starten, wäre da nicht die freundliche Unterstützung durch meine Agentin Frances Kelly und durch meine Lektoren Rachael Stock und Benjamin Roberts vom Pearson-Verlag gewesen.

Im Verlauf der Recherchen für dieses Buch habe ich die Zeit und die Unterstützung zahlreicher Menschen in Anspruch genommen. Monitor Group führte für Teach First erfrischend praxisbezogene Forschungsarbeiten durch, die ich auch hier im Buch verwendete. Ich führte stundenlange Interviews mit herausragenden Führungspersönlichkeiten im öffentlichen, privaten und ehrenamtlichen Sektor, die alle auf Video aufgezeichnet wurden. Und so danke ich den folgenden Personen für die Zeit und die Erkenntnisse aus ihrer praktischen Tätigkeit, die sie mir zur Verfügung stellten: Baroness Amos, Paola Arbour, Alastair Ballantyne, Professor David Begg, Sonia Blandford, Abgeordneter Graham Brady, Dominic Casserly, Humphrey Cobbold, Steve Crawshaw, David Gold, David Gregson, Des Gunawardene, David Hanson, John Hempsey, Martina King, Nick Kitchen, Max Landsberg, Penny Lawrence, John May, Dame Judith Mayhew, David Morley, Jeremy Newsum, Professor Nigel Nicholson, Dame Mary Richardson, Anthony Salz, Rajeev Singh-Molares, Ralph Tabberrer und Abgeordneter Phil Willis.

Im Verlauf der Entstehung von *Effektiv führen!* erhielt ich zahlreiche nützliche Anregungen und reichhaltiges Feedback sowohl für das Buch als auch für das Programm von Teilnehmern des Teach First-Projekts und von FLAG-Mitgliedern, darunter Stuart Brown, Sid Djerfi, Tom Fogden, Louise Lee, Nicola McKie, Katherine Pothecary, Pedram Prasamand, Mark Richardson, Mark Smith und Katherine Willis. Mein Dank geht an sie und an alle anderen Teilnehmer, die das Programm durchhalten. Die Mitarbeiter von Teach First leisten hervorragende Arbeit für dessen Erfolg. Mein besonderer Dank in puncto Führungsarbeit geht an Susie Currie, Tia Lendo, Nat Wei und Brett Wigdortz.

Ebenso wie Führungspersönlichkeiten müssen auch Autoren lernen, Verantwortung zu übernehmen. Fehler und Unzulänglichkeiten dieses Buches gehen daher ausschließlich auf mein Konto, nicht auf das der zahlreichen aktuellen und zukünftigen Führungskräfte, die mich so hervorragend unterstützten.

Weiterführende Literatur

Bücher

Bennis, Warren:	*Führen lernen*, Frankfurt 1990
Carnegie, Dale:	*Wie man Freunde gewinnt. Die Kunst, beliebt und einflussreich zu werden*, Frankfurt 2006
Collins, Jim:	*Der Weg zu den Besten*, München 2003
Covey, Stephen R.:	*Die 7 Wege zur Effektivität. Prinzipien für persönlichen und beruflichen Erfolg*, Heidesheim 2005
Hesselbein, F. und Cohen, P. (Hrsg.):	*Leader to Leader*, San Francisco 1999
Kotter, John:	*Erfolgsfaktor Führung*, Frankfurt 1989
Machiavelli, Niccoló	*Der Fürst*, Frankfurt 1990
Owen, Jo:	*Das Lexikon des ganz normalen Management-Wahnsinns*, Heidelberg 2003
Peters, Thomas J. und Waterman, Robert H.:	*Auf der Suche nach Spitzenleistungen. Was man von den bestgeführten Unternehmen lernen kann*, Landsberg/Lech 1988
Senge, Peter:	*Die fünfte Disziplin. Kunst und Praxis der lernenden Organisation*, Stuttgart 2003
Timpson, John:	*How to Be a Great Boss: The Timpson Way*, Timpson Ltd. 2002
Wiseman, Richard:	*So machen Sie Ihr Glück. Wie Sie mit vier einfachen Strategien zum Glückspilz werden*, München 2003

Harvard Business Review

Goleman, Daniel:	»hat Makes an Effective Leader«, Nov./Dez. 1998
Goleman, Daniel:	»Leadership That Gets Results«, März/April 2000
Kotter, John:	»What Effective General Managers Really Do«, Jan. 1999
Kotter, John:	»What Leaders Really Do«, April 1999
Zaleznik, A., Mintzberg, H. und Gosling, J.:	»Your Best Managers Lead and Manage«, *Harvard Business Review OnPoint Collection*, Jan. 2003

Register